高职高专计算机类专业系列教材

网页设计与制作

主　编　焦　燕

副主编　苏　亮　王学慧

参　编　张　颖　杨　晶

西安电子科技大学出版社

内 容 简 介

本书按照高职培养方案的要求编写，全书分为 10 章，详细讲解了网页设计与制作的全过程，包括初识 Web 应用开发、HTML5 基础文本元素、层叠样式表、HTML 列表与表格、HTML 图像与链接、HTML 页面布局、HTML 表单、HTML5 中的多媒体、深入 CSS、Web 应用技术学习路线指引等。

本书可作为高等职业院校电子信息类及其相关专业网页制作、Web 程序开发等课程的教材，也可作为 HTML5 学习者的参考书。

图书在版编目(CIP)数据

网页设计与制作 / 焦燕主编. —西安：西安电子科技大学出版社，2021.8
ISBN 978-7-5606-6055-4

Ⅰ. ①网… Ⅱ. ①焦… Ⅲ. ①网页制作工具—高等职业教育—教材
Ⅳ. ①TP393.092.2

中国版本图书馆 CIP 数据核字(2021)第 082612 号

策划编辑　秦志峰
责任编辑　刘延梅　秦志峰
出版发行　西安电子科技大学出版社(西安市太白南路 2 号)
电　　话　(029)88242421　88201467　　　　邮　　编　710071
网　　址　www.xduph.com　　　　　电子邮箱　xdupfxb001@163.com
经　　销　新华书店
印刷单位　陕西天意印务有限责任公司
版　　次　2021 年 8 月第 1 版　　2021 年 8 月第 1 次印刷
开　　本　787 毫米×1092 毫米　1/16　印 张　21.5
字　　数　511 千字
印　　数　1～2000 册
定　　价　55.00 元
ISBN 978－7－5606－6055－4 / TP

XDUP 6357001-1

如有印装问题可调换

前　言

随着互联网的飞速发展，人类正进入一个前所未有的信息化社会。互联网已经成为世界上覆盖面最广、规模最大、信息资源最丰富的计算机信息网络，它给人们提供了一个全新的获取信息的手段，正在逐步改变我们的生活、学习和工作方式。

作为互联网的主要组成部分，网页和网站得到了极为广泛的应用，如企业通过网站宣传自己的技术和产品，个人通过主页展示自己的风采，人们可以从不同的网站获取需求的信息，因此掌握网页制作和网站建设技术成为广大计算机用户的必要需求。

本书分为 10 章，详细讲解了网页设计与制作的全过程，具体内容包括初识 Web 应用开发、HTML5 基础文本元素、层叠样式表、HTML 列表与表格、HTML 图像与链接、HTML 页面布局、HTML 表单、HTML5 中的多媒体、深入 CSS 以及 Web 应用技术学习路线指引。

本书具有如下特点：

(1)　在案例的实现过程中穿插必要的知识点，这样不仅能使读者掌握完成任务所需的知识与技能，还能帮助读者自主地解决一些实际问题。

(2)　本书涉及的知识点、案例以及源代码，以二维码视频的形式给出，以帮助读者更好地掌握这些内容。

本书第 1、2 章由王学慧编写，第 3、6 章由焦燕编写，第 4、5 章由杨晶编写，第 7、8 章由张颖编写，第 9、10 章由苏亮编写。

由于作者的水平有限，欠妥之处在所难免，恳请读者批评指正。

作　者
2021 年 4 月

目　　录

第 1 章

初识 Web 应用开发

通过本章的学习，了解网页的概念和组成，了解 W3C 标准，理解 HTML 与 CSS 的功能和作用，熟悉 Visual Studio Code 工具的基本操作。

知识目标

(1) 了解网页的概念和组成。

(2) 了解 W3C 标准。

(3) 理解 HTML 与 CSS 的功能和作用。

(4) 掌握 Visual Studio Code 工具的基本操作。

技能目标

(1) 能够安装与配置 Visual Studio Code 工具。

(2) 能够使用 Visual Studio Code 工具。

(3) 能够创建 HTML 程序。

(4) 能够调试运行 HTML 应用程序。

任务描述及工作单

本章将介绍网页、HTML、CSS 的相关知识及网页制作工具 Visual Studio Code 的使用，我们将使用 Visual Studio Code 创建第一个包含 HTML 结构的简单网页，设计完成的效果如图 1-1 所示。

图 1-1　最终完成效果

1.1 Web 应用基础

1.1.1 网页与网站的相关概念

1. 网页与网站的定义

网页(WebPage)是网站中的一个页面，是 Internet 展示信息的一种形式。网页中可以包含文字、图像、表格、超链接、声音、影像等。其中，文字、图像、超链接是组成网页最基本的三个元素。网页文件的扩展名通常为 html 或 htm，此外还有 asp、aspx、php、jsp 等。

网站是万维网上相关网页的集合，是通过 Internet 向全世界发布信息的载体。

2. 网页的类型

虽然网页的类型看上去很多，但在制作网页时可以将其划分为两种。

(1) 按网页在网站中的位置，可以将网页分为主页和内页。

主页：用户进入网站时看到的第一个页面就是主页(homepage)。

内页：通过主页中的超链接打开的网页就是内页。

(2) 按网页的表现形式，可以将网页分为静态网页和动态网页。

静态网页是指使用 HTML 语言编写的网页，其制作简单易学，但缺乏灵活性，在浏览网页时浏览者和服务器不发生交互。

动态网页是指使用 ASP、PHP、JSP、ASP.NET 等程序生成的网页，可以与浏览者进行交互，也称为交互式网页。

3. 网页的构成

网页是由各个板块构成的，一般情况下一个网页包括 Logo 图标、导航条、Banner、内容板块、版尾板块等部分。

Logo 图标是企业或者网站的标志。

导航条是网站的重要组成部分。合理安排导航条可以帮助浏览者快速查找所需的信息与内容。

Banner 是网页中的广告，直译就是旗帜、横幅，目的是展示网站内容，吸引用户。

内容板块是网站的主体部分，通常包含文本、图像、超链接、动画等。

版尾板块就是网页最底端的板块，通常设置网站的版权信息。

图 1-2 所示为包头职业技术学院网站首页。

图 1-2　包头职业技术学院网站首页

1.1.2　网页名词解释

对于从事网页制作的人员来说，有必要了解一些与互联网相关的名词，如常见的 Internet、WWW、HTTP 等，下面进行具体介绍。

1. Internet

Internet 就是通常所说的因特网(互联网)，是由使用公用语言互相通信的计算机连接而成的网络。简单地说，互联网就是将世界范围内不同国家、不同地区的众多计算机连接起来形成的网络平台。

互联网实现了全球信息资源的共享，形成了一个能够共同参与、相互交流的互动平台。通过互联网，远在千里之外的朋友可以相互发送邮件，共同完成一项工作，共同娱乐。因此，互联网最大的成功之处并不在于技术进步，而在于对人类生活产生了重大影响，可以说互联网的出现是人类通信技术史上的一次革命。

2. WWW

WWW(World Wide Web)中文译为"万维网"。但 WWW 不是网络，也不代表 Internet，它只是 Internet 提供的一种服务——网页浏览服务。我们上网时通过浏览器阅读网页信息就是在使用 WWW 服务。WWW 是 Internet 最主要的服务，许多网络功能，如网上聊天、网上购物等，都基于 WWW 服务。

3. URL

URL(Uniform Resource Locator)中文译为"统一资源定位符"。URL 其实就是 Web 地址，俗称网址。在万维网上的所有文件(包括 HTML、CSS、图片、音乐、视频等)都有唯一的 URL，只要知道文件的 URL，就能够对该文件进行访问。URL 可以是本地磁盘，也可以是局域网上的某一台计算机，还可以是 Internet 上的站点。图 1-3 中，"https://www.btvtc.cn/"就是包头职业技术学院网站的 URL。

图 1-3　包头职业技术学院的 URL 地址

4. DNS

DNS(Domain Name System)是域名解析系统。在 Internet 上域名与 IP 地址之间是对应的，域名(如淘宝网域名为 taobao.com)虽然便于用户记忆，但计算机只认识 IP 地址(如100.4.5.6)，将好记的域名转换成 IP 地址的过程称为域名解析。DNS 就是进行域名解析的系统。

5. HTTP 和 HTTPS

HTTP(HyperText Transfer Protocol)中文译为"超文本传输协议"。HTTP 详细规定了浏览器与万维网服务器之间互相通信的规则。HTTP 是非常可靠的协议，具有强大的自检能力，所有用户请求的文件到达客户端时，一定是准确无误的。

由于 HTTP 协议传输的数据都是未加密的，因此，使用 HTTP 协议传输隐私信息非常不安全。为了保证这些隐私数据能加密传输，网景公司设计了 SSL(Secure Sockets Layer)协议，该协议用于对 HTTP 协议传输的数据进行加密，从而诞生了 HTTPS。

简单来说，HTTPS 协议是由 SSL+HTTP 协议构建的可进行加密传输、身份认证的网络协议，要比 HTTP 协议安全。

6. Web

Web 本意是蜘蛛网或网。对于普通用户来说，Web 仅仅是一种环境，即互联网的使用环境、内容等。而对于网站制作者来说，Web 是一系列技术的复合总称，包括网站的前台布局、后台程序、美工、数据库开发等。

7. W3C 组织

W3C(World Wide Web Consortium)中文译为"万维网联盟"。万维网联盟是著名的国际标准化组织。W3C 最重要的工作是发展 Web 规范，自 1994 年成立以来，已经发布了 200 多项影响深远的 Web 技术标准及实施指南，如超文本标记语言(HTML)、可扩展标记语言(XML)等。这些规范有效地促进了 Web 技术的兼容，对互联网的发展和应用起到了基础性和根本性的支撑作用。

1.1.3 Web 标准

由于不同的浏览器对同一个网页文件解析出来的效果可能不一致，因此为了让用户看到正常显示的网页，Web 开发者常常为需要兼容多个版本的浏览器而苦恼。当使用新的硬件(如移动电话)或软件(如微浏览器)浏览网页时，这种情况会变得更加严重。为了让 Web 更好地发展，在开发新的应用程序时，浏览器开发商和站点开发商遵守共同标准就显得尤为重要，为此 W3C 与其他标准化组织共同制定了一系列 Web 标准。Web 标准并不是某一个标准，而是一系列标准的集合，主要包括结构、表现和行为三个方面。

1. 结构

结构用于对网页中用到的信息进行分类与整理。在结构中用到的技术主要包括HTML、XML 和 XHTML。

(1) HTML 是超文本标记语言(关于该语言将会在 1.2 节介绍)。设计 HTML 的目的是创建结构化的文档以及提供文档的语义。目前最新版本的超文本标记语言是 HTML5。

(2) XML 是一种可扩展标签语言。设计 XML 的最初目的是弥补 HTML 的不足，它具有强大的扩展性(如定义标签)，可用于数据的转换和描述。

(3) XHTML 是可扩展超文本标记语言。XHTML 是基于 XML 的标记语言，是在 HTML 4.0 的基础上，用 XML 的规则对其进行扩展建立起来的，用以实现 HTML 向 XML 的过渡，目前已逐渐被 HTML5 所取代。

图 1-4 所示的是网页焦点轮播图的结构，该结构使用 HTML5 搭建，3 张图片按照从上到下的次序罗列，没有任何布局样式。

图 1-4　网页焦点轮播图的结构

2. 表现

表现是指网页展示给访问者的外在样式，一般包括网页的版式、颜色、字体大小等。在网页制作中，通常使用 CSS(Cascading Style Sheet)来设置网页的样式。

CSS 中文译为"层叠样式表"。建立 CSS 标准的目的是以 CSS 为基础进行网页布局，控制网页的样式。图 1-5 所示是焦点图模块加入 CSS 后的效果，只显示第一张图片，将剩余的图片隐藏。

图 1-5　焦点图模块加入 CSS 后的效果

在网页中，可以使用 CSS 对文字和图片以及模块的背景、布局进行相应的设置。后期如果需要更改样式，只需要调整 CSS 代码即可。

3. 行为

行为是指网页模型的定义及交互的编写，主要包括 DOM(Document Object Model，文档对象模型)和 ECMAScript 两个部分。

(1) DOM 指的是 W3C 中的文档对象模型。W3C 的文档对象模型是中立于平台和语言的接口，它允许程序和脚本动态地访问和更新文档的内容、结构和样式。

(2) ECMAScript 是 ECMA(European Computer Manufecturers Association)国际以 JavaScript 为基础制订的标准脚本语言。JavaScript 是一种基于对象和事件驱动，具有相对安全性的客户端脚本语言，广泛应用于 Web 开发，常用来给 HTML 网页添加动态功能，如响应用户的各种操作。

图 1-6 所示是焦点图模块加入 JavaScript 后的一个截图。每隔一段时间，焦点图就会自动切换，并且当用户将鼠标指针移到选择按钮上时，会显示对应的图片，当鼠标指针移开后又会按照默认的设置自动轮播，这就是网页的一种行为。

图 1-6　焦点图模块加入 JavaScript 后的一个截图

1.2　HTML、CSS 简介

HTML 与 CSS 是制作网页的标准语言，要想学好、学会网页制作技术，首先需要对 HTML 和 CSS 有一个整体的认识。本节将针对 HTML 与 CSS 的发展历史、流行版本、开发工具、运行平台等内容进行详细讲解。

1.2.1　HTML 简介

HTML(Hyper Text Markup Language)中文译为"超文本标记语言"，通过 HTML 标签可对网页中的文本、图片、声音等内容进行描述。HTML 提供了许多标签，如段落标签、标题标签、超链接标签、图片标签等，网页中需要定义什么内容，用相应的 HTML 标签描述即可。

HTML 之所以称为超文本标记语言，不仅是因为它通过标签描述网页内容，同时也由于文本中包含了超链接。通过超链接将网站、网页以及各种网页元素链接起来，就构成了丰富多彩的网站。接下来我们通过图 1-7 所示的一段源代码截图和相应的网页结构来简单地认识 HTML。

由图 1-7 可以看出，网页内容是通过 HTML 指定的文本符号(图中带有"< >"的符号，被称为标签)描述的，网页文件其实是一个纯文本文件。

图 1-7　网页的 HTML 结构

　　作为一种描述网页内容的语言，HTML 的历史可以追溯到 20 世纪 80 年代末期。1989 年 HTML 首次用于网页编辑后，便迅速崛起成为网页编辑的主流语言。到了 1993 年，HTML 首次以因特网草案的形式发布，众多不同的 HTML 版本开始在全球陆续使用，这些初具雏形的版本可以看作 HTML 第一版。之后，HTML 飞速发展，从 2.0 版(1995 年)到 3.2 版(1997 年)以及 4.0 版(1997 年)，再到 4.01 版(1999 年)，HTML 的功能得到了极大的丰富。与此同时，W3C(万维网联盟)也掌握了对 HTML 的控制权。

　　由于 HTML4.01 版本相对于 4.0 版本没有本质差别，只是提高了兼容性并删减了一些过时的标签，因此业界普遍认为 HTML 已经到了发展的瓶颈期，对 Web 标准的研究也开始转向了 XML 和 XHTML。但是仍然有较多网站使用 HTML 制作，因此，一部分人成立了 WHATWG 组织，致力于 HTML 的研究。

　　2006 年，W3C 又重新介入 HTML 的研究，并于 2008 年发布了 HTML5 的工作草案。由于 HTML5 具备较强的解决实际问题的能力，因此得到了各大浏览器厂商的支持，HTML5 的规范也得到了持续的完善。2014 年 10 月底，W3C 宣布 HTML5 正式定稿，网页进入了 HTML5 开发的新时代。本书所讲解的 HTML 语言就是最新的 HTML5 版本。

1.2.2　HTML5 的优势

　　HTML5 作为 HTML 的最新版本，是 HTML 的传递和延续。从 HTML4.0 到 XHTML，再到 HTML5，从某种意义上讲，这是 HTML 的更新与规范过程。因此，HTML5 并没有给用户带来多大的冲击，老版本的大部分标签在 HTML5 版本中依然适用。相比于老版本 HTML，HTML5 的优势主要体现在兼容、合理、易用三个方面。

1. 兼容

　　HTML5 并不是对之前 HTML 语言的颠覆性革新，它的核心理念就是要保持与过去技术的完美衔接，因此，HTML5 有很好的兼容性。以往老版本 HTML 的语法较为松散，允许某些标签缺失。例如，图 1-8 所示的代码中就缺少</p>结束标签。在 HTML5 中并没有把这种情况作为错误来处理，而是在允许这种写法的同时，定义了一些可以省略结束标签的元素。

```
<html>
    <head>
        <meta charset="utf-8">
        <title></title>
    </head>
    <body>
        <p>我的第一个网页。
    </body>
</html>
```

图 1-8　代码截图

在老版本 HTML 中，网站制作人员对标签的大小写字母是随意使用的。然而一些设计者认为网页制作应该遵循严谨的制作规范。因此在后来的 XHTML 中要求统一使用小写字母，但在 HTML5 中又恢复了对大写标签的支持。

在老版本 HTML 中，各个浏览器对 HTML 的支持不统一，这就造成了同一个页面在不同浏览器中可能显示不同的样式。HTML5 通过详细分析各个浏览器所具有的功能，制定了一个通用的标准，并要求浏览器支持这个标准。同时，由于浏览器市场竞争的白热化，各大浏览器厂商为了保持市场份额，也纷纷支持 HTML5 的新标准，极大地提高了 HTML5 在各个浏览器中的兼容性。

2. 合理

HTML5 中增加和删除的标签都是对现有的网页以及用户习惯进行分析、概括而推出的。例如，W3C 分析了上百万个页面，发现很多网页制作人员使用<div id="header">来定义网页的头部区域，就在 HTML5 中直接添加了一个<header>标签。

可见，HTML5 中新增的很多标签、属性都是根据现实互联网已经存在的各类网页标签而提炼和归纳出来的，通过这样的方式让 HTML5 的标签结构更加合理。

3. 易用

作为当下流行的标签语言，HTML5 严格遵循"简单至上"的原则，主要体现在以下几个方面。

(1) 采用简化的字符集声明。

(2) 采用简化的 DOCTYPE。

(3) 以浏览器原生能力(浏览器自身特性功能)替代复杂的 JavaScript 代码。

为了实现这些简化操作，HTML5 的规范比以前更加细致、精确。为了避免造成误解，HTML5 对每个细节都有着非常明确的规范说明，不允许有任何歧义和模糊出现。

1.2.3　CSS 简介

CSS 通常称为 CSS 样式或层叠样式表，主要用于设置 HTML 页面中的文本内容(字体、大小、对齐方式等)、图片的外形(宽、高、边框样式、边距等)以及版面的布局等外观显示样式。

CSS 以 HTML 为基础，提供了丰富的功能，如字体、颜色、背景的控制及整体排版等，而且可以针对不同的浏览器设置不同的样式。图 1-9 中，文字的颜色和粗体样式、背景、图文混排等都可以通过 CSS 来控制。

图 1-9　使用 CSS 设置的部分网页展示

　　CSS 的发展历史不像 HTML5 那样曲折。1996 年 12 月 W3C 发布了第一个有关样式的标准 CSS1，随后的 CSS 不断更新和强化功能，在 1998 年 5 月发布了 CSS2。CSS 的最新版本 CSS3 于 1999 年开始制定，在 2001 年 5 月 23 日 W3C 完成了 CSS3 的工作草案。CSS3 的语法是建立在 CSS 原始版本的基础上的，因此，旧版本 CSS 的属性在 CSS3 版本中依然适用。

　　在 CSS3 中增加了很多新样式，如圆角效果、块阴影与文字阴影、使用 RGBA 实现的透明效果和渐变效果、使用@font-face 实现的定制字体、多背景图、文字或图像的变形处理(旋转、缩放、倾斜、移动)等。

1.2.4　结构与表现分离

　　使用 HTML 标签属性对网页进行修饰的方式存在很大不足，因为我们所有的样式都写在标签中，这样既不利于阅读代码，也不利于将来维护代码。如果希望网页美观、大方，维护方便，就需要使用 CSS 实现结构与表现分离。结构与表现分离是指在网页设计中，HTML 标签只用于搭建网页的基本结构，不使用标签属性设置显示样式，所有的样式由 CSS 来设置。

　　CSS 非常灵活，既可以嵌入 HTML 文档中，也可以是一个单独的外部文件，如果是独立的文件，则必须以.css 为后缀名。将 CSS 嵌入 HTML 文档中，虽然 CSS 与 HTML 在同一个文档中，但 CSS 集中写在 HTML 文档的头部，也是符合结构与表现分离这一要求的。

　　如今大多数网页都是遵循 Web 标准开发的，即用 HTML 编写网页结构和内容，而相关版面的布局、文本或图片的显示样式都使用 CSS 控制。HTML 与 CSS 的关系就像人的身体与衣服，通过更改 CSS 样式，可以轻松控制网页的表现样式。

1.2.5　CSS3 的优势

CSS3 是 CSS 规范的最新版本，在 CSS2.1 的基础上增加了很多强大的新功能，以帮助开发人员解决一些实际面临的问题。使用 CSS3 不仅可以设计炫酷美观的网页，还能提高网页性能。与传统的 CSS 相比，CSS3 最突出的优势主要体现在节约成本和提高性能两方面，下面进行具体介绍。

1. 节约成本

CSS3 提供了很多新特性，如圆角、多背景、透明度、阴影、动画、图表等功能。在老版本的 CSS 中，这些功能都需要大量的代码或复杂的操作来完成，有些动画功能还涉及 JavaScript 脚本。但 CSS3 的新功能帮我们摒弃了冗余的代码结构，远离很多 JavaScript 脚本或者 Flash 代码，网页设计者不再需要花大把时间去写脚本，极大地节约了开发成本。例如，在老版本 CSS 中要想实现圆角，设计者需要先将圆角裁切，然后通过 HTML 标签进行拼接才能完成，但使用 CSS3 直接通过圆角属性就能完成。

2. 提高性能

由于功能有所加强，因此 CSS3 能够用更少的图片或脚本制作出图形化网站。在进行网页设计时，减少了标签的嵌套和图片的使用数量，网页页面加载也会更快。此外，减少图片、脚本代码，Web 站点就会减少 HTTP 请求数，页面加载速度和网站性能就会得到提升。

1.2.6　网页的展示平台——浏览器

浏览器是网页运行的平台，常用的浏览器有 IE 浏览器、火狐浏览器、谷歌浏览器、Safari 浏览器和欧朋浏览器等。其中，IE 浏览器、火狐浏览器和谷歌浏览器是目前互联网上的三大浏览器。图 1-10 所示为这三个浏览器的图标。对于一般的网站而言，只要兼容 IE 浏览器、火狐浏览器和谷歌浏览器，即可满足绝大多数用户的需求。下面我们对这三个常用的浏览器进行详细讲解。

图 1-10　浏览器的图标

1. IE 浏览器

IE 浏览器的全称为 Internet Explorer，是微软公司推出的一款网页浏览器。因此，IE 浏览器一般直接绑定在 Windows 操作系统中，无须下载安装。IE 浏览器有 6.0、7.0、8.0、

9.0、10.0、11.0 等版本，但是由于各种原因，一些用户仍然在使用低版本的浏览器，如 IE7、IE8 等，所以在制作网页时，应考虑浏览器的兼容性。

浏览器最重要或者说核心的部分是 Rendering Engine，翻译为中文是"渲染引擎"，不过我们一般习惯称之为浏览器内核。IE 浏览器使用 Trident 作为内核，该内核俗称 IE 内核。国内的大多数浏览器，如百度浏览器、世界之窗浏览器等使用 IE 内核。

2. 火狐浏览器

火狐浏览器的英文名称为 Mozilla Firefox(简称 Firefox)，是一个自由并开源的网页浏览器。Firefox 使用 Gecko 内核，该内核可以在多种操作系统(如 Windows、Mac 以及 Linux)上运行。

说到火狐浏览器，就不得不提到它的开发插件 Firebug。Firebug 一直是火狐浏览器中必不可少的一款开发插件，主要用来调试浏览器的兼容性。它集 HTML 查看和编辑、JavaScript 控制台、网络状况监视器于一体，是开发 HTML、CSS、JavaScript 等的得力助手。

在新版本的火狐浏览器(如 57.0.2.6549 版本)中，Firebug 已经结束了其作为火狐浏览器插件的身份，被整合到火狐浏览器内置的"Web 开发者"工具中。

3. 谷歌浏览器

谷歌浏览器的英文名称为 Chrome，是由谷歌(Google)公司开发的网页浏览器。谷歌浏览器基于其他开放原始码软件所撰写，目的是提升浏览器的稳定性、速度和安全性，并创造出简单有效的使用界面。早期的谷歌浏览器使用 WebKit 内核，但在 2013 年 4 月之后，新版本的谷歌浏览器开始使用 Blink 内核。目前，谷歌浏览器依靠其卓越的性能占据着浏览器市场的半壁江山。图 1-11 所示为 2019 年全球浏览器市场份额图，这是 Statcounter 获取的数据。

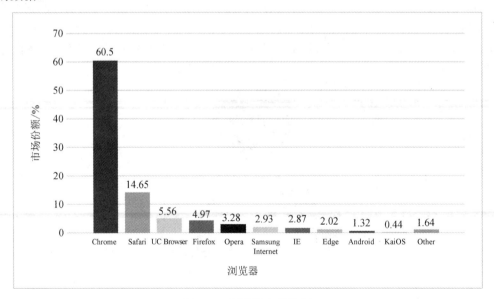

图 1-11　浏览器市场份额

从图 1-11 中可以看出，谷歌浏览器拥有最高的市场份额，在全球范围内约占 60%，应用非常广泛。因此，本书涉及的案例将全部在谷歌浏览器中运行演示。

1.3　开发环境的搭建与配置

1.3.1　开发工具

为了方便网页制作，我们通常会选择一些便捷的辅助工具，如 Visual Studio Code、HBuilder、EditPlus、Dreamweaver、WebStorm 等。下面对这些工具做简单介绍。

1. Visual Studio Code

Visual Studio Code 的下载地址是 https://code.visualstudio.com/。它是微软推出的良心之作，是一款免费开源的现代化轻量级代码编辑器，具有大部分主流开发语言的语法高亮、智能代码补全、自定义快捷键、括号匹配和颜色区分等特点，适合所有开发环境。其优势是软件界面优美，由于是开源软件，因此社区有很多自带主题可选，甚至可以自定义背景图片，自带 git，终端很强大，配合插件，终端可以连接远程 Linux 客户端。

2. HBuilder、HBuilderX

HBuilder 工具是 DCloud(数字天堂)推出的一款支持 HTML5 的 Web 开发 IDE。其下载地址为 http://www.dcloud.io。HBuilder 和 HBuilderX 这两款工具的区别在于 HBuilderX 更加轻量，是 HBuilder 的下一代版本(Hbuilder 已经停止更新维护)，其压缩包大小仅十几 MB，通过自定义插件(如 git)的安装来适应自己的开发需要。HBuilder 的最大优势是速度快，通过完整的语法提示和代码输入法、代码块及很多配套，HBuilder 能大幅提升 HTML、js、css 的开发效率；其缺点是对各种框架的语法支持不是很好。

3. EditPlus

EditPlus 是由韩国 Sangil Kim 出品的一款超级小巧的 IDE。EditPlus 功能强大，可处理文本、HTML 和程序语言，但是没有代码提示功能，只是语法代码高亮显示。其优势是速度快，适合快速查看代码。

4. Dreamweaver

Dreamweaver 是一款网页代码编辑器，利用一些前端代码对网页进行快速的开发，并且通过智能搜索引擎对网页进行访问，开发者利用视觉辅助功能来减少错误并提高网站开发速度。

5. WebStorm

WebStorm 是 js 开发工具，在国内，被很多人称为 Web 前端开发神器，受到了开发者的一致好评。WebStorm 软件功能十分强大，并且 WebStorm 界面比较清晰，采用人性化设计，使用起来也很方便。

1.3.2　开发环境的搭建与配置

本书使用的开发工具是 VSCode(Visual Studio Code)。VSCode 是一款免费、开源的跨平台文本(代码)编辑器，它是目前用于前端开发的完美的软件开发工具。下面介绍该软件的安装和配置。

1. VSCode 的下载

VSCode 的下载链接为 https://code.visualstudio.com/。打开浏览器，输入网址(进入官网)，然后进入 VSCode 的首页，如图 1-12 所示。根据自己的操作系统，可以在窗口左侧选择下载，这里选择 Windows x64，然后点击页面右上角"DownLoad"按钮进行下载。

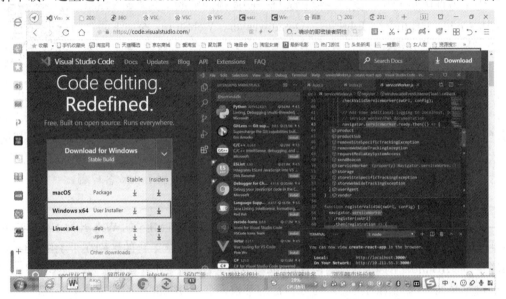

图 1-12　VSCode 下载页面

根据自己的操作系统选择合适的版本，这里选择"Windows 7.8.10"，如图 1-13 所示。弹出"新建下载任务"窗口，如图 1-14 所示，选择下载的位置，然后单击"下载"按钮，开始下载。下载后的图标如图 1-15 所示。

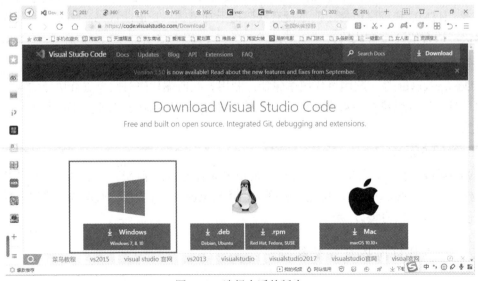

图 1-13　选择合适的版本

图 1-14　"新建下载任务"对话框

图 1-15　VSCode 图标

2. VSCode 的安装

安装 VSCode 的具体步骤如下所述。

(1) 双击安装图标，进入 VSCode 的安装向导界面，直接默认点击"下一步"，选择"我接受协议"，单击"下一步"按钮，如图 1-16 所示。

图 1-16　接受协议

(2) 选择 VSCode 软件的安装位置。这个位置可以任意选择，这里选择"D:\Program Files (x86)\Microsoft VS Code"，如图 1-17 所示。

图 1-17　选择安装位置

(3) 单击"下一步"按钮，进入"选择开始菜单文件夹"页面，这里选择默认，然后继续点击"下一步"按钮，如图 1-18 所示。

图 1-18   "选择开始菜单文件夹"页面

(4) 选择在进行软件安装时要进行的其他任务，这里只选择"添加到 PATH(重启后生效)"这个选项，然后继续点击"下一步"，如图 1-19 所示。

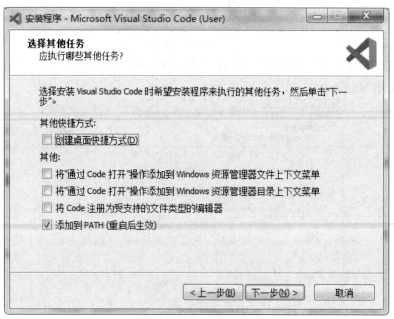

图 1-19   "选择其他任务"页面

(5) 进入确认安装步骤，点击"安装"按钮，开始安装，如图 1-20 所示。

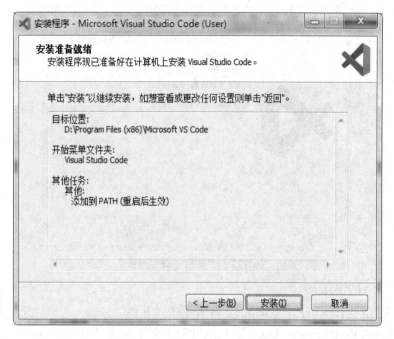

图 1-20　"安装准备就绪"页面

(6) 进入安装进度显示，如图 1-21 所示。

图 1-21　"正在安装"页面

(7) 安装成功之后，进入安装成功提示页面，如图 1-22 所示。选择"启动 Visual Studio Code"选项，单击"完成"按钮即可启动 Visual Studio Code。

图 1-22　"安装完成"页面

3. VSCode 的汉化

安装结束之后会默认打开 VSCode，或者单击"开始"按钮，选择"所有程序"，选择"Visual Studio Code"，在展开的菜单中单击"Visual Studio Code"，如图 1-23 所示。

图 1-23　启动 VSCode

打开的 VSCode 软件界面如图 1-24 所示。VSCode 默认的语言是英文，对于英文不好的人可能不太友好。下面介绍如何将 VSCode 设置成中文，具体操作步骤如下：

(1) 按快捷键"Ctrl+Shift+P"，在"VSCode"顶部会出现一个搜索框。

(2) 输入"configure display language"，然后回车。

(3) 选择"install additional languages…"，在左侧会出现扩展选项卡(EXTENSIONS: MARKETPLACE)，选择"Chinese(Simplified)Language 中文(简体)"，如图 1-25 所示，单击右下角的"Install"按钮进行安装。

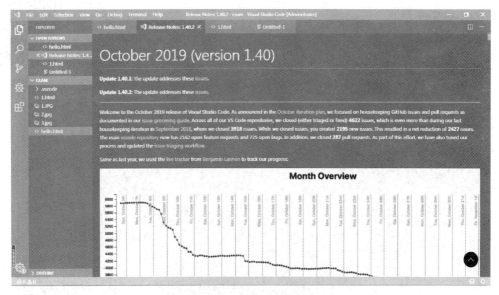

图 1-24　VSCode 默认界面

图 1-25　VSCode 汉化

（4）安装中文后，按下"Ctrl+Shift+P"打开搜索框，输入"config"，在弹出的可用命令列表中选择"Configure Display Language"，接着选择命令"zh-cn"。

（5）安装完成后，会提醒重启后生效。在弹出的对话框中直接选择"Restart"命令，重启 VSCode。或者关闭 VSCode，再次打开就可以看到中文界面了，如图 1-26 所示。

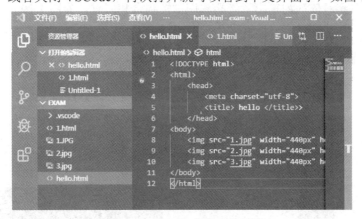

图 1-26　VSCode 汉化后的界面

4. VSCode 界面

打开 VSCode 后，可以看到 VSCode 分为 5 个区域，分别为活动栏、侧边栏、编辑栏、面板栏和状态栏，如图 1-27 所示。

图 1-27　VSCode 界面构成

1）活动栏

活动栏从上到下依次为打开资源管理器、搜索、源代码管理、调试和扩展，如图 1-28 所示。

2）侧边栏

侧边栏主要用于新建项目文件和文件夹。

3）编辑栏

编辑栏是编辑代码的区域。

4）面板栏

面板栏从左到右依次为输出、终端、调试控制台和问题，如图 1-29 所示。

图 1-28　活动栏结构

图 1-29　面板栏结构

5) 状态栏

点击 VSCode 界面左下角的 可以调出状态栏，如图 1-30 所示。状态栏中给出了鼠标光标所在位置和 Tab 缩进字符。

行 5，列 18　空格:4

图 1-30　状态栏结构

5. VSCode 用户设置

1) 打开设置

具体操作方法为：点击"文件"—"首选项"—"设置"，打开设置窗口。VSCode 支持选择配置，直接在"搜索框"中输入需要设置的项目，即可显示相应页面。直接针对该项目做合适的设置，如图 1-31 所示。VSCode 也支持编辑 setting.json 文件来修改默认配置。

图 1-31　打开设置窗口

图 1-31 中，常用的配置项有：

(1) Editor:Font Size 用来设置字体大小，可以设置 editor.fontsize:14。

(2) Files:AutoSave 用于表示文件是否进行自动保存，推荐设置为 onFocusChange，即文件焦点变化时自动保存。

(3) Editor:TabCompletion 用来表示在出现推荐值时按下 Tab 键是否自动填入最佳推荐值，推荐设置为 on。

(4) Editor:LineNumbers 用于设置代码行号，即 editor:LineNumbers:on。

2）禁用自动更新

具体操作方法为：点击"文件"—"首选项"—"设置"，搜索 update mode，可以将其值设置为 none，默认为 default。

3）开启代码提示设置

具体操作方法为：在搜索框里输入 prevent，取消此项的勾选，如图 1-32 所示。

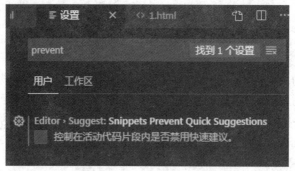

图 1-32　开启代码提示设置

6. VSCode 常用插件

在活动栏中单击扩展，在侧边栏的位置上打开扩展窗口，在输入框中输入想要安装的插件名称，点击安装，如图 1-33 所示。若安装后没有效果，可以重启 VSCode。

常见的插件及其作用如下：

（1）View In Browser：用于在浏览器里预览网页，可运行 html 文件。

（2）Auto Close Tag：用于自动闭合 HTML/XML 标签。

（3）Auto Rename Tag：用于自动完成另一侧标签的同步修改。

（4）Beautify：用于格式化 html、js、css。

（5）Bracket Pair Colorizer：用于给括号加上不同的颜色，以便于区分不同的区块。

（6）Debugger for Chrome：用于映射 VSCode 上的断点到 Chrome 上，以方便调试。

图 1-33　扩展窗口

（7）ESLint：用于 js 语法纠错，可以自定义配置。

（8）GitLens：用于方便查看 git 日志。

（9）HTML CSS Support：用于智能提示 CSS 类名以及 id。

（10）HTML Snippets：用于智能提示 HTML 标签，以及标签含义。

（11）Markdown Preview Enhanced：实时预览 markdown。

（12）markdownlint：用于对 markdown 语法纠错。

（13）Material Icon Theme：用于设置 VSCode 图标主题。

（14）Icon fonts：用于设置图标字体。

（15）open in browser：采用右键快速在浏览器中打开 html 文件。

（16）Path Intellisense：用于设置自动提示文件路径。

(17) Vetur：用于设置 Vue 多功能集成插件、错误提示等。

(18) Class autocomplete for HTML：用于智能提示 HTML class =""属性。

7. VSCode 快捷键

在 VSCode 中提供了许多快捷键，以方便用户进行操作，下面进行具体介绍。

(1) 基本操作常用快捷键如表 1-1 所示。

表 1-1　基本操作常用快捷键

快　捷　键	功　　能
Ctrl + Shift + P 或者 F1	打开命令面板
Ctrl + P	快速打开文件
Ctrl + Shift + N	打开新窗口/实例
Ctrl + Shift + W	关闭窗口/实例

(2) 基础编辑常用快捷键如表 1-2 所示。

表 1-2　基础编辑常用快捷键

快　捷　键	功　　能	快　捷　键	功　　能
Ctrl + X	剪切当前行	Ctrl + ↑ / ↓	向上/向下滚动
Ctrl + C	复制当前行	Alt + PgUp/PgDown	向上/向下翻页
Alt + ↑ / ↓	向上/向下移动当前行	Ctrl + Shift + [	折叠当前代码块
Shift + Alt + ↓ / ↑	向上/向下复制当前行	Ctrl + Shift +]	展开当前代码块
Ctrl + Shift + K	删除当前行	Ctrl + K，Ctrl + [	折叠所有子代码块
Ctrl + Enter	在当前行以下插入	Ctrl + K，Ctrl +]	展开所有子代码块
Ctrl + Shift + Enter	在当前行以上插入	Ctrl + K，Ctrl + 0	折叠所有子代码块
Ctrl + Shift + \	跳转到匹配的括号	Ctrl + K，Ctrl + J	展开所有子代码块
Ctrl +] / [	缩进/取消缩进	Ctrl + K，Ctrl + C	添加行注释
Home	转到行首	Ctrl + K，Ctrl + U	删除行注释
End	转到行尾	Ctrl + /	添加/删除行注释
Ctrl + Home	转到页首	Shift + Alt + A	添加/删除块注释
Ctrl + End	转到页尾	Alt + Z	自动换行

(3) 导航常用快捷键如表 1-3 所示。

表 1-3　导航常用快捷键

快　捷　键	功　　能	快　捷　键	功　　能
Ctrl + T	显示所有符号	Shift + F8	跳转到前一个问题或警告
Ctrl + G	跳转到行	Ctrl + Shift + Tab	显示编辑器文件历史
Ctrl + P	跳转到文件	Alt + ← / →	向后/向前查看文件
Ctrl + Shift + O	跳转到符号	Ctrl + M	开启/关闭
Ctrl + Shift + M	显示问题面板	Tab	移动焦点
F8	跳转到下一个问题或警告	Shift + F8	

(4) 搜索和替换常用快捷键如表 1-4 所示。

表 1-4　搜索和替换常用快捷键

快 捷 键	功 能	快 捷 键	功 能
Ctrl + F	查找	Ctrl + D	选择下一个匹配项
Ctrl + H	替换	Ctrl + K，Ctrl + D	跳过当前选择项
F3/Shift + F3	查找下一个/前一个	Alt + C/R/W	切换大小写敏感/正则表达式/全词
Alt + Enter	选择所有匹配项		

(5) 多光标和选择常用快捷键如表 1-5 所示。

表 1-5　多光标和选择常用快捷键

快 捷 键	功 能	快 捷 键	功 能
Alt + 单击	插入光标	Ctrl + F2	选择当前单词的所有匹配项
Ctrl + Alt + ↑ / ↓	向上/向下插入光标	Shift + Alt + →	扩展选择
Ctrl + U	撤销上一个光标	Shift + Alt + ←	缩小选择
Shift + Alt + I	在选中行的行尾插入光标	Shift + Alt + 拖动鼠标	列(框)选择
Ctrl + I	选择当前行	Ctrl + Shift + Alt + 方向键	列(框)选择
Ctrl + Shift + L	选择当前选中项的所有匹配项	Ctrl + Shift + Alt + PgUp/PgDown	向上页/下页列(框)选择

(6) 语言编辑常用快捷键如表 1-6 所示。

表 1-6　语言编辑常用快捷键

快 捷 键	功 能	快 捷 键	功 能
Ctrl + Space	打开建议	Ctrl + K，F12	打开侧边栏显示定义
Ctrl + Shift + Space	打开参数提示	Ctrl +.	快速解决
Tab Emmet	展开缩写	Shift + F12	显示引用
Shift + Alt + F	格式化文档	F2	重命名符号
Ctrl + K，Ctrl + F	格式化选择区域	Ctrl + Shift + , /.	替换为下一个/上一个值
F12	跳转到定义	Ctrl + K，Ctrl + X	删除行尾空格
Alt + F12	打开窗口显示定义	Ctrl + K	更改文本语言

(7) 编辑器管理常用快捷键如表 1-7 所示。

表 1-7　编辑器管理常用快捷键

快 捷 键	功 能	快 捷 键	功 能
Ctrl + F4，Ctrl + W	关闭编辑的文件	Ctrl + K，Ctrl + ←/→	切换到上一个/下一个窗口
Ctrl + K，F	关闭文件夹	Ctrl + Shift + PgUp/PgDown	向左/向右移动编辑的文件
Ctrl + \	拆分编辑器窗口	Ctrl + K + ←/→	向左/向右移动编辑窗口
Ctrl + 1/2/3	切换到第一、第二或第三个窗口		

(8) 文件管理常用快捷键如表 1-8 所示。

表 1-8　文件管理常用快捷键

快 捷 键	功 能	快 捷 键	功 能
Ctrl + N	新建文件 New File	Ctrl + Shift + T	重新打开关闭的编辑器
Ctrl + O	打开文件…	Ctrl + K	输入保持打开
Ctrl + S	保存文件	Ctrl + Tab	打开下一个
Ctrl + Shift + S	另存为…	Ctrl + Shift + Tab	打开上一个
Ctrl + K，S	全部保存	Ctrl + K，P	复制活动文件的路径
Ctrl + F4	关闭	Ctrl + K，R	显示资源管理器中的活动文件
Ctrl + K，Ctrl + W	关闭所有	Ctrl + K，O	显示新窗口/实例中的活动文件

(9) 显示常用快捷键如表 1-9 所示。

表 1-9　显示常用快捷键

快 捷 键	功 能	快 捷 键	功 能
F11	切换全屏	Ctrl + Shift + D	显示调试
Shift + Alt + 1	切换编辑器布局	Ctrl + Shift + X	显示扩展
Ctrl + =/-	放大/缩小	Ctrl + Shift + H	替换文件
Ctrl + B	显示/关闭侧边栏	Ctrl + Shift + C	打开新命令提示符/终端
Ctrl + Shift + E	显示浏览器/切换焦点	Ctrl + Shift + U	显示输出面板
Ctrl + Shift + F	显示搜索	Ctrl + Shift + V	切换 Markdown 预览
Ctrl + Shift + G	显示 Git	Ctrl + K，V	从旁边打开 Markdown 预览

(10) 调试常用快捷键如表 1-10 所示。

表 1-10　调试常用快捷键

快 捷 键	功 能	快 捷 键	功 能
F9	切换断点	F11/Shift + F11	单步调试/单步跳出
F5	开始/继续	F10	跳过
Shift + F5	停止	Ctrl + K，Ctrl + I	显示悬停

1.4　任务案例——制作第一个网页

前面我们已经对网页、HTML、CSS 以及常用的网页制作工具 VSCode 有了一定的了解，接下来我们将通过一个案例学习如何使用 VSCode 创建第一个 HTML5 文档，具体步骤如下所述。

1. 操作流程

(1) 在 "D:\H5" 下创建文件夹 exam。

(2) 打开 VSCode，单击菜单中的 "文件" 命令，选择 "打开文件夹" 命令，选择创建的文件夹 exam，单击"选择文件夹"按钮，之后选择"新建文件"，如图 1-34 所示。

图 1-34　新建文件操作

(3) 在出现的文本框(见图 1-35)中输入新创建的文件的完整文件名。回车后文件 1-1.html 创建成功，如图 1-36 所示。

图 1-35　出现文本框

图 1-36　打开文件编辑窗口

(4) 在编辑栏第 1 行输入英文状态下的"!"，然后按下 Tab 键，即可出现 HTML 文档默认框架，如图 1-37 所示。

```
1  <!DOCTYPE html>
2  <html lang="en">
3  <head>
4      <meta charset="UTF-8">
5      <meta name="viewport" content="width=device-width, initial-scale=1.0">
6      <title>Document</title>
7  </head>
8  <body>
9
10 </body>
11 </html>
```

图 1-37　创建 HTML 文档默认框架

(5) 在 body 标签中添加文本"欢迎来到我的第一个网页！"，保存文件。

(6) 单击鼠标右键，选择"open in browser"或者按下快捷键 Alt+B，可以使用默认浏览器 Chrome 预览，效果如图 1-38 所示。

图 1-38　完成案例效果图

2. 实现代码

```
<!DOCTYPE html>
<html lang="en">
<head>
    <meta charset="UTF-8">
    <meta name="viewport" content="width=device-width, initial-scale=1.0">
    <title>Document</title>
</head>
<body>
    欢迎来到我的第一个网页！
</body>
</html>
```

注意

在输入文件名时，若没有输入扩展名，则默认新建的文件是文本文件，需要另存为进行修改。或者单击状态栏右侧的"纯文本"，然后选择 HTML，修改文件类型。

习　题

一、判断题

1. 因为静态网页的访问速度快，所以现在互联网上的所有网站都是由静态网页组成的。(　　)

2. HTTP 详细规定了浏览器和万维网服务器之间互相通信的规则。(　　)

3. 在 Web 标准中，表现是指网页展示给访问者的外在样式。(　　)

4. 在网页中，层叠样式表指的是 JavaScript。(　　)

5. 所有的浏览器对同一个 CSS 样式的解析都相同，因此页面在不同浏览器下的显示效果完全一样。(　　)

二、选择题

1. 关于静态网页的描述，下列说法正确的是(　　)。

A. 静态网页都会显示固定的信息　　　　　B. 静态网页不会显示固定的信息

C. 静态网页访问速度慢　　　　　　　　　D. 静态网页访问速度快

2. 下列选项中的术语名词，属于网页术语的是(　　)。

A. Web　　　　　　　B. HTTP　　　　　　C. DNS　　　　　　　D. iOS

3. 关于 Web 标准的描述，下列说法正确的是(　　)。

A. Web 标准只包括 HTML 标准

B. Web 标准是由浏览器的各大厂商联合制定的

C. Web 标准并不是某一个标准，而是一系列标准的集合

D. Web 标准主要包括结构标准、表现标准和行为标准三个方面

4. 关于 HTML 的描述，下列说法正确的是(　　　)。

A. HTML 是更严谨纯净的 XHTML 版本

B. HTML 提供了许多标签，用于对网页内容进行描述

C. 目前最新的 HTML 版本是 HTML5

D. 早期的 HTML 在语法上很宽松

5. 关于 CSS 的描述，下列说法正确的是(　　　)。

A. 当 CSS 作为独立的文件时，必须以.html 为后缀名

B. CSS 用于设置 HTML 页面中的文本内容、图片的外形以及版面的布局等外观显示样式

C. 只有独立的 CSS 文件才符合结构与表现分离的特点

D. 目前流行的 CSS 版本为 CSS3

三、简答题

1. 请简要描述 HTTP 和 HTTPS 的差异。

2. 简述 HTML5 和 CSS3 的优点。

四、编程题

创建自己的第一个网页。

第 2 章

HTML5 基础文本元素

 教 学 目 标

通过本章的学习，掌握 HTML5 的结构和语法，掌握文本控制标签的用法，能够使用该标签定义文本。

知识目标

(1) 了解 HTML5 的基本结构。

(2) 熟悉 HTML 的头部标签。

(3) 掌握 HTML 文本控制标签的用法，能够使用该标签定义文本。

技能目标

(1) 能够创建文本段落及标题。

(2) 能够使用文本控制标签定义文本。

(3) 能够使用 HTML5 语义化文本元素。

(4) 能够使用特殊字符标签。

任务描述及工作单

无论网页内容如何丰富多彩，文字始终是网页中最基本的元素。使用 HTML 提供的一系列文本标签可以使文字排版整齐，结构清晰。本章设计完成的效果如图 2-1 所示。

展文明之姿，建文明校园——包头职业技术学院喜获内蒙古自治区"文明校园"称号！

2020/9/2 17:07:09　分类：校园新闻

包头职业技术学院一直致力于文明校园创建工作，继2017年学院被评为"包头市文明校园"后，在2020年，根据内蒙古自治区精神文明建设委员会发布《内蒙古自治区精神文明建设委员会关于表彰内蒙古自治区文明校园的决定》，包头职业技术学院喜获内蒙古自治区"文明校园"称号！

包头职业技术学院建校60余年来，秉承"追求真理、勇于实践、敢于创新、甘于奉献"的办学精神，以"坚持职教定位、传承兵工文化、特色立校、开放办学"为办学理念，积累了丰富的办学经验，形成了鲜明的办学特色，已成为一所育人环境优越、综合实力雄厚的高层次技能型人才培养院校，向社会输送了大量优秀的专业技术人才。

图 2-1　最终完成效果图

2.1　HTML 标签概述

2.1.1　HTML5 全新的结构

学习任何一门语言，首先要掌握它的基本格式，就像写信需要符合书信的格式要求一样。要想学习 HTML5，同样需要掌握 HTML5 的基本格式。HTML5 文档的基本格式如下：

```
<!DOCTYPE html>
<html lang="en">
<head>
    <meta charset="UTF-8">
    <meta name="viewport" content="width=device-width, initial-scale=1.0">
    <title>docment</title>
</head>
<body>
</body>
</html>
```

在上面的 HTML 代码中，<!DOCTYPE>为文档类型声明，它和<html><head> <body>共同组成了 HTML 文档的结构，下面进行具体介绍。

1. 文档类型<!DOCTYPE>

DOCTYPE 是英文 document type(文档类型)的简写，是 HTML 和 XHTML 中的文档声明，简称 DTD 声明。<!DOCTYPE>位于文档的最前面，用于向浏览器说明当前文档使用哪种 HTML 或 XHTML 标准规范。因此只有在开头处使用<!DOCTYPE>声明，浏览器才能将该文档作为有效的 HTML 文档，并按指定的文档类型进行解析。

2. 整个文档<html>标签

<html>位于<!DOCTYPE>之后，也称根标签。根标签主要用于告知浏览器其自身是一个 HTML 文档，其中<html>标志着 HTML 文档的开始，</html>则标志着 HTML 文档的结束，在它们之间是文档的头部和主体内容。

3. 文档头<head>标签

<head>标签用于定义 HTML 文档的头部信息，也称头部标签，紧跟在<html>之后。头部标签主要用来封装其他位于文档头部的标签，如<title><meta><link>及<style>等，用来描述文档的标题、作者及其与其他文档的关系。

1) <title>标签

<title>标签用于设置网页文档的标题信息。只要在<title>标签中输入想要设置的标题信息，就可将网页标题显示在浏览器的标题栏中。图 2-2 的<title>标签内容为

```
<title>我的第一个网页</title>
```

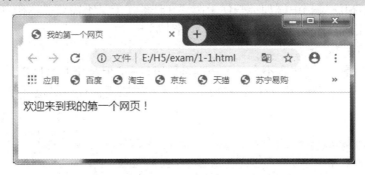

图 2-2　<title>标签的使用

2) <meta>标签

<meta>标签用来描述一个 HTML 页面文档的属性，可提供有关页面的元信息，如字符编码、作者、日期和时间、版权、关键字、页面刷新和网页说明等。<meta>标签位于页面文档的头部，其中，charset 属性用来定义文档的字符编码，前面的代码说明当前页面使用的字符编码为 UTF-8。若没有其他要求，HTML 页面文档中只写明<meta>标签中的 charset 属性即可。在 VSCode 中默认为<meta charset="UTF-8">。

4. 文档体<body>标签

<body>用于定义 HTML 文档所要显示的内容，也称主体标签。浏览器中显示的所有文本、图像、音频和视频等信息都必须位于<body>内，才能最终展示给用户。

需要注意的是，一个 HTML 文档只能含有一对<body>，且<body>必须在<html>内，位于<head>之后，与<head>是并列关系。

在 HTML 页面中，带有"<>"符号的元素被称为 HTML 标签，如上面提到的<html><head><body>都是 HTML 标签。所谓标签，就是放在"<>"符号中表示某个功能的编码命令，也称为 HTML 标记或 HTML 元素，本书统一称作 HTML 标签。

2.1.2　标签的分类

根据标签的组成特点，通常将 HTML 标签分为两大类，分别是双标签和单标签。下面对它们进行具体介绍。

1. 双标签

双标签也称为体标签，是指由开始和结束两个标签符号组成的标签。

双标签的基本语法格式如下：

```
<标签名>内容</标签名>
```

例如，前面文档结构中的<html>和</html>、<body>和</body>等都属于双标签。

2. 单标签

单标签也称为空标签，是指用一个标签符号即可完整地描述某个功能的标签，其基本语法格式如下：

```
<标签名/>
```

在 HTML 中还有一种特殊的标签——注释标签，该标签就是一种特殊功能的单标签。如果需要在 HTML 文档中添加一些便于阅读和理解，但又不需要显示在页面中的注释文字，就需要使用注释标签。注释标签的基本写法如下：

```
<!--注释语句-->
```

需要注意的是，注释内容不会显示在浏览器窗口中，但是作为 HTML 文档内容的一部分，注释标签可以被下载到用户的计算机上，或者用户查看源代码时也可以看到注释标签。

> **注意**
>
> 为什么要有单标签？
>
> HTML 标签的作用就是选择网页内容，从而进行描述。也就是说，需要描述哪个元素，就选择哪个元素，所以才会有双标签的出现，用于定义标签作用的开始与结束。而单标签本身就可以描述一个功能，不需要选择。例如，水平线标签<hr>，按照双标签的语法，应该写成"<hr></hr>"，但是水平线标签不需要选择，本身就代表一条水平线，此时写成双标签就显得有点多余，但是又不能没有结束符号，所以在标签名称后面加一个关闭符，即<标签名/>。

2.1.3　标签的关系

在网页中存在多种标签，各种标签之间都具有一定的关系。标签的关系主要有嵌套关系和并列关系两种，下面进行具体介绍。

1. 嵌套关系

嵌套关系也称为包含关系，可以简单理解为一个双标签里面包含其他标签。例如，在 HTML5 的结构代码中，<html>标签和<head>标签(或 body 标签)就是嵌套关系，具体代码如下：

```
<html>
    <head>
    </head>
    <body>
    </body>
</html>
```

需要注意的是，在标签的嵌套过程中，必须先结束最靠近内容的标签，再按照由内到外的顺序依次关闭标签。图 2-3 所示为嵌套标签正确与错误写法的对比。

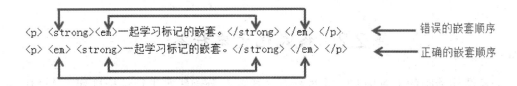

图 2-3　标签的嵌套顺序

在有嵌套关系的标签中，我们通常把最外层的标签称为父级标签，把里面的标签称为子级标签。只有双标签才能作为父级标签。

2. 并列关系

并列关系也称为兄弟关系，就是两个标签处于同一级别。HTML5 的结构代码中，<head>标签和<body>标签就是并列关系。在 HTML 标签中，无论是单标签还是双标签，都可以拥有并列关系。

注意
不赞成使用<ol><li>的 type、start 和 value 属性，最好通过 CSS 样式属性代替它们。

2.1.4　标签的属性

使用 HTML 制作网页时，如果想让 HTML 标签提供更多信息，例如，希望标题文本的字体为"微软雅黑"并且居中显示，段落文本中的某些名词显示为其他颜色，则用户仅仅依靠 HTML 标签的默认显示样式是不够的，这时可以通过为 HTML 标签设置属性的方式来增加更多样式。为 HTML 标签设置属性的基本语法格式如下：

```
<标签名 属性 1="属性值 1" 属性 2="属性值 2"…> 内容</标签名>
```

在上面的语法格式中，标签可以拥有多个属性，属性必须写在开始标签中，位于标签名后面。 属性之间不分先后顺序，标签名与属性、属性与属性之间均以空格分开。例如，下面的示例代码设置了一段居中显示的文本内容：

```
<p align="center">居中显示的文本</p>
```

其中，<p></p>标签用于定义段落文本；align 为属性名；center 为属性值，表示文本居中对齐，对于<p>标签还可以设置文本左对齐或右对齐，对应的属性值分别为 left 和 right。需要注意的是，大多数属性都有默认值。若省略<p>标签的 align 属性，则段落文本按默认值左对齐显示。也就是说，<p></p>等价于<p align="left"></p>。

注意
在 HTML 开始标签中，可以通过属性="属性值"的方式为标签添加属性。其中，属性和属性值就是以键值对的形式出现的。 所谓键值对，可以理解为对属性设置属性值。键值对有多种表现形式，如 color= red、width=200 px 等。其中，color 和 width 即为键值对中的键(英文为 key)，red 和 200 px 为键值对中的值(英文为 value)。 键值对广泛地应用于编程中，HTML 属性的定义形式属性="属性值"只是键值对中的一种。

2.2　格式化文本标签

一篇结构清晰的文章通常会通过标题、段落、分割线等进行结构排列，HTML 网页也不例外，为了使网页中的文字有条理地显示出来，HTML 中提供了一系列文本控制标签，如标题标签<h1>~<h6>、段落标签<p>等。下面将对文本控制标签进行详细讲解。

2.2.1　页面格式化标签

1. 标题标签

为了使网页更具有语义化(语义化是指赋予普通网页文本特殊的含义)，我们经常会在页面中用到标题标签，HTML 提供了 6 个等级的标题，即<h1><h2><h3><h4><h5>和<h6>，从<h1>到<h6>标题的重要性依次递减。标题标签的基本语法格式如下：

```
<hn align="对齐方式">标题文本</hn>
```

在上面的语法格式中，n 的取值为 1 到 6，代表 1~6 级标题；align 属性为可选属性，用于指定标题的对齐方式。接下来我们通过一个简单的案例说明标题标签的具体用法。

【例 2-1】标题标签的使用。

代码如下：

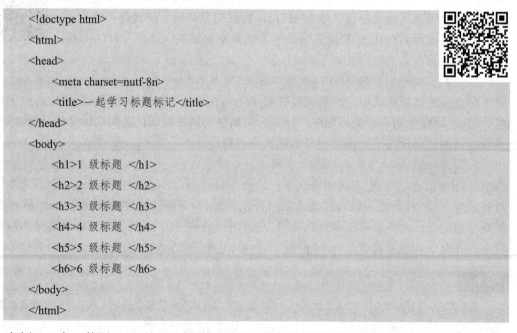

```
<!doctype html>
<html>
<head>
    <meta charset=nutf-8n>
    <title>一起学习标题标记</title>
</head>
<body>
    <h1>1 级标题 </h1>
    <h2>2 级标题 </h2>
    <h3>3 级标题 </h3>
    <h4>4 级标题 </h4>
    <h5>5 级标题 </h5>
    <h6>6 级标题 </h6>
</body>
</html>
```

在例 2-1 中，使用<h1>到<h6>标签设置了 6 种级别不同的标题。

运行效果如图 2-4 所示。

图 2-4　标题标签的使用

从图 2-4 中可以看出，默认情况下标题文字是加粗左对齐显示的，并且从<h1>到<h6>标题字号依次递减。如果想让标题文字右对齐或居中对齐，就需要使用 align 属性设置对齐方式，其取值如下：

(1) left：设置标题文字左对齐(默认值)。

(2) center：设置标题文字居中对齐。

(3) right：设置标题文字右对齐。

了解了标题标签的对齐属性，接下来我们通过一个案例来演示标题标签的默认对齐、左对齐、居中对齐和右对齐，并且按照 1～4 级标题来显示。

【例 2-2】标题属性的设置。

代码如下：

```html
<!doctype html>
<html>
<head>
    <meta charset="utf-8">
    <title>使用 align 设置标题的对齐方式</title>
</head>
<body>
    <h1>1 级标题，默认对齐方式。</h1>
    <h2 align="left">2 级标题，左对齐。</h2>
    <h3 align="center">3 级标题，居中对齐。</h3>
    <h4 align="right">4 级标题，右对齐。</h4>
</body>
</html>
```

运行效果如图 2-5 所示。

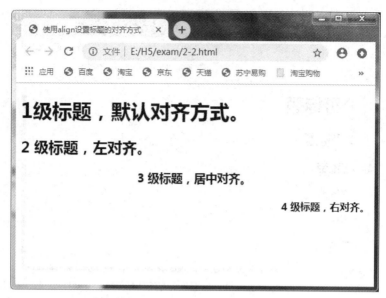

图 2-5　标题属性设置效果

> **注意**
>
> (1) 一个页面中只能使用一个<h1>标签，常常被用在网站的 Logo 部分。
>
> (2) 由于 h 标签拥有特殊的语义，请慎重选择恰当的标签来构建文档结构。初学者切勿为了设置文字加粗或更改文字的大小而使用文字标签。
>
> (3) HTML 中一般不建议使用 h 标签的 align 对齐属性，可使用 CSS 样式设置。

2. 段落标签

在网页中，要把文字有条理地显示出来，离不开段落标签，就如同我们平常写文章一样，　整个网页可以分为若干个段落。在网页中使用<p>标签来定义段落。<p>标签是 HTML 文档中最常见的标签，默认情况下，文本在一个段落中会根据浏览器窗口的大小自动换行。

<p>标签的基本语法格式如下：

```
<p align="对齐方式"> 段落文本</p>
```

在上面的语法格式中，align 属性为<p>标签的可选属性，和标题标签<h1>～<h6>一样，同样可以设置段落文本的对齐方式。

了解了段落标签的基本语法格式之后，接下来我们通过一个案例来演示段落标签<p>的用法。

【例 2-3】段落标签的使用。

代码如下：

```
<!doctype html>
<html>
<head>
    <meta charset=Mutf-8M>
    <title> 一起学习段落标签 </title>
```

```
</head>
<body>
<h2 align="center"> 喜怒哀乐是人生，酸甜苦辣最真实</h2>
<p align="center"> 栏目分类：感悟生活 </p>
<p>笑了，哭了；哭了，笑了，这就是真正的人生。苦乐交织，笑泪交替，这就是生活的真实。</p>
<p>人生如同一场旅行。旅途中有阳光，也有阴雨；有疲惫，也有惊喜；有心烦，也有如意。
人生的路，有宽阔，也有狭窄；有笔直，也有弯曲；有平坦，也有崎岖；有风景，也有荆棘。</p>
</body>
</html>
```

在例 2-3 中，第 8 行代码、第 9 行代码分别为<h2>标签和<p>标签添加<align="center">
设置居中对齐。第 10 行代码中的<p>标签为段落标签的默认对齐方式。

运行效果如图 2-6 所示。

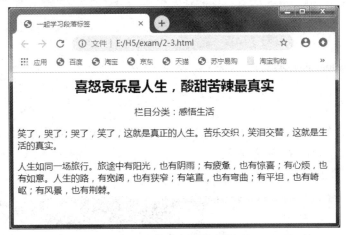

图 2-6　段落标签的使用

从图 2-6 中容易看出，每段文本都会单独显示，并且两段文本之间有一定的间隔。

3. 水平线标签

在网页中我们常常会看到一些水平线将段落与段落之间隔开，使文档结构清晰，层次
分明。水平线可以通过<hr/>标签来定义，基本语法格式如下：

```
<hr 属性="属性值"/>
```

<hr/>是单标签，在网页中输入一个<hr/>，即可添加一条默认样式的水平线。此外，
通过<hr/>标签设置属性和属性值，可以更改水平线的样式，其常用的属性如表 2-1 所示。

表 2-1　<hr/>标签的常用属性

属性名	含　义	属　性　值
align	设置水平线的对齐方式	可选择 left、right、center 三种值，默认为 center，居中对齐显示
size	设置水平线的粗细	以像素为单位，默认为 2 像素
color	设置水平线的颜色	可用颜色名称、十六进制#RGB、rgb(r,g,b)表示
width	设置水平线的宽度	可以是确定的像素值，也可以是浏览器窗口的百分比，默认为 100%

下面我们通过使用水平线分割段落文本来演示<hr/>标签的用法。

【例 2-4】水平线标签的使用。

代码如下：

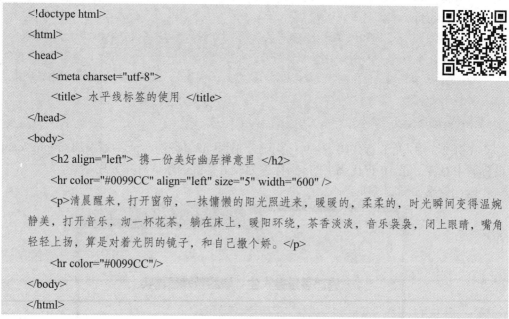

```
<!doctype html>
<html>
<head>
    <meta charset="utf-8">
    <title> 水平线标签的使用 </title>
</head>
<body>
    <h2 align="left"> 携一份美好幽居禅意里 </h2>
    <hr color="#0099CC" align="left" size="5" width="600" />
    <p>清晨醒来，打开窗帘，一抹慵懒的阳光照进来，暖暖的，柔柔的，时光瞬间变得温婉
静美，打开音乐，沏一杯花茶，躺在床上，暖阳环绕，茶香淡淡，音乐袅袅，闭上眼睛，嘴角
轻轻上扬，算是对着光阴的镜子，和自己撒个娇。</p>
    <hr color="#0099CC"/>
</body>
</html>
```

在例 2-4 中，第 9 行代码将<hr/>标签设置了不同的颜色、对齐方式、粗细和宽度值。
第 11 行代码修改了<hr/>标签的颜色。

运行效果如图 2-7 所示。

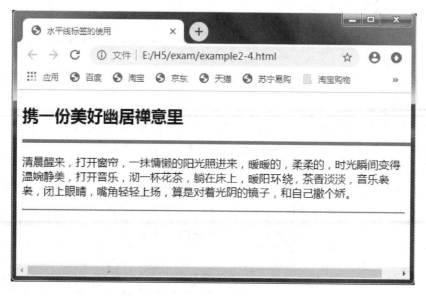

图 2-7　水平线的样式效果

注意

在实际工作中，并不赞成使用<hr/>的所有外观属性，最好通过 CSS 样式进行设置。

4．换行标签

在 Word 中，按 "Enter" 键可以将一段文字换行显示。但在网页中，要想将某段文本强制换行显示，就需要使用换行标签
。下面我们通过一个案例演示换行标签的具体用法。

【例 2-5】 换行标签的使用。

代码如下：

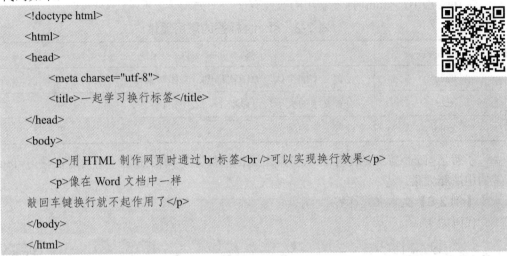

```
<!doctype html>
<html>
<head>
    <meta charset="utf-8">
    <title>一起学习换行标签</title>
</head>
<body>
    <p>用 HTML 制作网页时通过 br 标签<br />可以实现换行效果</p>
    <p>像在 Word 文档中一样
敲回车键换行就不起作用了</p>
</body>
</html>
```

在例 2-5 中，第 8 行代码在文本中显示在同一行，但是使用了
标签。而第 9～10 行代码在文本中是换行显示的，采用了按回车键的方式换行。

运行效果如图 2-8 所示。

图 2-8　换行标签的效果

从图 2-8 中可以看出，使用换行标签
的段落实现了强制换行的效果，而使用回车键换行的段落在浏览器的实际显示效果中并没有换行，只是多出了一个空白字符。

> **注意**
>
>
标签虽然可以实现换行的效果，但并不能取代结构标签<h><p>等。

2.2.2　文本样式标签

文本样式标签可以设置一些文字效果(如字体、加粗、颜色)，让网页中的文字样式变得更加丰富，其基本语法格式如下：

```
<font 属性="属性值"> 文本内容</font>
```

上述语法中，<font>标签常用的属性有 3 个，如表 2-2 所示。

表 2-2　<font>标签的常用属性

属性名	含　义
face	设置文字的字体，如微软雅黑、黑体、宋体等
size	设置文字的大小，可以取 1～7 之间的整数值
color	设置文字的颜色

了解了<font>标签的基本语法和常用属性，接下来我们通过一个案例来学习<font>标签的用法和效果。

【例 2-6】文本样式标签。

代码如下：

```
<!doctype html>
<html>
<head>
    <meta charset=Hutf-8n>
    <title>一起学习文本样式标签</title>
</head>
<body>
    <h2 align="center">使用 font 标签设置文本样式 </h2>
    <p>文本是默认样式的文本</p>
    <pxfont size="2" color="red"> 文本是 2 号红色：</font></p>
    <p><font size="5" color="blue"> 文本是 5 号蓝色文本 </font></p>
    <p><font face="宋体" size="7" color="green">文本是 7 号绿色文本，文本的字体是宋体</fontx/p>
</body>
</html>
```

在例 2-6 中，一共使用了 4 个段落标签。第 9 行代码将第 1 个段落中的文本设置为 HTML 默认段落样式，第 10～12 行代码将第 2、3、4 个段落文本分别使用<font>标签设置了不同的文本样式。

运行效果如图 2-9 所示。

图 2-9　使用 font 标签设置文本样式

2.2.3　文本格式化标签

在网页中，有时需要为文字设置粗体、斜体或下划线等一些特殊显示的文本效果，为此 HTML 提供了专门的文本格式化标签，使文字以特殊的方式显示。常用的文本格式化标签如表 2-3 所示。

表 2-3　常用的文本格式化标签

标　　签	显 示 效 果
<b></b>和<strong></strong>	文字以粗体方式显示
<u></u>和<ins></ins>	文字以加下划线方式显示
<i></i>和<em></em>	文字以斜体方式显示
<s></s>和<del></del>	文字以加删除线方式显示

表 2-3 中每行所示的两对文本格式化标签都能显示相同的文本效果，但<strong>标签、<ins>标签、<em>标签、<del>标签更符合 HTML 结构的语义化，所以在 HTML5 中建议使用这 4 个标签设置文本样式。

下面我们通过一个案例来演示部分文本格式化标签的效果。

【例 2-7】文本格式化标签的使用。

代码如下：

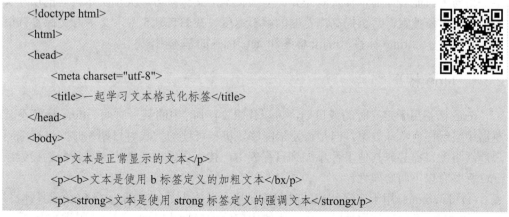

```
<!doctype html>
<html>
<head>
    <meta charset="utf-8">
    <title>一起学习文本格式化标签</title>
</head>
<body>
    <p>文本是正常显示的文本</p>
    <p><b>文本是使用 b 标签定义的加粗文本</b></p>
    <p><strong>文本是使用 strong 标签定义的强调文本</strong></p>
```

```
        <p><ins>文本是使用 ins 标签定义的下划线文本</ins></p>
        <p><i>文本是使用 i 标签定义的倾斜文本</i></p>
        <p><em>文本是使用 em 标签定义的强调文本</em></p>
        <p><del>文本是使用 del 标签定义的删除线文本</del></p>
    </body>
    </html>
```

在例 2-7 中，第 8 行代码设置段落文本正常显示，第 9～14 行代码分别为段落文本应用不同的文本格式化标签，使文字产生特殊的显示效果。

运行效果如图 2-10 所示。

图 2-10　文本格式化标签的使用

2.3　HTML5 文本语义标签

文本语义标签主要用于向浏览器和开发者描述标签的意义，是一些供机器识别的标签，访问者只能看到显示样式的差异。有些文本语义标签可以突出文本内容的层次关系，方便搜索引擎搜索，甚至提高浏览器的解析速度。在 HTML5 中，文本语义标签有很多，下面我们将学习 time 标签、mark 标签和 cite 标签的基本用法。

2.3.1　time 标签

time 标签用于定义时间或日期，可以代表 24 小时中的某一时间。time 标签不会在浏览器中呈现任何特殊效果，但是该元素能够以机器可读的方式对日期和时间进行编码，用户能够将生日提醒或其他事件添加到日程表中，搜索引擎也能够生成更智能的搜索结果。time 标签有以下两个属性。

(1) datetime：用于定义相应的时间或日期。取值为具体时间(如 14:00)或具体日期(如 2020-09-01)，不定义该属性时，由文本的内容给定日期或时间。

(2) pubdate：用于定义 time 标签中的文档(或 article 元素)发布日期。取值一般为"pubdate"。

下面我们通过一个案例对 time 标签的用法进行演示。

【例 2-8】time 标签的用法。

代码如下：

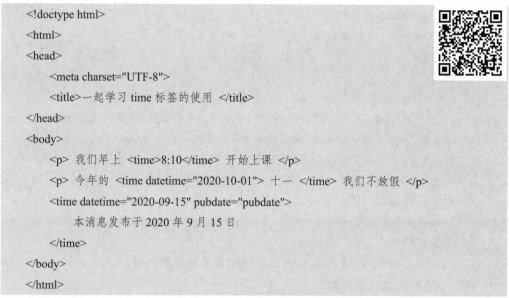

```
<!doctype html>
<html>
<head>
    <meta charset="UTF-8">
    <title>一起学习 time 标签的使用 </title>
</head>
<body>
    <p> 我们早上 <time>8:10</time> 开始上课 </p>
    <p> 今年的 <time datetime="2020-10-01"> 十一 </time> 我们不放假 </p>
    <time datetime="2020-09-15" pubdate="pubdate">
        本消息发布于 2020 年 9 月 15 日
    </time>
</body>
</html>
```

运行效果如图 2-11 所示。

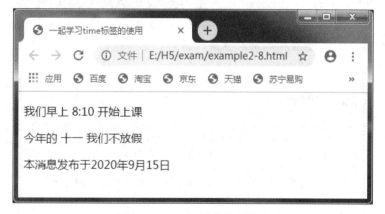

图 2-11　time 标签的使用效果

在例 2-8 中，如果不使用 time 标签，也是可以正常显示文本内容的，因此 time 标签的作用主要是增强文本的语义，方便机器解析。

2.3.2　mark 标签

mark 标签的主要功能是在文本中高亮显示某些字符，该标签的用法与 em 标签和 strong 标签有相似之处，但是使用 mark 标签在突出显示样式时更随意灵活。

下面我们通过一个案例对 mark 标签的用法进行演示。

【例 2-9】mark 标签的使用。

代码如下：

```
<!doctype html>
<html>
<head>
    <meta charset="UTF-8">
    <title>一起学习 mark 标签的使用 </title>
</head>
<body>
    <h3> 流萤飞舞的童年 </h3>
    <p>在<mark>迷人的</mark>夏夜里，我们结伴而行去野外捕捉萤火虫。去之前，妈妈会给
我们准备一个透明的瓶子，我们便蹦蹦跳跳地奔向池塘。晚上，<mark>月光明媚、</mark>星光灿
烂，我们轻快地奔跑着，凉风在耳边呼呼飘过，仿佛在为孩子纯真的梦想助威。许多萤火虫从我们
面前飞过，在深蓝的夜空里一闪一闪的，煞是可爱，它们轻盈的身影伴着我们童年的梦一起装进了
透明的瓶子里。</p>
</body>
</html>
```

在例 2-9 中，使用 mark 标签包裹需要突出显示样式的内容。

运行效果如图 2-12 所示。

图 2-12　mark 标签的使用效果

在图 2-12 中，高亮显示的文字就是通过 mark 标签标记的。

2.3.3　cite 标签

cite 标签可以创建一个引用，用于对文档引用参考文献的说明，一旦在文档中使用了
该标签，被标注的文档内容将以斜体的样式展示在页面中，以区别于段落中的其他字符。

下面我们通过一个案例对 cite 标签的用法进行演示。

【例 2-10】cite 标签的使用。

代码如下：

```
<!doctype html>
<html>
<head>
    <meta charset="UTF-8">
    <title>一起学习 cite 标签的使用 </title>
</head>
<body>
    <p>也许愈是美丽就愈是脆弱，就像盛夏的泡沫。</p>
    <cite> 明晓溪《泡沫之夏》</cite>
</body>
</html>
```

运行效果如图 2-13 所示。

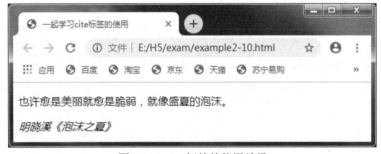

图 2-13　cite 标签的使用效果

从图 2-13 中可以看出，被 cite 标注的文字，以斜体的样式在网页中显示。

2.4　其他元素

我们浏览网页时经常会看到一些包含特殊字符的文本，如数学公式、版权信息等。那么如何在网页上显示这些包含特殊字符的文本呢？在 HTML 中为这些特殊字符准备了专门的替代代码，如表 2-4 所示。

表 2-4　常用的特殊字符标签

特殊字符	描　述	字符的代码	特殊字符	描　述	字符的代码
	空格符		°	摄氏度	&deg
<	小于号	&lt	±	正负号	&plusmn
>	大于号	&gt	×	乘号	&times
&	和号	&amp	÷	除号	&divide
¥	人民币	&yen	2	平方 2 (上标 2)	&sup2
©	版权	&copy	3	立方 3 (上标	&sup3
®	注册商标	&reg			

2.5　任务案例——制作学院网站某新闻页面

1.　分析页面

我们来分析一下图 2-1 所示的网页。整个页面由文字和图片组成，页面中的文字由标题和段落组成，并设置了不同的效果。完成该案例，需要用到 HTML 中的文本控制标签。

2.　制作学院网站某新闻页面的步骤

(1) 新建一个 HTML 文档，命名为 "example2-11.html"。

(2) 输入代码，保存文件并预览效果。

3.　制作学院网站某新闻页面的代码

代码如下：

```
<!doctype html>
<html>
<head>
    <meta charset="UTF-8">
    <title>展文明之姿，建文明校园——包头职业技术学院喜获内蒙古自治区"文明校园"称号！
- 校园新闻 - 包头职业技术学院 </title>
</head>
<body>
    <h1><font color="blue">展文明之姿，建文明校园——包头职业技术学院喜获内蒙古自治区
"文明校园"称号！</font></h1>
<p align="center">
    <font size="2" >2020/9/2 17:07:09     分类：校园新闻</font>
</p>
<p>
            包头职业技术学院一直致力于文明校园创建工
作，继 2017 年学院被评为"包头市文明校园"后，在 2020 年，根据内蒙古自治区精神文明建设委员
会发布《内蒙古自治区精神文明建设委员会关于表彰内蒙古自治区文明校园的决定》，<span><font
color="red">包头职业技术学院喜获内蒙古自治区"文明校园"称号！</font></span>
</p>
<img alt="2" src="pic/wenmingxy1.jpg" width="555" height="370" />
<p>
包头职业技术学院建校 60 余年来，秉承"追求真理、勇于实践、敢于创新、甘于奉献"的办学
精神，以"坚持职教定位、传承兵工文化、特色立校、开放办学"为办学理念，积累了丰富的办学
经验，形成了鲜明的办学特色，已成为一所育人环境优越、综合实力雄厚的高层次技术技能型人才
培养院校，向社会输送了大量优秀的专业技术人才。
```

```
    </p>
    <img alt="1" src="pic/wenmingxy2.jpg" width="555" height="370" />
    </body>
    </html>
```

至此此案例完成。

习　　题

一、选择题

1. 下面不属于文本标签的属性的是(　　)。

A. size　　　　　B. align　　　　　C. color　　　　　D. face

2. 下面属于换行符标签的是(　　)。

A. <body>　　　B. <font>　　　C.
　　　D. <p>

3. 为了标识一个 HTML 文件，应该有的 HTML 标签是(　　)。

A. <p></p>　　　　　　　　B. <body></body>

C. <html></html>　　　　　D. <table></table>

4. 在 HTML 中，标签<font>的 size 属性的最大取值是(　　)。

A. 5　　　　　　B. 6　　　　　　C. 7　　　　　　D. 8

5. 以下标签中，没有对应结束标签的是(　　)。

A. <body>　　　B. <html>　　　C.
　　　D. <title>

二、填空题

1. HTML 网页文件的标签是<html></html>，网页文件的主体标签是_____，标记页面标题的标签是_____。

2. RGB 方式表示的颜色都是由红、绿、_____这 3 种基色调和而成的。

3. 文件头标签也就是通常所见到的_____标签。

4. 设置文档标题以及其他不在 Web 网页上显示的信息的开始标记符是_____，结束标记符是_____。

5. 设置文档的可见部分的开始标记符是_____，结束标记符是_____。

6. 要设置一条 1 象素粗的水平线，应使用的 HTML 语句是_____。

7. 设置文字的颜色为红色的标记格式是_____。

三、简答题

1. 用 HTML 标记语言编写一个简单的网页，网页最基本的结构是什么？

2. 在 HTML 标签可以分成哪几种类型？

第 3 章

层叠样式表

　　通过本章的学习，掌握 CSS 的设置规则和调用方法，理解各元素的样式属性，制作规范的文字，恰当地处理图片与背景。

知识目标

　　(1) 掌握 CSS 样式的设置规则。
　　(2) 掌握 CSS 样式的调用方法。
　　(3) 掌握 CSS 的继承与层叠性的应用。
　　(4) 掌握文本属性的设置。

技能目标

　　(1) 能正确应用 CSS 规则，合理选择 CSS 选择器编写 CSS 样式。
　　(2) 能根据网页页面效果要求，编写 CSS 样式。

任务描述及工作单

　　HTML 只是解决了网页的基本结构和内容，运用 CSS 后，便可瞬间美化 Web 页面，让网页变得多姿多彩。

　　例如，对包头职业技术学院的机构设置页面(该页面包含导航条、标题、文本、图片、表格、列表等元素)进行 CSS 美化设计，完成后的效果如图 3-1 所示。

图 3-1　机构设置页面

3.1　创建并引入样式表

CSS 即层叠样式表(Cascading Style Sheet)，在制作网页时采用 CSS 可以有效地对页面的布局、字体、颜色、背景和其他效果实现更加精确的控制。只要对相应的代码做一些简单的修改，就可以改变同一页面的不同部分或者不同网页的外观和格式。

3.1.1　CSS 语法规则

CSS 语法规则相对简单，样式表中的每条规则都有两个主要部分：选择器(selector)和声明块(declaration block)。选择器决定哪些元素受到影响；声明块由属性和属性值组成，它们指定应该做什么。CSS 语法规则如图 3-2 所示。

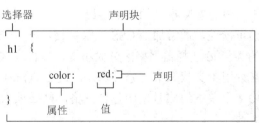

图 3-2　CSS 语法规则

语法格式如下：

选择器{属性 1：属性值 1；属性 2：属性值 2；属性 3：属性值 3；…}

图 3-2 中，声明块内的每条声明都是一个由冒号隔开、以分号结尾的属性值对。声明块以前花括号开始，以后花括号结束。

【例 3-1】CSS 样式效果演示。

代码如下：

```
<head>
 <title>css 样式效果</title>
 <style>
      h1 {color: goldenrod;
      font-size: 2rem;
      background-color: #008000;}
 </style>
 </head>
 <body>
 <article>
      <h1>你好，欢迎来到 CSS 样式设置</h1>
 </article>
 </body>
 </html>
```

页面内容由浏览器默认的白色背景、黑色文字变为绿色背景、黄色文字。运行效果如图 3-3 所示。

图 3-3 CSS 样式效果

编写 CSS 样式时，应该注意以下几点：

(1) 尽量统一使用英文、英文简写或者拼音。

(2) 尽量不缩写，不用没有实际意义的简单字母。

(3) 为了提高代码的可读性，通常加上 CSS 注释，使用/*…*/进行注释。

(4) CSS 样式表中的类和 id 选择器严格区分大小写，属性和属性值不区分大小写。

(5) 多个属性之间必须用英文状态下的分号隔开，最后的分号可以省略。

(6) 如果属性的值由多个单词组成且中间包含空格，则必须为这个属性值加上英文状态下的引号。

在设计 Web 页面时，为了提高代码的可读性，使用户直观了解代码的位置及含义，在对元素进行标识时，要遵循常用的 CSS 命名规则。常用的 CSS 命名规则见表 3-1。

表 3-1　常用的 CSS 命名规则

名　称	含　义	名　称	含　义
header	页头	footer	页脚
main	页面主体	container	容器
wrapper 或 wrap	页面外围控制整体布局宽度	aside 或 sidebar	侧边栏
nav	导航	subnav	子导航
left	左侧	right	右侧
loginbar	登录条	logo	标志
column	栏目	banner	广告
hot	热点	news	新闻
center	中间	content	内容
menu	菜单	submenu	子菜单
download	下载	search	搜索
copyright	版权	scroll	滚动
list	列表	friendlink	友情链接
tab	标签页	title	栏目标题
guild	指南	msg	提示信息
vote	投票	register	注册

> **注意**
>
> 除了字体族外，CSS 中基本不会出现中文，所以在编写 CSS 的时候尽量避免打开中文输入法。

3.1.2　创建并引入 CSS 的方式

1. 内联(行内)样式

内联样式通常是指利用 HTML 元素的全局属性 style 进行样式定义。
语法格式如下：

```
<标签名称 style="样式属性 1：属性值 1；样式属性 2：属性值 2；…">
```

内联样式适用于指定网页内的某一个元素的显示规则，效果只可控制该标签。

【例 3-2】内联(行内)样式的使用。

代码如下：

```
<html>
<head>
    <meta charset="UTF-8" />
```

```
      <title>内联(行内)样式的使用</title>
   </head>
   <body>
      <article>
      <img src="img/bz3.jpg" width="250" height="163" alt="向日葵图片" style="border: 4px solid
red" />
      </article>
   </body>
   </html>
```

通过内联样式设置图片的边框属性，运行效果如图 3-4 所示。

图 3-4　内联(行内)样式

代码中<img>元素内的 style 属性设定了 CSS 边框样式，即宽度 4 px、实线、红色边框。

注意

如果某元素定义了多个样式，不要忘记各个样式中间以分号(;)隔开。

提示

内联样式没有选择器，每个元素标签即为选择器。虽然内联样式的优先级最高，但一般应避免使用。

2. 内部(嵌入式)样式

内部(嵌入式)样式指在页面代码内嵌入 CSS 样式,这种样式可以完整体现 CSS 语法规则的使用。这里我们需要介绍一个新的元素标签 —— <style>，这个标签一般放在<head>元素中。

语法格式如下：

```
   <head>
      <style type="text/css">
      选择器{样式属性: 样式值; …}
      </style>
   </head>
```

【例 3-3】内部(嵌入式)样式的使用。

代码如下：

```
<html>
<head>
    <meta charset="UTF-8" />
    <title>内部(嵌入式)样式</title>
    <style>
    img {   border: 4px solid yellow;}
    </style>
</head>
<body>
    <article>
        <img src="img/bz3.jpg" width="250" height="163" alt="向日葵图片" />
    </article>
</body>
</html>
```

通过内部样式设置图片的边框属性，运行效果如图 3-5 所示。

图 3-5　内部(嵌入式)样式

注意
示例代码中<style>元素内部的样式语句与我们之前讲到的语句规则相同，img 为选择器，选择的是<body> 内部的<img>元素，而花括号内包含的语句，就是与内联样式中 style 全局属性相同的样式。

【例 3-4】内部(嵌入式)样式的使用。

代码如下：

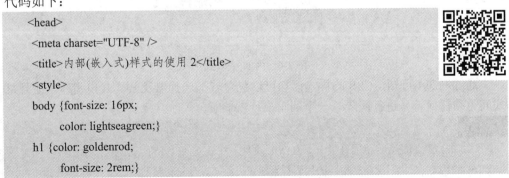

```
<head>
<meta charset="UTF-8" />
<title>内部(嵌入式)样式的使用 2</title>
<style>
body {font-size: 16px;
     color: lightseagreen;}
h1 {color: goldenrod;
    font-size: 2rem;}
```

```
img {border: 4px solid red;  }
p {font-size: 1.25em;}
span {color: white;
      font-size: 1.5rem;
      font-weight: bold;
      background-color: orangered;
      border-radius: 10px;}
   </style>
</head>
<body>
<article>
       <h1>内部(嵌入式)样式的使用 2</h1>
       <img src="img/bz1.jpg" width="250" height="163" alt="绿色" />
       <img src="img/bz2.jpg" width="250" height="100" alt="河山" />
    <p>内部(嵌入式)样式意指页面代码内嵌入<span>CSS 样式代码</span>，它可以完整体现
<span>CSS 语法规则</span> 的使用。</p>
   </article>
</body>
</html>
```

通过内部样式设置图片边框属性、文字属性，运行效果如图 3-6 所示。

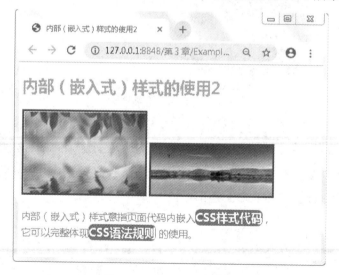

图 3-6　内部(嵌入式)样式

通过例 3-4 可知，CSS 的样式语句可以包含若干选择器及其样式声明体，而且每个样式间无须任何符号进行间隔，一个回车换行就够了。

提示

内部样式规则的有效范围只限于本 HTML 文件，在该文件以外将无法使用。如果多个页面具有统一的风格样式，则我们需要把相同的代码频繁地在页面间进行复制粘贴。

3. 外部样式

假设网站的页面有很多相同的样式设置，如果每个页面都需要修改内部样式，该怎么办呢？逐个点开每个页面的代码，对一张张页面进行修改，这样修改和维护时工作量很大。因此，我们需要将 HTML 代码和 CSS 代码分离，将 CSS 代码单独保存到某个或某几个文件中，当需要进行样式修改时，只需要修改对应的 CSS 文件即可，如果想增加新的样式也简单。所以，HTML、CSS 代码分离的优势就是方便我们增加、修改和维护页面代码。

利用<link>标签可以引入外部 CSS 文件的样式。引入步骤如下：

(1) 在项目文件夹下新建一个名为 css 的文件夹。

(2) 在该文件夹下新建一个名为 style.css 的文件(文件名随意，注意文件后缀为.css)。

(3) 在项目的根目录下新建一个 HTML 页面文件(文件名随意，注意文件后缀为.html)。

(4) 开始编辑 HTML 页面，并添加主体内容，在页面代码的<head>元素内增加<link>标签，代码如下：

```
<link type="text/css" rel="stylesheet" href="css/style.css">
```

<link>标签的 href 属性值用于引用外部 CSS 文件的位置。

(5) 开始编辑 css 文件夹下的 style.css 文件，添加样式语句并保存。

(6) 点击 HTML 页面预览结果。

【例 3-5】<link>标签引入外部 CSS 样式文件。

HTML 代码如下：

```
<html>
<head>
    <meta charset="UTF-8" />
    <title>link 标签引入外部 CSS 样式文件</title>
    <link rel="stylesheet" href="css/style.css" />
</head>
<body>
<article>
    <h1>link 标签引入外部 CSS 样式文件</h1>
    <img src="img/bz7.jpg" width="250" height="163" alt="图片夜景" />
    <img src="img/bz8.jpg" width="250" height="163" alt="图片冬景" />
    <p>HTML 外部样式的核心 ——<span> 代码分离</span></p>
<p><br>我们需要<span>将 HTML 代码和 CSS 代码分离</span>
<br>将 CSS 代码单独保存到某个或某几个文件中如果需要样式修改时
<br>只需要修改对应的 CSS 文件即可</p>
</article>
</body>
</html>
```

CSS 代码如下：

```
* {    font-family: sans-serif;line-height: 1.15;}
```

```
body {color: lightseagreen}
h1 {color: goldenrod;    font-size: 2rem;}
img {border: 4px solid red;}
p {     font-size: 1.25em;}
span {color: white;          font-size: 1.5rem;
      font-weight: bold;    background-color: orangered;border-radius: 10px;}
```

通过<link>标签引入外部 CSS 样式设置图片边框属性、文字属性,运行效果如图 3-7 所示。

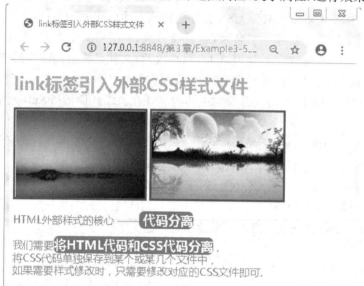

图 3-7　引入外部 CSS 样式文件

通过修改外部样式文件和代码结构,我们可以达到与内部样式相同的效果。该实例中只有一个 HTML 页面,如果有更多的 HTML 页面也想使用相同的样式,只需要在<head>内加一行<link>标签,当修改或维护时仅需要修改 style.css 文件,就可以使所有的页面样式都产生变化。

注意

认真观察 CSS 文件的样式代码,这里没有<style>标签,记住这是 CSS 文件,而不是 HTML 文件。

3.1.3　CSS 样式的继承性和层叠性

CSS 除了语法规则外,其核心内容是样式的层叠和继承顺序。

1. CSS 的继承性

CSS 的继承性是指被包含的子元素将拥有外层元素的某些样式。

【例 3-6】CSS 的继承性。

代码如下:

```
HTML 结构文档:
<html>
  <head>
```

```
            <meta charset="utf-8">
            <title> CSS 的继承性</title>
            <style>
                    body{color:red；font-size：20px；background：#00FF00；}
            </style>
        </head>
        <body>
            <p> CSS 的继承性</p>
        </body>
    </html>
```

在页面显示时，<body>标签定义文本的颜色为红色，文字大小为 20 px，背景颜色是绿色，段落<p>标签虽然没有定义样式，但是里面的文字会继承 body 的样式，最终显示为红色，大小为 20 px，背景颜色是绿色。这就是 CSS 的继承性。运行效果如图 3-8 所示。

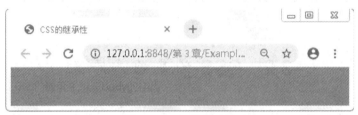

图 3-8　CSS 的继承性

2. CSS 的层叠性

CSS 的层叠性是指多种 CSS 样式可以叠加。

【例 3-7】　CSS 的层叠性。

代码如下：

```
    <html>
        <head>
            <meta charset="utf-8">
            <title>CSS 的层叠性</title>
            <style>
                    body {color:black; font-size:40px  ; }
                    p {text-decoration:underline;}
                    span{color:red;}
            </style>
        </head>
        <body>
            <p> CSS 的<span>层叠性</span></p>
        </body>
    </html>
```

由于<body>标签定义文本的颜色为黑色，文字大小为 40 px，因此根据继承性，背景颜色是绿色，段落<p>标签内的文本会显示为黑色，大小为 40 px。由于<p>标签选择器定义文字修饰为下划线，所以<p>标签内的文本都会显示下划线。而<span>标签中的文字"CSS的"继承<body>和<p>标签的样式，也会显示它们的样式，但<span>标签也定义了文本颜色为红色，这与<body>中的颜色冲突，这时根据优先级来判断。基本的判断原则是：在同等条件下，距离元素越近，优先级越高。运行效果如图 3-9 所示。

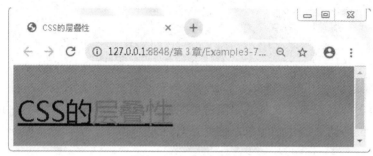

图 3-9　CSS 的层叠性

3.2　CSS 的基础选择器

3.2.1　选择器的定义

CSS 的选择器类似于连接器(Hook)，当 CSS 样式代码与 HTML 代码分离后，我们需要连接器将设定好的样式应用到对应的元素上，以便使这些元素能够以 CSS 样式体现。

3.2.2　选择器的类型

常用的基础选择器有标签选择器、id 选择器、类选择器、标签指定式选择器、群组选择器、包含选择器和通配符选择器。

1. 标签选择器

标签选择器即我们之前使用过的一种基础选择器，它通常用于定义文档的整体基础样式，直接将样式匹配到 HTML 的各个标签，也就是用于定义具有某种共性的样式，如字号、行高、字体族、字体颜色等。

语法格式如下：

```
标签名{属性 1：属性值 1；属性 2：属性值 2；属性 3：属性值 3；…}
```

【例 3-8】标签选择器。

代码如下：

```
<html>
  <head>
    <meta charset="utf-8">
    <title>标签选择器</title>
```

```
    <style>
        body{font: 100%/1.3; background:#00FF00;}
        h2{color: red;}
    </style>
</head>
<body>
    <h1>3.2 CSS 的基础选择器类型</h1>
    <h2>3.2.1 什么是选择器</h2>
    <p>CSS 的选择器类似于连接器(Hook)，当 CSS 样式代码与 HTML 代码分离后，我们需
要连接器将设定好的样式应用到对应的元素上， 以便使这些元素能够以 CSS 样式体现。</p>
    <h2>3.2.2 选择器的基础类型</h2>
    <p>常用的基础选择器有标签选择器、id 选择器、类选择器和通配符选择器。</p>
</body>
</html>
```

在该例中，我们通过元素选择器将<body>内所有元素的字体定义为 100%字体大小，1.3 倍行高的无衬线字体，并将 h2 元素的字体颜色定义为红色。运行效果如图 3-10 所示。

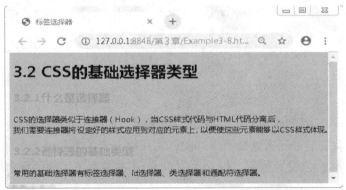

图 3-10　标签选择器

> **提示**
>
> 标签选择器一般用于定义具有某种共性的样式，而不会定义某种特定样式。例如，选择<body>标签，将背景色定义为红色，那么全篇 HTML 页面都会变为红色背景。

2. id 选择器

id 选择器用于对某个单一元素定义单独的样式。id 选择器使用"#"进行标识，后面紧跟 id 名。

语法格式如下：

```
#id 名{属性 1：属性值 1；属性 2：属性值 2；属性 3：属性值 3；…}
```

id 主要用来标识元素的身份，它在页面中具有唯一性。因此，CSS 就可以利用这一属性进行不同元素的选择。

根据 id 属性的特性来说，HTML 页面的元素不宜过多使用该属性，一般会在页面较大的块级元素上定义该属性。

【例 3-9】id 选择器。

代码如下：

```
<html>
  <head>
      <meta charset="utf-8">
      <title>id 选择器</title>
      <style>
            body{font-size: 30px;}
            #colblue{color: blue;}
            #colred{color:red;}
      </style>
  </head>
  <body>
        <h2 id="colblue">3.2 CSS 的基础选择器类型</h2>
        <h3 id="colred">3.2.1 什么是选择器</h3>
        <p>CSS 的选择器类似于连接器(Hook)，当 CSS 样式代码与 HTML 代码分离后，<br>我
们需要连接器将设定好的样式应用到对应的元素上， 以便使这些元素能够以 CSS 样式体现。</p>
        <h3 id="colred">3.2.2 选择器的基础类型</h3>
        <p>
常用的基础选择器有标签选择器、id 选择器、类选择器和通配符选择器。</p>
  </body>
</html>
```

在该例中，我们通过元素选择器将<body>内所有元素的字号设为 30 px，并将 id 值为 colblue 的所有字体颜色设为蓝色，将 id 值为 colred 的所有字体颜色设为红色。运行效果 如图 3-11 所示。

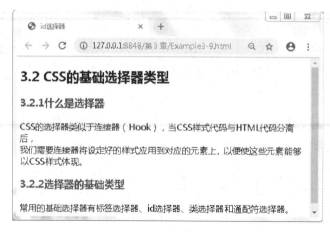

图 3-11　id 选择器

3. 类选择器

类选择器能够把相同的元素分类定义成不同的样式。定义类选择器时，在自定义类的前面需要加一个英文点号"."。

语法格式如下：

.类名{属性 1：属性值 1；属性 2：属性值 2；属性 3：属性值 3；…}

与 id 属性类似，HTML 的元素具有另外一个全局属性 class，直译为类。它与 id 属性的不同点是：类不具有唯一性，其灵活性非常强，任何具有相同或相似特性的元素都可归为一类。

在 CSS 中可以利用类的这一灵活特性定义样式。使用 id 选择器，需要先在 HTML 元素上定义 id 属性，然后在 CSS 样式表中定义样式；而使用类选择器，可以先在 CSS 样式表中定义一个类名，给该类名下设定某一特定样式，然后在 HTML 页面中，哪个元素需要这种样式，便在哪个元素上设定类名。这就使得类选择器成为了 CSS 中最受欢迎且使用最多的选择方式。

【例 3-10】类选择器。

代码如下：

```
<html>
    <head>
        <meta charset="utf-8">
        <title>类选择器</title>
        <style>
            .font40{font-size:40px;}
            .title {font-family:"微软雅黑";}
            .colblue{color: blue;}
        </style>
    </head>
    <body>
        <p class="font40 colblue">3.2 CSS 的基础选择器类型</p>
        <p class="title">3.2.1 什么是选择器</span>
        <p class="colblue">3.2.2 选择器的基础类型</p>
    </body>
</html>
```

HTML 的 class 属性与 CSS 类选择器配合的最大优势在于：class 属性可包含多个值，即某个元素可以有多个类名。运行效果如图 3-12 所示。

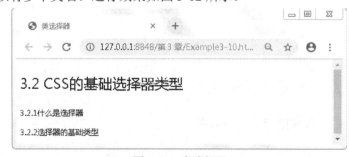

图 3-12　类选择器

注意

class 属性下的类名之间以空格间隔开，而且如果多类名的样式间没有冲突，则类名放置的先后顺序没有要求。

4. 标签指定式选择器

标签指定式选择器又称交集选择器，由两个选择器构成，其中第 1 个为标签选择器，第 2 个为 class 选择器或 id 选择器，两个选择器之间不能有空格。

语法格式如下：

标签名.类名 {属性 1：属性值 1；属性 2：属性值 2；属性 3：属性值 3；…}

标签名#id 名 {属性 1：属性值 1；属性 2：属性值 2；属性 3：属性值 3；…}

【例 3-11】标签指定式选择器的使用。

代码如下：

```html
<html>
  <head>
    <meta charset="utf-8">
    <title>标签指定式选择器</title>
    <style>
        p{font-size:20px;}
        .title {font-size: 30px;}
        p.title{font-size: 40px;}
    </style>
  </head>
  <body>
    <p>3.2 CSS 的基础选择器类型</p>
    <span class="title">标签指定式选择器</span>
    <p class="title">标签指定式选择器</p>
  </body>
</html>
```

上述程序分别定义了<p>标签和.title 类的样式，此外，还单独定义了 p.title 用于特殊的控制。运行效果如图 3-13 所示。

图 3-13　标签指定式选择器

从图 3-13 中容易看出，<p>标签中的文本文字最小为 20 px，<span>中的文本调用了类 "title" 的样式，文字大小为 30 px。可见，标签选择器 p.title 定义的样式仅仅适用于<p class = "title"></p>标签内的内容，文字字体大小显示为 40 px，而不会影响<span class = " title" >标签中的内容。

5. 群组选择器

群组选择器是各个选择器通过逗号连接而成的，标签选择器、类选择器、id 选择器都可以作为群组选择器的一部分。如果在页面中某些元素经常需要使用相同的样式规则，则为了尽量减少代码量，我们将这些选择器组合起来共同设定某一特定样式。

【例 3-12】群组选择器的使用。

代码如下：

```html
<html>
  <head>
    <meta charset="utf-8">
    <title>群组选择器</title>
    <style>
        div,.title,#content{text-decoration: line-through;}
    </style>
  </head>
  <body>
    <p>CSS 的基础选择器类型</p>
    <span class="title">群组选择器</span>                <br>
    <span id="content">群组选择器</p>
  </body>
</html>
```

运行效果如图 3-14 所示。

图 3-14　群组选择器

6. 包含选择器

包含选择器用来选择元素或元素组的后代，其写法就是把外层标签写在前面，内层标签写在后面，中间用空格分隔。当标签发生嵌套时，内层标签就成为外层标签的后代。

【例 3-13】包含选择器的使用。

代码如下:

```html
<html>
  <head>
    <meta charset="utf-8">
    <title>包含选择器</title>
  <style>
        p{font-size:12px;}
        .title {font-size: 24px;}
        p.title{font-size: 36px;}
  </style>
  </head>
  <body>
    <p>包含选择器 1</p>
    <span class="title">包含选择器 2</span>
    <p class="title">包含选择器 3<br>
    <span class="title">群组选择器 4</span>
    </p>
  </body>
</html>
```

运行效果如图 3-15 所示。

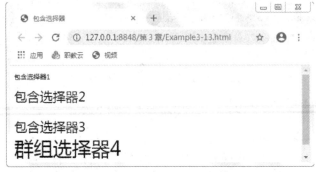

图 3-15　包含选择器

<p>标签中的第 1 行文本"包含选择器 1"应用了标签选择器 p 的样式,包含选择器 "p.title"定义的样式,仅仅适用于嵌套在<p>标签中的<span class = " title" >标签,文字大小为 36 px,而<p>标签外的<span class = " title" >显示的文字大小仍为 24 px。

7. 通配符选择器

CSS 的通配符选择器是最为简单的一种选择器,不指代任何特定元素,仅用一个星号*就可以选择全部文档元素,一般用于文档整体的基础样式定义。

语法格式如下:

```
*{属性 1:属性值 1;属性 2:属性值 2;属性 3:属性值 3;…}
```

【例 3-14】　将元素的字体族(font-family)定义为无衬线字体(sans-serif)，行高(line-height)为 1.15 倍。

代码如下：

```
*{font-family:sans-serif;
line-height:1.15;}
```

该通配符选择器将文档内所有元素的字体族(font-family)定义为无衬线字体(sans-serif)，行高(line-height)为 1.15 倍。

> **注意**
>
> 一般切忌用通配符选择器定义字号，因为它会将所有元素(如 h1~h6 元素)的默认字号进行修改，这样将不得不为所有标签重新定义字号。

3.3　CSS 文本样式的设置

为了方便控制网页中文本的字体，针对 HTML 文本，CSS 提供了一系列字体样式属性，即 font(字体)属性和 text(文本)属性，这两项属性下有若干子属性可供选择。当然，文本样式设置的可选属性不止这两项，我们将放在其他部分进行讲解。文本样式属性如表 3-2 所示。

表 3-2　文本样式属性

属性	说明	属　性　值
line-height	行高	固定倍数值、百分比
margin	元素外边距	包括 margin-top、margin-left、margin-right、margin-bottom 等样式，是以 px、em、%等为单位的固定数值
text-align	文本对齐方式	为固定值，可取 left、right、center、justify 等
height	元素高度	是以 px、em、%等为单位的固定数值

3.3.1　font 属性系列

font 属性系列是一个包含多个子样式规则的集合，它可以按照样式规则简写后单独使用，也可以分拆开利用子样式规则设置样式。一般为了精确定义字体样式，直接使用 font 属性的情况相对较少。表 3-3 所示为 font 属性系列。

表 3-3　font 属性系列

属性	说明	属　性　值
font-size	字号	可取 xx-small、x-small、small 等固定字号，也可取以 px、em、rem、%等为单位的自定义值
font-family	字体族	详见浏览器或系统内置的字体族
font-style	字体样式	为固定值，可取 normal、italic、oblique 等

续表

属性	说明	属　性　值
font-variant	小号大写字母	包括 font-variant-caps、font-variant-numeric、font-variant- alternates、font-variant-ligatures、font-variant-east-asian 等属性，其值为固定值，可取 normal、small-caps 等
font-weight	字重	可取 normal、bold 等固定字重，以及 100～900 的自定义值
line-height	行高	为固定倍数值、百分比

1. 字号

字号的大小属性用作修改字体显示的大小。每个浏览器针对各个 HTML 标签都有默认的内置字号大小，我们可以通过 CSS 的 font-size 属性修改该项属性。

语法格式如下：

> font-size:大小取值;

取值范围如下：

(1) 常用的值有 px (像素)、em (依赖父级元素)、rem (依赖根元素)、% (百分比，相对于父级元素)，最常用的单位是像素(px)。

(2) 默认的固定值选项为 xx-small、x-small、small、medium、large、x-large、xx-large。

2. 字体族

font-family 属性用来设置字体，用于改变 HTML 标签或元素的字体。

字体族属性通过一系列字体名称定义网页中的字体样式，在没有 CSS3 的@font-face 介入的前提下，页面中显示的字体族由浏览器或系统默认的字体族决定。然而不同的操作系统、不同的浏览器存在一定的差异，甚至中文、英文或混合文字的字体也有差异。而 font-family 属性指定的是一个优先级从高到低的可选字体列表，　因此应当至少在 font-family 列表中添加一个通用的字体族名。

语法格式如下：

> font-family: "字体 1""字体 2""字体 3";

取值范围如下：

1) 特定的字体族名

字体族名可以包含空格，但包含空格时应该用引号。例如：

> font-family: "Gill Sans Extrabold", sans-serif;

而套用该字体样式后所显示的样式效果为

> "Gill Sans Extrabold"

2) 通用字体名 (generic-name)

通用字体名是一种备选机制，是在指定 family-name 的字体不可用时而给出的备选字体。通用字体名都是关键字，所以不可以加引号。在列表的末尾应该至少有一个通用字体名。以下是该属性可能的取值以及它们的定义：

(1) serif：带衬线字体，笔画结尾有特殊的装饰线或衬线。这种字体包括 Lucida Bright、Lucida Fax、Palatino、Palatino Linotype、Palladio、URW Palladio、serif。

(2) sans-serif：无衬线字体，即笔画结尾是平滑的字体。这种字体包括 Open Sans、Fira Sans、Lucida Sans、Lucida Sans Unicode、Trebuchet MS、Liberation Sans、Nimbus Sans L、sans-serif。

(3) monosapce：等宽字体，即字体中每个字宽度相同。目前 Firefox 浏览器对这种字体的支持不好。这种字体包括 Fira Mono、DejaVu Sans Mono、Menlo、Consolas、Liberation Mono、Monaco、Lucida Console、monospace。

(4) cursive：草书字体。这种字体包括 Brush Script MT、Brush Script Std、Lucida Calligraphy、Lucida Handwriting、Apple Chancery、cursive 等。

(5) fantasy：特殊艺术效果的字体。这种字体包括 Papyrus、Herculanum、Party LET、Curlz MT、Harrington、fantasy。

(6) sytem-ui：从浏览器所处平台获取的默认用户界面的字体。目前 Firefox 浏览器对这种字体的支持不好。

(7) math：针对数学相关字符的特殊样式而设计的字体。

(8) emoji：专门用于呈现 Emoji 表情符号的字体。

(9) fangsong：仿宋字体。fangsong 是 CSS 中的一种通用字体族名。

3. 字体样式

font-style 属性一般用来指定字体的特殊样式，主要用于设置字体是否为斜体，它自身有固定的属性值。

语法格式如下：

```
font-style:样式的取值;
```

取值范围如下：

(1) normal：默认值，标准字体样式。

(2) italic：意大利字，即斜体字。如果当前使用的字体没有可用的倾斜版本，则用 oblique 替代。

(3) oblique：倾斜体。如果当前使用的字体没有可用的倾斜版本，则用 italic 替代。

除了 oblique 在某些特定字体上可以定义倾斜度数外，其实 font-style 属性从表面上仅能定义正常与倾斜两种字体样式。

4. 小号大写字母

font-variant 属性用来设置英文字体是否显示为小号的大写字母。

该样式会将原来文本中所有的小写字母全部转为大写字母。

语法格式如下：

```
font-variant:取值;
```

取值范围如下：

(1) normal：默认值，标准大写字体样式。

(2) small-caps：小号大写字母。

5. 字重

font-weight 属性用来设置字体粗细样式。

语法格式如下：

```
font-weight:字体粗度值；
```

取值范围如下：

(1) normal：缺省值，表示正常粗细。

(2) bold：表示粗体，bolder 表示特粗体。

(3) lighter：表示特细体。

(4) number：表示取数值，其范围是 100～900。

正常字体相当于粗细为 400，粗体则相当于粗细为 700。实际项目开发中主要使用 normal 和 bold。

【例 3-15】字体设置。

代码如下：

```
<html>
  <head>
      <meta charset="utf-8">
      <title>字体设置</title>
      <style>
          p{font-size:20px;font-family: "楷体"; font-style: italic;font-weight:bolder;}
          title {font-size: 30px;}
      </style>
  </head>
  <body>
      <h1 class="title">font 属性系列是一个包含多个子样式规则的集合，</h1>
      <p>它可以通过样式规则简写单独使用，也可以分拆开利用子样式规则设置样式。<br>一
般为了精确定义字体样式，直接使用 font 属性的情况相对较少。
      </p>
  </body>
</html>
```

设置字体属性，运行效果如图 3-16 所示。

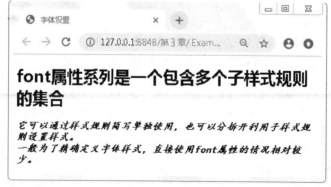

图 3-16　字体设置

注意

有的字体样式在某些范围内区别不大，主要是因为默认字体库不支持更粗或更细的字体。

3.3.2 text 属性系列

font 属性系列一般针对 HTML 全篇文档的字体样式进行设置，而 text 属性系列主要面向具体文本段落的样式进行设置。text 常用属性系列如表 3-4 所示。

表 3-4 text 常用属性系列

属　性	说　明	属　性　值
text-align	文本对齐方向	取 left、right、center 等固定值
text-decoration	文本修饰	取 none、underline、overline、line-through 等固定值
text-indent	文本缩进	取自定义值或%
text-transform	文本字母大小写	取 capitalize、uppercase、lowercase 等固定值
letter-spacing	字符间距	取自定义值
word-spacing	字间距	取自定义值
white-space	设置文本空字符属性	取 pre、nowrap、pre-wrap、pre-line 等固定值
color	文本字体颜色	取颜色名、十六进制颜色值、rgb 或 rgba

1. 文本对齐方向

text-align 属性用来设置文本的水平对齐方向。

语法格式如下：

```
text-align:排列值；
```

取值范围如下：

(1) left：行内内容向左侧边对齐。

(2) right：行内内容向右侧边对齐。

(3) center：行内内容居中。

(4) justify：文字向两侧对齐，对最后一行无效。

(5) justify-all：和 justify 一致，但是强制使最后一行两端对齐。

text-align 属性中最常用的是使文本居中对齐。text-align 属性一般需要结合 CSS 盒模型共同使用，因为这种文本对齐方式属于相对对齐，不会导致元素的溢出。

2. 文本修饰

text-decoration 属性主要用于对文本进行修饰，如设置下划线、上划线、删除线等。

语法格式如下：

```
text-decoration:修饰值；
```

取值范围如下：

(1) none：无修饰样式，这是默认属性值。

(2) underline：下划线。

(3) overline：文本之上的一条线。

(4) line-through：穿过文本的线，类似于删除线。

注意

text-decoration 可以赋多个值，如 text-decoration: underline overline。

text-decoration 属性常用于去除<a>元素的下划线。

3. 文本缩进

text-indent 属性主要用于设置文本行首的文字缩进,用于定义 HTML 中的块级元素(如 p、h1 等)。

语法格式如下:

text-indent:缩进值;

取值范围:文本的缩进值必须是一个长度或一个百分比。若设定为百分比,则以上级元素的宽度而定,通常使用 em 为单位。

4. 文本字母大小写

text-transform 属性主要针对英文等西文进行样式设定,除了文本中自有的大小写文本外,可以通过该属性控制全体或部分字母的大小写。

语法格式如下:

text-transform:转换值;

取值范围如下:

(1) none:默认值,不做规则定义。

(2) capitalize:每个单词的首字母大写。

(3) uppercase:所有字母大写。

(4) lowercase:所有字母小写。

5. 字符间距与字间距

letter-spacing 属性与 word-spacing 属性是两种截然不同而又相似的属性,一个用来控制每个字母的间距,另一个用来控制每个词的间距。这两个样式属性中,只有 letter-spacing 属性对中文有效。它们都可以使用通用单位进行自定义间距设置。

语法格式如下:

letter-spacing:取值;

取值范围:normal、<长度>。

normal 指正常间隔,是默认选项。长度是设定单词间隔的数值及单位,允许使用负值。

两种间距属性可以为负值(即减少间距)。

6. 设置文本空字符属性

white-space 属性用于设置页面对象内空白(包括空格和换行等)的处理方式。

默认情况下,HTML 文档里的多个空格和回车会显示为一个空格,或者被忽略。如果要让浏览器显示这些额外的空格,则可以使用 white-space 属性设定样式规则。

语法格式如下:

white-space:值;

取值范围如下:

(1) normal：默认值，忽略多余的空字符。

(2) pre：保留空字符，其结果类似于 HTML 的 pre 元素。

(3) nowrap：取消文本换行。

(4) pre-wrap：保留连续的空字符。

(5) pre-line：合并连续的空字符。

7. 文本字体颜色

color 属性用来设置文本的颜色。

语法格式如下：

```
color:颜色代码；
```

CSS 有自己内置的颜色机制，目前常见的颜色机制包含以下几种：

(1) 颜色的关键字(英文名)，如 aqua、rebeccapurple、tomato 等。

(2) 十六进制，如#058a60 等。

(3) 使用 RGB 代码来表示。例如，使用 rgb(x,x,x)表示时，x 是 0～255 之间的整数，如 rgb(255,0,0)；使用 rgb(y%,y%,y%)表示时，y 是 0～100 之间的整数，如 rgb(100%,0%,0%)表示红色。注意：当值为 0 时，百分号不能省略。

(4) HSL/HSLA 函数，可通过色相(H)、饱和度(S)和亮度(L)三个维度调整颜色，如 hsl(140, 48%, 43%)、hsl(342, 67%, 48%)、hsl(182, 73%, 36%)。

8. 行高

line-height 属性一般用于设置多行文本的行间高度，与 Word 中的行高工具类似。而对于块级元素，一般指盒内元素的行高。

语法格式如下：

```
line-height:属性值；
```

取值范围如下：

(1) normal：默认值，正常文本行高。

(2) em：受父级元素影响。

(3) %：受父级元素影响。

(4) px：像素。

【例 3-16】文本设置。

代码如下：

```
<html>
  <head>
    <meta charset="utf-8">
    <title> 文本属性系列</title>
    <style>
        h1{color:red; text-align:center;
            font-family:"微软雅黑";text-shadow:5px 5px 5px #CCC;}
```

```
        .enletter{letter-spacing:30px;}

        .enword{word-spacing:20px;}

        p{text-indent:2em; line-height:160%;}

        .p1{text-decoration:underline;}

        .p2{text-transform:lowercase;}

        .p3{width:500px;white-space:nowrap;

        overflow:hidden;text-overflow: ellipsis;}

    </style>

</head>

<body>

    <h1><span class="enletter">TEXT 属性系列</span></h1>

    <p class="p1 enword">CSS(Cascading Style Sheets)FONT 系列属性一般针对 HTML 全篇文
档的字体样式规则</p>

    <p class="p2" >而 TEXT 属性系列主要面向具体文本段落的样式设置。</p>

    <p  class="p3">文本对齐方向属性 Text-Align 用来设置文本水平对齐方式。文字修饰属性
text-decoration 主要用于对文本进行修饰，如设置下划线、上划线、删除线等。</p>

    </body>

    </html>
```

设置文本属性，运行效果如图 3-17 所示。

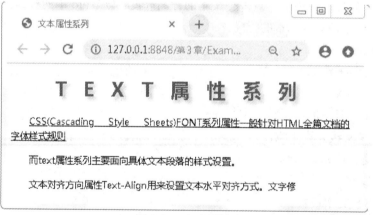

图 3-17　文本属性

提示
　　推荐在设置 line-height 属性时使用无单位的数值，即字体的尺寸倍数。

3.4　任务案例——制作学院的机构设置页面

1. 分析结构

我们现在来分析一下机构设置页面，并设计网页模板，网页样式如图 3-18 所示。

这个网站的结构为上中下结构，最上面为 Logo 区域，紧接着是菜单区域，菜单区域包括机构设置和栏目导航，最下面为版权版本信息区域。

图 3-18 机构设置页面

2. 制作机构设置页面

【例 3-17】设计机构设置页面。

CSS 代码如下：

```
*{ list-style: none;
        text-decoration:none;}
body { font-family: Georgia, "Times New Roman", Times, serif;
        font-size: small;    margin: 0px;        text-align: center;}
header {margin: 0 auto; height:208px;}
.main { font-size:105%;
        padding:15px;
        width:1200px;
        margin: 10px auto 0;  }
article{ width:900px;
        float: left;
        margin-left: 0px;}
.main>article>header{width:820px;
                    height:40px;
                    background-image: url(./pic/ntitle.jpg); }

.main>article>header>h3{width:200px;
```

```
                                     height:35px;

                                     top:-8px;

                                     position: relative;

                                     float:left;

                                     color: #FFFFFF;}
.main>article>header>p{width:200px;

                             height:35px;

                             right:10px;

                             top:0px;

                             position: relative;

                             float:right;}
nav{width: 1200px;height: 40px;}
#menu{margin: 0 auto;}
#menu ul li a{height: 40px;

              float: left;

              width: 114px;

              background: #0666b0;

              color:white;

              font-size: 18px;

              border-right: 2px solid white;

              font-weight:bold;

              text-align: center;

              line-height: 40px;

              text-shadow: #00633E; }
#menu ul li a:hover{color: greenyellow;}
.gl{border: 0px solid sandybrown; font-family: "楷体";font-size: 20px; margin: 0 auto;}
.tr1{background-color:skyblue; border: 1px solid skyblue;    height: 40px;}
h1 {font-size:120%;color:#0666b0;text-align:center; }
aside {float:right;

       font-size: 105%;

       padding: 0px;

       margin-left: 0px;

       width: 280px;overflow: hidden;

       border-left: 1px #0268b3 solid;    }
aside ul{    text-align: left;line-height: 25px;line-height: 30px;}
a:link {color:darkblue;

        text-decoration:none;

        border-bottom: thin dotted #b76666;}
a:visited {color:darkblue;
```

```
                    text-decoration:none;
                    border-bottom:thin dotted #675c47;}
        a:hover{color:darkred;}
        footer {clear: both;
                    text-align:center;
                    padding:15px;
                    font-size:90%;
                    background-color: #0268b3;
                    width:1200px;
                    margin: 10px auto;}
```

HTML 代码如下：

```html
<html xmlns="http://www.w3.org/1999/xhtml">
    <head>
        <meta charset="utf-8">
        <title>机构设置</title>
        <link rel="stylesheet" type="text/css" href="6-2-3.css">
    </head>
    <body>
        <header>
        <img src="./pic/Main_Logo.jpg">
            <nav id="menu">
                <ul>
                        <li><a href="#">首页</a></li>
                        <li><a href="#">学院概况</a></li>
                        <li><a href="#">机构设置</a></li>
                        <li><a href="#">信息公开</a></li>
                        <li><a href="#">规章制度</a></li>
                        <li><a href="#">合作交流</a></li>
                        <li><a href="#">专题网站</a></li>
                        <li><a href="#">校友之窗</a></li>
                        <li><a href="#">联系我们</a></li>
                        <li><a href="#">ENGLISH</a></li>

        </ul>
            </nav>
        </header>
    <section class="main" >
        <article>
            <header>
```

```
            <h3>信息公开</h3>
            <p>　当前位置：<a href="index.html">首页</a>>> 机构设置</p>
        </header>
    <article>
            <h1>管理机构</h1>
            <table class="gl">
            <tr class="tr1"><td><a href="#">党委(院长)办公室</td><td><a href="#">组织人
事处(统战部)</td><td><a href="#">党委宣传部</td><td><a href="#">纪检监察审计处</td></tr>
            <tr><td>工会</td><td>团委学工处</td><td>计划财务处</td><td>招生就业处
</td></tr>
            <tr class="tr1"><td>保卫处</td><td>教务处</td><td>国有资产管理处</td><td>
校友办</td></tr>
            <tr><td>教学质量监督评价中心</td><td>后勤管理处</td><td>校医院</td><td>
科研产业处</td></tr>
            <tr class="tr1"><td>高等职业教育研究所</td><td>图书馆</td><td>网络管理中
心</td><td>职业技能鉴定所</td></tr>
            </table>
            <h1>院系机构</h1>
            <table class="gl">
            <tr class="tr1"><td><a href="#">机械工程系</td><td><a href="#">数控技术系
</td><td><a href="#">电气工程系</td><td><a href="#">车辆工程系</td></tr>
            <tr><td>计算机与信息工程系</td><td>人文与艺术设计系</td><td>继续教育学
院</td><td>经济贸易管理系</td></tr>
            <tr class="tr1"><td>国际交流学院</td><td>社会科学部</td><td>体育教研部
</td><td>材料工程系</td></tr>
            </table>
        </article>
    </article>
    <aside>
    <ul>
    <li><a href="#">栏目导航</li>          <hr>
    <li><a href="#">校园新闻</a></li>
    <li><a href="#">通知公告</a></li>
    <li>人气排行</li>          <hr>
    <ul >
        <li><img src="pic/Dot1.gif"><a href="#">高等职业教育质量年度报告</a></li>
        <li><img src="pic/Dot2.gif"><a href="#">公开招聘教师简章</a></li>
        <li><img src="pic/Dot2.gif"><a href="#">关于进一步加强信息员队伍和特约信息员
队伍建设的通知</a></li>
```

```
        <li><img src="pic/Dot2.gif"><a href="#">宪法宣传月活动方案</a></li>
        <li><img src="pic/Dot2.gif"><a href="#">网络在线学法和普法考试工作</a></li>
        <li><img src="pic/Dot2.gif"><a href="#">知识竞赛活动</a></li>
      </ul>
    </aside>
  </section>
  <footer>
      <img src="./pic/Main_38.png">
  </footer>
  </div>
  </body>
</html>
```

习　题

一、选择题

1. 关于文本对齐，源代码设置不正确的一项是(　　)。

A. 居中对齐： …

B. 居右对齐： …

C. 居左对齐： …

D. 两端对齐： …

2. 下面说法错误的是(　　)。

A. CSS 样式表可以将格式和结构分离

B. CSS 样式表可以控制页面的布局

C. CSS 样式表可以使许多网页同时更新

D. CSS 样式表不能制作体积更小、下载更快的网页

3. CSS 样式表不可能实现(　　)功能。

A. 将格式和结构分离　　　　　　　B. 一个 CSS 文件控制多个网页

C. 控制图片的精确位置　　　　　　D. 兼容所有的浏览器

4. 要使表格的边框不显示，应设置 border 的值是(　　)。

A. 1　　　　　　B. 0　　　　　　C. 2　　　　　　D. 3

5. 下面不属于 CSS 插入形式的是(　　)。

A. 索引式　　　　B. 内联式　　　　C. 嵌入式　　　　D. 外部式

6. 若要以标题 2 号字、居中、红色显示 vbscrip，以下用法中正确的是(　　)。

A. <h2><divalign="center"><color="#ff00000">vbscript </h2></font>

B. <h2> < font　color="#ff00000">vbscript </h2></font>

C. <h2> <font　color="#ff00000">vbscript<</h2>/div></font>

D. <h2> < font　color="#ff00000">vbscript</font> </h2>

7. 若要以加粗宋体、12 号字显示 vbscript，以下用法中正确的是(　　　)。

A. <font size=12>vbscript</font>

B. <font face="宋体" size=12>vbscript</font>

C. <font size="宋体"size=12>vbscript</font>

D. <font size="宋体" fontsize=12>vbscript</font>

8. 若要在当前网页中定义一个独立类的样式 myText，使具有该类样式的正文字体为 Arial，字体大小为 9 pt，行间距为 13.5 pt，以下定义方法中正确的是(　　　)。

A. <Style> .myText{Font-Familiy:Arial;Font-size:9pt;Line-Height:13.5pt}</style>

B. .myText{Font-Familiy:Arial;Font-size:9pt;Line-Height:13.5pt}

C. <Style>.myText{FontName:Arial;FontSize:9pt;LineHeight:13.5pt}</style>

D. <Style>. .myText{FontName:Arial;Font-ize:9pt;Line-eight:13.5pt}</style>

二、填空题

1. 设置网页背景颜色为绿色的语句是_____。

2. 设置文字的颜色为红色的标记格式是_____。

3. 设置颜色时可以用颜色的英文名称，也可用_____。

4. 插入图片 <img src="图形文件名">标记符中 src 英文单词是_____。

5. 用于设定图片高度及宽度的属性是_____。

第 4 章

HTML 列表与表格

一个网站由很多网页构成，每个网页上都有大量的信息。通过本章的学习我们能掌握列表和表格的使用，能够完成页面的排版，使网页中的信息排列有序，条理清晰。

知识目标

(1) 掌握无序、有序及定义列表的使用，可以制作常见的网页模块。

(2) 掌握表格标签的应用，能够创建表格并添加表格样式。

技能目标

(1) 掌握列表的使用。

(2) 掌握表格的使用。

(3) 能够为列表和表格创建样式并应用。

(4) 能够完成页面的排版。

任务描述及工作单

一个复杂的网页其版面的排版比较重要，设计过程中每个版块的定位尤为重要。一个网页其设计质量的优劣和版面设计有很大的关系。例如，包头职业技术学院首页包含很多版块，需要进行合理的设计，设计完成的效果如图 4-1 所示。

图 4-1　本章最终完成效果图

4.1　列　表　标　签

　　列表标签是网页结构中最常用的标签。按照列表结构划分，网页中的列表通常分为三类，分别是无序列表<ul>、有序列表<ol>和定义列表<dl>。本节将对这三种列表标签以及列表的嵌套应用进行详细讲解。

4.1.1　无序列表<ul>

ul 是英文 unordered list 的缩写，翻译为中文是无序列表。无序列表是一种不分排序的列表，各个列表项之间没有顺序级别之分。无序列表使用<ul>标签定义，内部可以嵌套多个 <li>标签(<li>是列表项)。定义无序列表的基本语法格式如下：

```
<ul>
    <li> 列表项 1</li>
    <li> 列表项 2</li>
    <li> 列表项 3</li>
    …
</ul>
```

在上面的语法中，<ul></ul>标签用于定义无序列表，<li></li>标签嵌套在<ul></ul>标签中，用于描述具体的列表项，每对<ul></ul>中至少应包含一对<li></li>。

值得一提的是，<ul>和<li>都拥有 type 属性，用于指定列表项目符号，不同 type 属性值可以呈现不同的项目符号。表 4-1 列举了无序列表常用的 type 属性值。

表 4-1　无序列表常用的 type 属性值

type 属性值	显示效果
disc (默认值)	●
circle	○
square	■

了解了无序列表的基本语法和 type 属性，下面我们通过一个案例进行体会。

【例 4-1】无序列表的基本语法和 type 属性。

代码如下：

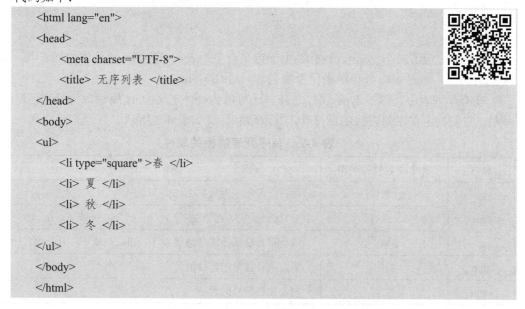

```
<html lang="en">
<head>
    <meta charset="UTF-8">
    <title> 无序列表 </title>
</head>
<body>
<ul>
    <li type="square" >春 </li>
    <li> 夏 </li>
    <li> 秋 </li>
    <li> 冬 </li>
</ul>
</body>
</html>
```

在例 4-1 中创建了一个无序列表，并为第一个列表项设置了 type 属性。运行效果如图 4-2 所示。

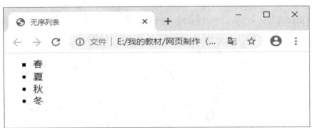

图 4-2　无序列表的使用

通过图 4-2 可以看出，不定义 type 属性时，列表项目符号显示为默认的"●"；设置 type 属性时，列表项目符号会按相应的样式显示。

注意
(1) 不建议使用无序列表的 type 属性，一般通过 CSS 样式属性替代。
(2) <ul></ul>中只能嵌套<li></li>，直接在<ul></ul>标签中输入文字的做法是不被允许的。

4.1.2　有序列表<ol>

ol 是英文 ordered list 的缩写，翻译为中文是有序列表。有序列表是一种强调排列顺序的列表，使用<ol>标签定义，内部可以嵌套多个<li>标签。例如，网页中常见的歌曲排行榜、游戏排行榜等都可以通过有序列表来定义。定义有序列表的基本语法格式如下：

```
<ol>
    <li> 列表项 1</li>
    <li> 列表项 2</li>
    <li> 列表项 3</li>
    …
</ol>
```

在上面的语法中，<ol></ol>标签用于定义有序列表，<li></li>为具体的列表项，和无序列表类似，每对<ol></ol>中也至少应包含一对<li></li>。

在有序列表中，除了 type 属性之外，还可以为<ol>定义 start 属性，为<li>定义 value 属性，它们决定有序列表的项目符号，其取值和含义如表 4-2 所示。

表 4-2　有序列表的相关属性

属性	属性值/属性值类型	描　述
type	1 (默认)	项目符号显示为数字 1，2，3，…
	a 或 A	项目符号显示为英文字母 a，b，c，d，…或 A，B，C，…
	i 或 I	项目符号显示为罗马数字 i，ii，iii，…或 Ⅰ，Ⅱ，Ⅲ，…
start	数字	规定项目符号的起始值
value	数字	规定项目符号的数字

　　了解了有序列表的基本语法和常用属性，接下来我们通过一个案例来体会其用法和效果。

【例 4-2】有序列表的基本语法和相关属性。

代码如下：

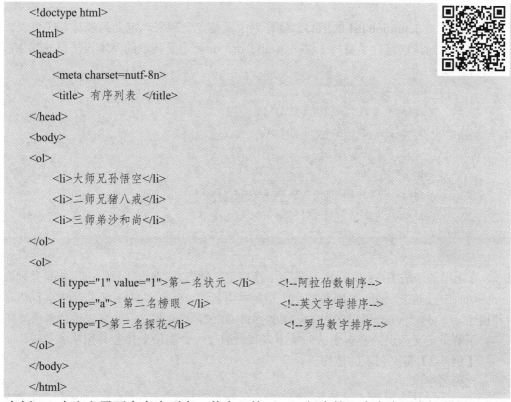

```
<!doctype html>
<html>
<head>
    <meta charset=nutf-8n>
    <title> 有序列表 </title>
</head>
<body>
<ol>
    <li>大师兄孙悟空</li>
    <li>二师兄猪八戒</li>
    <li>三师弟沙和尚</li>
</ol>
<ol>
    <li type="1" value="1">第一名状元 </li>        <!--阿拉伯数制序-->
    <li type="a"> 第二名榜眼 </li>                <!--英文字母排序-->
    <li type=T>第三名探花</li>                    <!--罗马数字排序-->
</ol>
</body>
</html>
```

　　在例 4-2 中定义了两个有序列表。其中，第 8～12 行为第 1 个有序列表，其代码中没有应用任何属性；第 13～17 行为第 2 个有序列表，其代码中应用了 type 和 value 属性，用于设置特定的列表项目符号。

　　运行效果如图 4-3 所示。

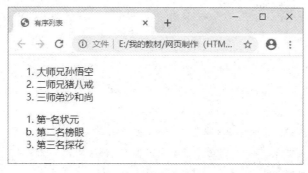

图 4-3　有序列表的使用

　　通过图 4-3 可看出，不定义列表项目符号时，有序列表的列表项默认按 1，2，3，…的顺序排列；当使用 type 或 value 定义列表项目符号时，有序列表的列表项按指定的项目符号显示。

注意

不赞成使用<ol><li>的 type、start 和 value 属性，最好通过 CSS 样式属性替代。

4.1.3　定义列表<dl>

dl 是英文 definition list 的缩写，翻译为中文是定义列表。定义列表与有序列表、无序列表结构不同，它包含了 3 个标签，即 dl、dt、dd。定义列表的基本语法格式如下：

```
<dl>
    <dt> 名词 1</dt>
    <dd>dd 是名词 1 的描述信息 1</dd>
    <dd>dd 是名词 1 的描述信息 2</dd>
    …
    <dt> 名词 2</dt>
    <dd>dd 是名词 2 的描述信息 1</dd>
    <dd>dd 是名词 2 的描述信息 2</dd>
    …
</dl>
```

在上面的语法中，<dl></dl>标签用于指定定义列表，<dt></dt>和<dd></dd>并列嵌套于<dl></dl>中。其中，<dt></dt>标签用于指定术语名词，<dd></dd>标签用于对名词进行解释和描述。一对<dt></dt>可以对应多对<dd></dd>,也就是说可以对一个名词进行多项解释。

了解了定义列表的基本语法，接下来我们通过一个案例来体会其用法和效果。

【例 4-3】定义列表的使用。

代码如下：

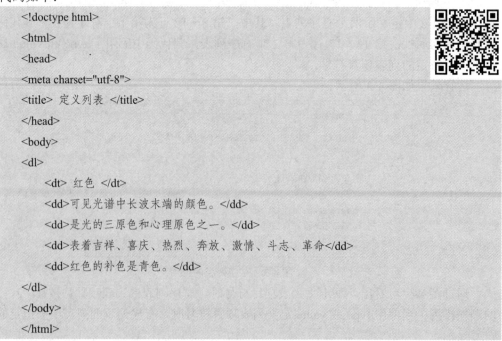

```
<!doctype html>
<html>
<head>
<meta charset="utf-8">
<title> 定义列表 </title>
</head>
<body>
<dl>
    <dt> 红色 </dt>
    <dd>可见光谱中长波末端的颜色。</dd>
    <dd>是光的三原色和心理原色之一。</dd>
    <dd>表着吉祥、喜庆、热烈、奔放、激情、斗志、革命</dd>
    <dd>红色的补色是青色。</dd>
</dl>
</body>
</html>
```

在例 4-3 中，第 8～14 行代码定义了一个定义列表。其中，<dt></dt>标签内为名词"红色"，其后紧跟着 4 对<dd></dd>标签，用于对<dt></dt>标签中的名词进行解释和描述。运行效果如图 4-4 所示。

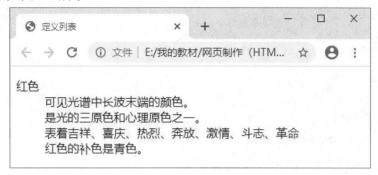

图 4-4　定义列表的使用

通过图 4-4 可看出，相对于<dt></dt>标签中的术语或名词，<dd></dd>标签中解释和描述性的内容会产生一定的缩进效果。

注意
(1) <dl><dt><dd>3 个标签之间不允许出现其他标签。
(2) <dl>标签必须与<dt>标签相邻。

4.1.4　列表的嵌套应用

在网上购物商城中浏览商品时，我们经常会看到某一类商品被分为若干小类，这些小类通常还包含若干子类。同样，在使用列表时，列表项中也有可能包含若干子列表项，要想在列表项中定义子列表项就需要将列表进行嵌套。列表嵌套的方法十分简单，我们只需将子列表嵌套在上一级列表的列表项中。例如，下面的代码用于在无序列表中嵌套一个有序列表：

```html
<ul>
    <li> 列表项 1</li>
    <li> 列表项 2</li>
    <li>
      <ol>
        <li> 列表项 1</li>
        <li> 列表项 2</li>
      </ol>
    </li>
</ul>
```

了解了列表嵌套的方法后，下面我们通过一个案例对列表的嵌套进行体会。

【例 4-4】列表嵌套的使用。

代码如下：

```html
<!doctype html>
```

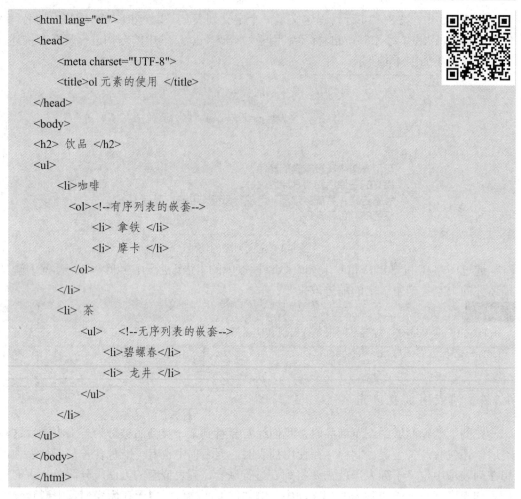

```
<html lang="en">
<head>
    <meta charset="UTF-8">
    <title>ol 元素的使用 </title>
</head>
<body>
<h2> 饮品 </h2>
<ul>
    <li>咖啡
      <ol><!--有序列表的嵌套-->
          <li> 拿铁 </li>
          <li> 摩卡 </li>
      </ol>
    </li>
    <li> 茶
      <ul>   <!--无序列表的嵌套-->
          <li>碧螺春</li>
          <li> 龙井 </li>
      </ul>
    </li>
</ul>
</body>
</html>
```

在例 4-4 中首先定义了一个包含 2 个列表项的无序列表，然后在第 1 个列表项中嵌套一个有序列表，在第 2 个列表项中嵌套一个无序列表。

运行效果如图 4-5 所示。

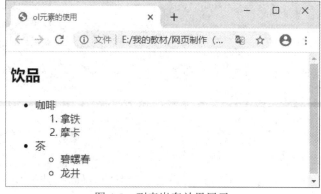

图 4-5 列表嵌套效果展示

由图 4-5 可见，咖啡和茶两种饮品又进行了第 2 次分类，咖啡分为拿铁和摩卡，茶分为龙井和碧螺春。

4.2　CSS 控制列表样式

定义无序列表或有序列表时，可以通过标签的属性控制列表的项目符号，但该方式不符合网页的结构、表现分离这一设计原则，为此，CSS 提供了一系列列表样式属性，用来单独控制列表的项目符号，本节将对这些属性进行详细的讲解。

4.2.1　list-style-type 属性

在 CSS 中，list-style-type 属性用于控制列表项目显示符号的类型，其取值有多种，它们的显示效果各不相同，具体如表 4-3 所示。

表 4-3　list-style-type 属性值

属性值	描　　述
disc	实心圆(无序列表)
circle	空心圆(无序列表)
square	实心方块(无序列表)
decimal	阿拉伯数字
lower-roman	小写罗马数字
lower-alpha	小写英文字母
lower-latin	小写拉丁字母
hebrew	传统的希伯来编号方式
none	不使用项目符号(无序列表和有序列表)
cjk-ideographic	简单的表意数字
georgian	传统的乔治亚编号方式
decimal-leading-zero	以 0 开头的阿拉伯数字
upper-roman	大写罗马数字
upper-alpha	大写英文字母
upper-latin	大写拉丁字母
armenian	传统的亚美尼亚编号方式

了解了 list-style-type 的常用属性值及其显示效果，接下来我们通过一个具体的案例来体会其用法。

【例 4-5】列表项目显示符号。

代码如下：

```
<!doctype html>
<html>
<head>
    <meta charset="utf-8">
    <title>列表项目显示符号</title>
```

```
        <style type="text/css">
            ul{ list-style-type:square;}
            ol{ list-style-type:decimal;}
        </style>
    </head>
    <body>
    <h3>红色</h3>
    <ul>
        <li>大红</li>
        <li>朱红</li>
        <li>嫣红</li>
    </ul>
    <h3>蓝色</h3>
    <ol>
        <li> 群青</li>
        <li> 普蓝</li>
        <li> 湖蓝</li>
    </ol>
    </body>
    </html>
```

在例 4-5 中，第 13~17 行代码定义了一个无序列表，第 19~23 行代码定义了一个有序列表。对无序列表 ul 应用"list-style-type:square;"，将其列表项目显示符号设置为实心方块。同时，对有序列表 ol 应用"list-style-type:decimal;"，将其列表项目显示符号设置为阿拉伯数字。运行效果如图 4-6 所示。

图 4-6　列表项目显示符号的使用

注意

　　由于各个浏览器对 list-style-type 属性的解析不同，因此在实际网页制作过程中不推荐使用 list-style-type 属性。

4.2.2　list-style-image 属性

一些常规的列表项显示符号并不能满足网页制作的需求，为此 CSS 提供了 list-style-image 属性，其取值为图像的 URL。使用 list-style-image 属性可以为各个列表项设置项目图像，使列表的样式更加美观。

为了使初学者更好地应用 list-style-image 属性，接下来我们为无序列表<ul>定义列表项目图像。

【例 4-6】控制列表项目图像。

代码如下：

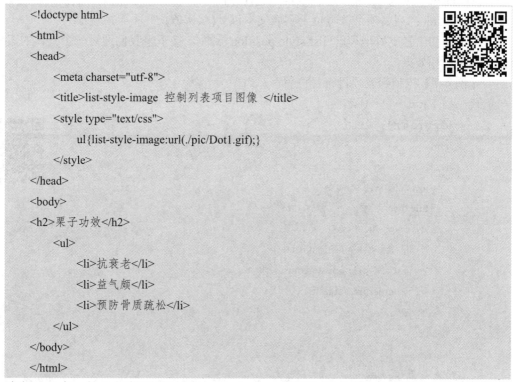

```
<!doctype html>
<html>
<head>
    <meta charset="utf-8">
    <title>list-style-image 控制列表项目图像 </title>
    <style type="text/css">
        ul{list-style-image:url(./pic/Dot1.gif);}
    </style>
</head>
<body>
<h2>栗子功效</h2>
    <ul>
        <li>抗衰老</li>
        <li>益气颇</li>
        <li>预防骨质疏松</li>
    </ul>
</body>
</html>
```

在例 4-6 中，第 7 行代码通过 list-style- image 属性为列表项添加了图片。

运行效果如图 4-7 所示。

图 4-7　list-style-image 控制列表项目图像

通过图 4-7 可看出，列表项目图像和列表项没有对齐，这是因为 list-style-image 属性对列表项目图像的控制能力不强。因此，实际工作中不建议使用 list-style-image 属性，通常通过为<li>设置背景图像的方式实现列表项目图像。

4.2.3　list-style-position 属性

设置列表项目符号时，有时需要控制列表项目符号的位置，即列表项目符号相对于列表项内容的位置。在 CSS 中，list-style-position 属性用于控制列表项目符号的位置，其取值有 inside 和 outside 两种，它们的含义如下：

(1) inside：列表项目符号位于列表文本以内。

(2) outside：列表项目符号位于列表文本以外(默认值)。

为了使初学者更好地理解 list-style-position 属性，接下来我们通过一个具体的案例来演示其用法和效果。

【例 4-7】控制列表项目符号位置。

代码如下：

```
<!doctype html>
<html>
<head>
    <meta charset="utf-8">
    <title>列表项目符号位置</title>
    <style type="text/css">
        .in{list-style-position:inside;}
        .out{list-style-position:outside;}
        li{border:lpx solid #CCC;}
    </style>
</head>
<body>
<h2> 中秋节 </h2>
<ul class="in">
    <li>中秋节，又称月夕、秋节、中秋节。</li>
    <li>时在八月十五。</li>
    <Li>始于唐朝初年，盛行于宋朝。</li>
    <li>自 2008 年起中秋节被列为国家法定节假日。</li>
</ul>
<ul class="out">
    <li>端午节</li>
    <li>除夕</li>
    <li>清明节</li>
    <li>重阳节</li>
```

```
        </ul>
    </body>
</html>
```

在例 4-7 中，定义了两个无序列表，并使用内嵌式 CSS 样式表对列表项目符号的位置进行了设置。第 7 行代码为第 1 个无序列表应用"list-style-position:inside;"，使其列表项目符号位于列表文本以内，而第 8 行代码为第 2 个无序列表应用"list-style-position:outside;"，使其列表项目符号位于列表文本以外。为了使显示效果更加明显，在第 9 行代码中对<li>设置了边框样式。

运行效果如图 4-8 所示。

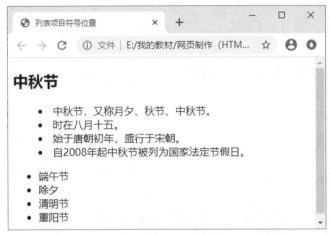

图 4-8　list-style-position 控制列表项目符号位置

通过图 4-8 可看出，第 1 个无序列表的列表项目符号位于列表文本以内，第 2 个无序列表的列表项目符号位于列表文本以外。

4.2.4　list-style 属性

在 CSS 中，列表样式也是一个复合属性，可以将与列表相关的样式都综合定义在一个复合属性 list-style 中。使用 list-style 属性综合设置列表样式的语法格式如下：

list-style：列表项目符号　列表项目符号的位置　列表项目图像；

使用复合属性 list-style 时，通常按上面语法格式中的顺序书写，各个样式之间以空格隔开，不需要的样式可以省略。接下来我们通过一个案例来演示其用法和效果。

【例 4-8】list-style 属性。

代码如下：

```
<!doctype html>
<html>
    <head>
        <meta charset="utf-8">
        <title>list-style 属性 </title>
        <style type="text/css">
```

```
        ul{list-style:circle inside;}
        .one{list-style: outside url(./pic/Dot2.gif);}
    </style>
</head>
<body>
<ul>
    <li class="one">栗子的营养价值</li>
    <li>包含丰富的不饱和脂肪酸和维生素、矿物质</li>
    <li>富含蛋白质、核黄素、碳水化合物</li>
</ul>
</body>
</html>
```

在例 4-8 中定义了一个无序列表，第 7～8 行代码通过复合属性 list-style 分别控制<ul>和第一个<li>的样式。

运行效果如图 4-9 所示。

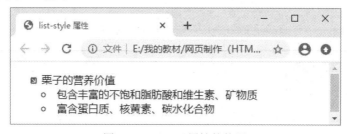

图 4-9　list-style 属性的使用

在实际网页制作过程中，为了更高效地控制列表项显示符号，通常将 list-style 的属性值定义为 none，然后通过为<li>设置背景图像的方式实现不同的列表项目符号。接下来我们通过一个案例来演示通过背景属性定义列表项目符号的方法。

【例 4-9】背景属性定义列表项目显示符号。

代码如下：

```
<!doctype html>
<html>
<head>
    <meta charset="utf-8">
    <title>背景属性定义列表项目显示符号</title>
    <style type="text/css">
        dd{
            list-style:none;/*清除列表的默认样式*/
            height:26px;
            line-height:26px;
            background:url(./pic/02.jpg) no-repeat left center; /* 为设置背景图像 */
            padding-left:25px;
```

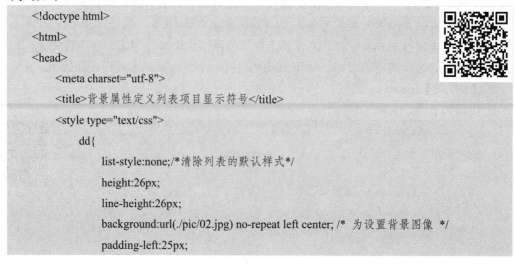

```
            }
        </style>
    </head>
    <body>
    <h2>熊猫</h2>
    <dl>
        <dt><img src="./pic/01.jpg"></dt>
        <dd> 黑眼圈 </dd>
        <dd> 月酬腰 </dd>
        <dd> 圆滚滚 </dd>
    </dl>
    </body>
    </html>
```

在例 4-9 中添加了一个定义列表，其中第 8 行代码通过 "list-style:none;" 清除列表的默认显示样式，第 11 行代码通过为<dd>设置背景图像的方式来定义列表项显示符号，第 19 行代码在<dt>内部增加了一张熊猫的图片。

运行效果如图 4-10 所示。

图 4-10 使用背景属性定义列表项目显示符号

通过图 4-10 可看出，每个列表项前都添加了列表项目图像。如果需要调整列表项目图像，只需更改标签的背景属性即可。

4.3 表 格

日常生活中，为了清晰地显示数据或信息，我们常常会使用表格对数据或信息进行统计，同样在制作网页时，为了使网页中的元素有条理地显示，也可以使用表格对网页进行规划。HTML 语言提供了一系列表格标签，本节将对这些标签进行详细的讲解。

4.3.1　表格的创建

在 Word 中，如果要创建表格，只需插入表格，然后设定相应的行数和列数即可。然而在 HTML 网页中，所有的元素都是通过标签定义的，要想创建表格，就需要使用与表格相关的标签。使用标签创建表格的基本语法格式如下：

```
<table>
    <tr>
        <td>单元格内的文字</td>
        …
    </tr>
    …
</table>
```

在上面的语法中包含 3 对 HTML 标签，分别为<table></table>、<tr></tr>、<td></td>，它们是创建 HTML 网页中表格的基本标签，缺一不可。对这些标签的具体解释如下：

(1) <table></table>：用于定义一个表格的开始与结束。在<table>标签内部，可以放置表格的标题、表格行和单元格等。

(2) <tr></tr>：用于定义表格中的一行，必须嵌套在<table></table>标签中，在<table></table>中包含几对<tr></tr>，就表示该表格有几行。

(3) <td></td>：用于定义表格中的单元格，必须嵌套在<tr></tr>标签中，一对<tr></tr>中包含几对<td></td>，就表示该行中有多少列(或多少个单元格)。

了解了创建表格的基本语法，下面我们通过一个案例进行演示。

【例 4-10】表格示例。

代码如下：

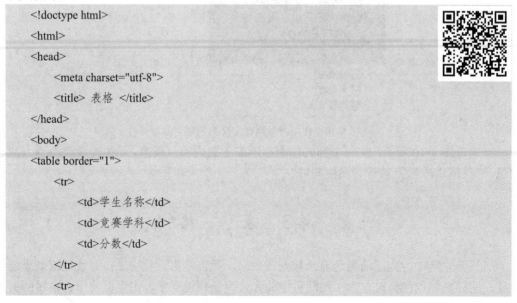

```
<!doctype html>
<html>
<head>
    <meta charset="utf-8">
    <title> 表格 </title>
</head>
<body>
<table border="1">
    <tr>
        <td>学生名称</td>
        <td>竞赛学科</td>
        <td>分数</td>
    </tr>
    <tr>
```

```
        <td>小明</td>
        <td>数学</td>
        <td>87</td>
    </tr>
    <tr>
        <td>小李</td>
        <td>英语</td>
        <td>86</td>
    </tr>
    <tr>
        <td>小萌</td>
        <td>物理</td>
        <td>72</td>
    </tr>
</table>
</body>
</html>
```

在例 4-10 中，使用与表格相关的标签定义了一个 4 行 3 列的表格。为了使表格的显示格式更加清晰，在第 8 行代码中对表格标签<table>应用了边框属性 border。

运行效果如图 4-11 所示。

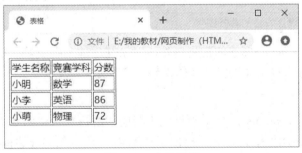

图 4-11　定义表格

通过图 4-11 可看出，表格以 4 行 3 列的方式显示，并且添加了边框效果。如果去掉第 8 行代码中的边框属性 border，修改为<table>，则刷新页面，保存 HTML 文件，效果如图 4-12 所示。

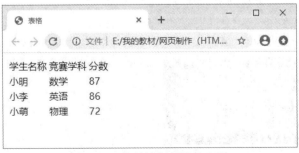

图 4-12　去掉边框属性的表格

通过图 4-12 可以看出，即使去掉边框，表格中的内容依然整齐有序地排列着。创建表格的基本标签为<table></table>、<tr></tr>、<td></td>，默认情况下，表格的边框为 0，宽度和高度(自适应)靠表格里的内容来确定。

注意

学习表格的核心是学习<td></td>标签，它就像一个容器，可以容纳所有的标签，<td></td>中甚至可以嵌套表格<table></table>。但是<tr></tr>中只能嵌套<td></td>，不可以在<tr></tr>标签中输入文字。

4.3.2 　<table>标签的属性

表格标签包含了大量属性，虽然大部分属性都可以使用 CSS 来替代，但是 HTML 语言中也为<table>标签提供了一系列属性，用于控制表格的显示样式，如表 4-4 所示。

表 4-4　<table>标签的常用属性

属性	描　　述	常用属性值
border	设置表格的边框(默认 border= "0" 为无边框)	像素
cellspacing	设置单元格与单元格之间的空间	像素(默认为 2 像素)
cellpadding	设置单元格内容与单元格边缘之间的空间	像素(默认为 1 像素)
width	设置表格的宽度	像素
height	设置表格的高度	像素
align	设置表格在网页中的水平对齐方式	left、center、right
bgcolor	设置表格的背景颜色	预定义的颜色值、十六进制 #RGB、rgb(r，g，b)
background	设置表格的背景图像	URL 地址

表 4-4 中列出了<table>标签的常用属性，对于其中的某些属性，初学者可能不是很理解，接下来我们就对这些属性进行具体的讲解。

1. border 属性

在<table>标签中，border 属性用于设置表格的边框，默认值为 0。在例 4-10 中，设置<table>标签的 border 属性值为 1 时，出现了如图 4-11 所示的双线边框效果。

为了更好地理解 border 属性，这里将例 4-10 中<table>标签的 border 属性值设置为 20，将第 8 行代码更改如下：

```
<table border="20">
```

这时保存 HTML 文件，刷新页面，效果如图 4-13 所示。

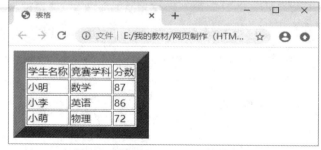

图 4-13　设置 border="20"的效果图

比较图 4-13 和图 4-11 我们会发现，表格的双线边框的外边框变宽了，但是内边框不变。 其实，在双线边框中，外边框为表格<table>的边框，内边框为单元格<td>的边框。也就是说，<table>标签的 border 属性值改变的是外边框宽度，所以内边框宽度仍然为 1。

注意

直接使用 table 标签的边框属性或其他取值为像素的属性时，可以省略单位"px"。

2. cellspacing 属性

cellspacing 属性用于设置单元格与单元格之间的空间，默认为 2 px。例如，对例 4-10中的<table>标签应用 cellspacing="20"，将第 8 行代码更改如下：

```
<table border="20" cellspacing="20">
```

这时保存 HTML 文件，刷新页面，效果如图 4-14 所示。

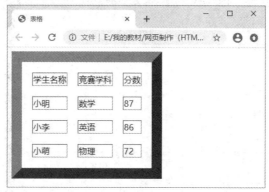

图 4-14　设置 cellspacing="20"的效果图

通过图 4-14 可看出，单元格与单元格以及单元格与表格边框之间都拉开了 20 px 的距离。

3. cellpadding 属性

cellpadding 属性用于设置单元格内容与单元格边框之间的空白间距，默认为 1 px。例如，对例 4-10 中的<table>标签应用 cellpadding="20"，将第 8 行代码更改如下：

```
<table border="20" cellspacing="20" cellpadding="20">
```

这时保存 HTML 文件，刷新页面，效果如图 4-15 所示。

图 4-15　设置 cellpadding="20"的效果图

比较图 4-14 和图 4-15 会发现,在图 4-15 中,单元格内容与单元格边框之间出现了 20 px 的空白间距。例如,"学生名称"与其所在的单元格边框之间拉开了 20 px 的距离。

4. width 属性和 height 属性

默认情况下,表格的宽度和高度是自适应的,由表格内的内容来确定,如图 4-11 所示。要想更改表格的尺寸,就需要对其应用宽度属性 width 和高度属性 height。接下来我们对例 4-10 中的表格设置宽度,将第 8 行代码更改如下:

```
<table border="20" cellspacing="20" cellpadding="20" width="600" height="600">
```

这时保存 HTML 文件,刷新页面,效果如图 4-16 所示。

图 4-16　设置 width="600"和 height="600"的效果图

由图 4-16 可见,表格的宽度和高度为 600 px,各单元格的宽和高均按一定的比例增加。

注意

当为表格标签<table>同时设置 width、height 和 cellpadding 属性时,cellpadding 的显示效果将不太容易观察出来,一般在未给表格设置宽和高的情况下设置 cellpadding 属性。

5. align 属性

align 属性可用于定义表格的水平对齐方式,其可选属性值为 left、center、right。

需要注意的是,当对<table>标签应用 align 属性时,控制的是表格在页面中的水平对齐方式,单元格中的内容不受影响。例如,对例 4-10 中的<table>标签应用 align="center",将第 8 行代码更改如下:

```
<table border="20" cellspacing="20" cellpadding="20" width="600" height="600" align="center">
```

保存 HTML 文件,刷新页面,效果如图 4-17 所示。

图 4-17　设置 align="center"的效果图

通过图 4-17 可看出，表格位于浏览器的水平居中位置，而单元格中的内容不受影响。

6. bgcolor 属性

在<table>标签中，bgcolor 属性用于设置表格的背景颜色，例如，将例 4-10 中表格的背景颜色设置为灰色，将第 8 行代码更改如下：

```
<table border="5" cellspacing="2" cellpadding="2" width="600" height="300" align="center" bgcolor="#CCCCCC">
```

保存 HTML 文件，刷新页面，效果如图 4-18 所示。

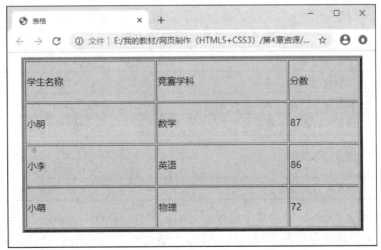

图 4-18　设置 bgcolor ="#CCCCCC"的效果图

通过图 4-18 可看出，使用 bgcolor 属性后表格内部所有的背景颜色都变为了灰色。

7. background 属性

在<table>标签中，background 属性用于设置表格的背景图像。例如，为例 4-10 中的表格添加背景图像，将第 8 行代码更改如下：

```
<table  border="5"  cellspacing="2"  cellpadding="2"  width="600"  height="300"  align="center"
bgcolor="#CCCCCC" background="./pic/03.jpg">
```

保存 HTML 文件，刷新页面，效果如图 4-19 所示。

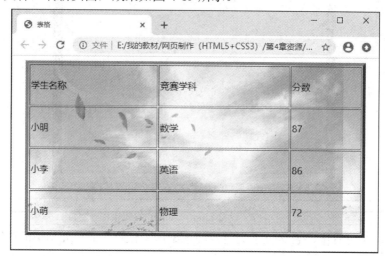

图 4-19　设置 background="./pic/03.jpg"的效果图

通过图 4-19 可看出，图像在表格中沿着水平和竖直两个方向平铺，填充了整个表格。

4.3.3　<tr>标签的属性

通过对<table>标签应用各种属性，可以控制表格的整体显示样式，但是在制作网页时有时需要将表格中的某一行特殊显示，这时就可以为行标签<tr>定义属性，其常用属性如表 4-5 所示。

表 4-5　<tr>标签的常用属性

属性	描　　述	常用属性值
height	设置行高度	像素
align	设置一行内容的水平对齐方式	left、center、 right
valign	设置一行内容的垂直对齐方式	top、middle、bottom
bgcolor	设置行背景颜色	预定义的颜色值、十六进制 #RGB、rgb(r, g, b)
background	设置行背景图像	URL 地址

表 4-5 中列出了<tr>标签的常用属性。其中，大部分属性与<table>标签的属性相同。为了加深初学者对这些属性的理解，接下来我们通过一个案例来演示行标签<tr>的常用属性效果。

【例 4-11】tr 标签的属性。

代码如下:

```
<!doctype html>
<html>
    <head>
        <meta charset="utf-8">
        <title>tr 标签的属性</title>
    </head>
<body>
<table border="1" width="400" height="240" align="center">
    <tr height="80" align="center" valign="top" bgcolor="#00CCFF">
    <td>姓名</td>
    <td>性别</td>
    <td>电话</td>
    <td>住址</td>
</tr>
    <tr>
        <td>小王</td>
        <td> 女 </td>
        <td>11122233</td>
        <td> 海淀区 </td>
    </tr>
        <tr>
            <td> 小李 </td>
            <td> 男 </td>
            <td>55566677</td>
            <td> 朝阳区 </td>
    </tr>
    <tr>
        <td>小张</td>
        <td>男</td>
        <td>88899900</td>
        <td> 西城区 </td>
    </tr>
</table>
</body>
</html>
```

在例 4-11 的第 8 行和第 9 行代码中,分别对表格标签<table>和第 1 个行标签<tr>应用了相应的属性,用来控制表格和第 1 行内容的显示样式。

运行效果如图 4-20 所示。

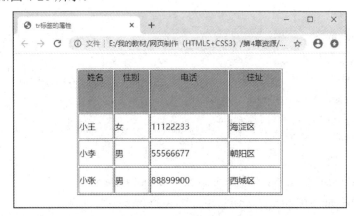

图 4-20　行标签的属性

通过图 4-20 可看出，表格按照设置的宽和高显示，且位于浏览器的水平居中位置。表格的第 1 行内容按照设置的高度显示，文本内容水平居中垂直居上，并且第 1 行还添加了背景颜色。

例 4-11 通过对行标签<tr>应用属性，可以单独控制表格中一行内容的显示样式。在学习<tr>的属性时，还需要注意以下两点。

(1) <tr>标签无宽度属性 width，其宽度取决于表格标签<table>。

(2) 可以对<tr>标签应用 valign 属性，用于设置一行内容的垂直对齐方式。

> **注意**
>
> 在实际工作中，可用相应的 CSS 样式属性来替代<tr>标签的属性，这里了解即可。

4.3.4 <td>标签的属性

通过应用行标签<tr>的属性，可以控制表格中一行内容的显示样式。但是，在网页制作过程中，要想对某一个单元格进行控制，就需要为单元格标签<td>定义属性，其常用属性如表 4-6 所示。

表 4-6　<td>标签的常用属性

属性	含　　义	常用属性值
width	设置单元格的宽度	像素
height	设置单元格的高度	像素
align	设置单元格内容的水平对齐方式	left、center、right
valign	设置单元格内容的垂直对齐方式	top、middle、bottom
bgcolor	设置单元格的背景颜色	预定义的颜色值、十六进制 #RGB、rgb(r，g，b)
background	设置单元格的背景图像	URL 地址
colspan	设置单元格横跨的列数(用于合并水平方向的单元格)	正整数
rowspan	设置单元格竖跨的行数(用于合并竖直方向的单元格)	正整数

表 4-6 中列出了<td>标签的常用属性，其中，大部分属性与<tr>标签的属性相同。与<tr>标签不同的是，<td>标签有 width 属性，用于指定单元格的宽度，同时<td>标签还拥有 colspan 和 rowspan 属性，用于对单元格进行合并。

对于<td>标签的 colspan 和 rowspan 属性，初学者可能难以理解并运用，下面我们通过一个案例来演示如何使用 rowspan 属性合并竖直方向的单元格，将"住址"下方的 3 个单元格合并为 1 个单元格。

【例 4-12】单元格的合并。

代码如下：

```html
<!doctype html>
<html>
<head>
    <meta charset="utf-8">
    <title>单元格的合并</title>
</head>
<body>
<table border="l" width="400" height="240" align="center">
    <tr height="80" align="center" valign="top" bgcolor="#00CCFF">
        <td>姓名</td>
        <td>性别</td>
        <td>电话</td>
        <td>住址</td>
    </tr>
    <tr>
        <td>小王</td>
        <td>女</td>
        <td>11122233</td>
        <td rowspan="3">北京</td>
    </tr>
    <tr>
        <td> 小李 </td>
        <td> 男 </td>
        <td>55566677</td>
        <!--删除了 <td>朝阳区</td>-->
    </tr>
    <tr>
        <td> 小张 </td>
        <td> 男 </td>
        <td>88899900</td>
        <!--删除了 西城区-->
```

```
            </tr>
        </table>
    </body>
</html>
```

在例 4-12 的第 19 行代码中，将<td>标签的 rowspan 属性值设置为 "3"，这个单元格就会竖跨 3 行，同时，由于第 19 行的单元格将占用其下方两个单元格的位置，所以应该注释或删掉其下方的两对<td></td>标签，即注释或删掉第 25 行和第 31 行代码。

运行效果如图 4-21 所示。

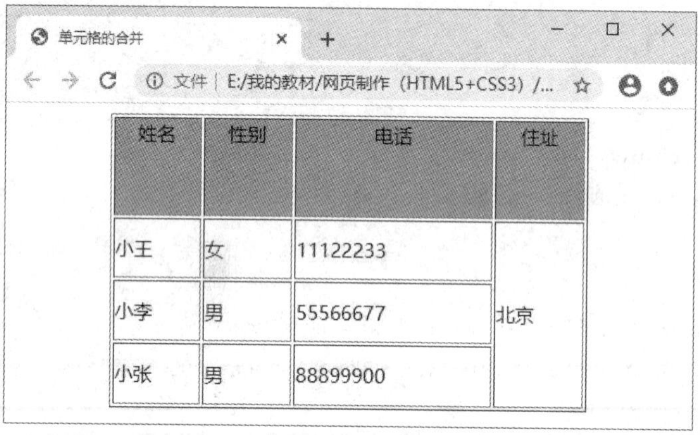

图 4-21　合并竖直方向相邻的单元格

如图 4-21 所示，设置了 rowspan="3"样式的单元格 "北京" 竖直跨 3 行，占用了其下方两个单元格的位置。

除了竖直相邻的单元格可以合并外，水平相邻的单元格也可以合并。例如，将例 4-12 中的 "性别" 和 "电话" 两个单元格合并，只需对第 11 行代码中的<td>标签应用 colspan="2"，同时注释或删掉第 12 行代码即可。这时，保存 HTML 文件，刷新网页，效果如图 4-22 所示。

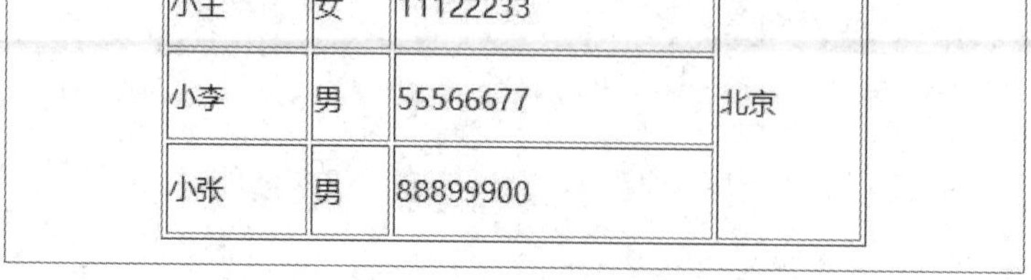

图 4-22　合并水平方向相邻的单元格

如图 4-22 所示，设置了 colspan="2"样式的单元格 "性别" 水平跨 2 列，占用了其右方一个单元格的位置。

总结例 4-12 可以得出合并单元格的规则：想合并哪些单元格就注释或删除它们，并在预留的单元格中设置相应的 colspan 或 rolspan 值，这个值即为预留单元格水平合并的列数或竖直合并的行数。

注意

(1) 在<td>标签的属性中，应重点掌握 colspan 和 rolspan，对其他属性了解即可，不建议使用，这些属性均可用 CSS 样式属性替代。

(2) 当对某一个<td>标签应用 width 属性设置宽度时，该列中的所有单元格均会以设置的宽度显示。

(3) 当对某一个<td>标签应用 height 属性设置高度时，该行中的所有单元格均会以设置的高度显示。

4.3.5　<th>标签的属性

应用表格时经常需要为表格设置表头，以使表格的格式更加清晰，方便查阅。表头一般位于表格的第一行或第一列，其文本加粗居中，如图 4-23 所示。设置表头非常简单，只需用表头标签<th></th>替代相应的单元格标签<td></td>即可。

<th></th>标签与<td></td>标签的属性、用法完全相同，但是它们具有不同的语义。<th></th>用于定义表头单元格，其文本默认加粗居中显示，而<td></td>定义的为普通单元格，其文本为普通文本且水平左对齐显示。

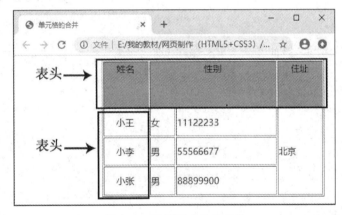

图 4-23　设置了表头的表格

4.3.6　表格的结构

在互联网刚刚兴起时，网页形式单调，内容也比较简单，那时绝大部分网页使用表格进行布局。为了使搜索引擎更好地理解网页内容，在使用表格进行布局时，可以将表格划分为头部、主体和页脚，用于定义网页中的不同内容。划分表格结构的标签如下：

(1) <thead></thead>：用于定义表格的头部，必须位于<table></table>标签中，一般包含网页的 Logo 和导航等头部信息。

(2) <tfoot></tfoot>：用于定义表格的页脚，位于<table></table>标签中的<thead></thead>标签之后，一般包含网页底部的企业信息等。

　　(3) <tbody></tbody>：用于定义表格的主体，位于<table></table>标签中的<tfoot></tfoot>标签之后，一般包含网页中除头部和底部之外的其他内容。

　　了解了表格的结构划分标签，接下来，我们就使用它们来布局一个简单的网页。

　　【例 4-13】划分表格的结构。

　　代码如下：

```html
<!doctype html>
<html>
<head>
    <meta charset="utf-8">
    <title>划分表格的结构</title>
</head>
<body>
<table width="600" border="1" cellspacing="0" align="center">
    <caption>表格的名称</caption>    <!--caption 定义表格的标题-->
    <thead>                          <!--thead 定义表格的头部-->
        <tr>
            <td colspan="3"> 网站的 logo</td>
        </tr>
        <tr>
            <th><a href="#" >首页</a></th>
            <th><a href="#" >关于我们</a></th>
            <th><a href="#" >联系我们</a></th>
        </tr>
    </thead>
    <tfoot>
        <tr>
            <td colspan="3" align="center">底部基本企业信息&copy;【版权信息】</td>
        </tr>
    </tfoot>
    <tbody>
        <tr height="150">
            <td>主体的左栏</td>
            <td>主体的中间</td>
            <td>主体的右侧</td>
        </tr>
        <tr height="150">
            <td>主体的左栏</td>
            <td>主体的中间</td>
            <td>主体的右侧</td>
```

```
                </tr>
            </tbody>
        </table>
    </body>
</html>
```

在例 4-13 中，使用与表格相关的标签创建了一个多行多列的表格，并对其中的某些单元格进行了合并。为了使搜索引擎更好地理解网页内容，使用表格的结构划分标签定义了不同的网页内容。其中，第 9 行代码中的<caption></caption>标签用于定义表格的标题。

运行效果如图 4-24 所示。

图 4-24　表格布局的网页

注意

　　一个表格只能定义一对<thead></thead>、一对<tfoot></tfoot>，但可以定义多对 <tbody></tbody>，它们必须按<thead></thead>、<tfoot></tfoot>和<tbody></tbody>的顺序使用。之所以将<tfoot></tfoot>置于<tbody></tbody>之前，是为了使浏览器在收到全部数据之前显示页脚。

4.4　CSS 控制表格的样式

除了表格标签自带的属性外，还可用 CSS 的边框、宽高、颜色等来控制表格样式。此外，CSS 中还提供了表格专用属性，以便控制表格样式。本节将从边框、边距和宽高 3 个方面详细讲解 CSS 控制表格样式的具体方法。

4.4.1　CSS 控制表格的边框

使用<table>标签的 border 属性可以为表格设置边框，但是这种方式设置的边框效果并不理想，如果要更改边框的颜色，或改变单元格的边框大小，就会很困难。而使用 CSS 的边框样式属性 border 可以轻松地控制表格的边框。

接下来我们通过一个具体的案例演示设置表格边框的具体方法。

【例 4-14】CSS 控制表格边框。

代码如下：

```
<!doctype html>
<html>
<head>
    <meta charset="utf-8">
    <title>CSS 控制表格边框</title>
    <style type="text/css">
        table{
            width:400px;
            height:300px;
            border: 1px solid #30F;        /* 设置 table 的边框*/
        }
        th,td{border: 1px solid #30F;}
    </style>
</head>
<body>
    <table>
        <caption> 腾讯手游榜 </caption> <!--caption 定义表格的标题-->
        <tr>
            <th> 热游榜 </th>
            <th> 游戏名 </th>
            <th> 类型 </th>
            <th> 特征 </th>
        </tr>
        <tr>
            <th>1</th>
            <td>王者荣耀</td>
            <td>策略战棋</td>
            <td>3D 竞技 </td>
        </tr>
        <tr>
            <th>2</th>
            <td>天龙八部手游</td>
            <td>角色扮演</td>
            <td>3D 武侠 </td>
        </tr>
```

```
        <tr>
            <th>3</th>
            <td>龙之谷手游</td>
            <td>角色扮演</td>
            <td>3D 格斗 </td>
        </tr>
        <tr>
            <th>4</th>
            <td> 弹弹堂 </td>
            <td>休闲益智</td>
            <td>Q 版竞技 </td>
        </tr>
        <tr>
            <th>5</th>
            <td>火影忍者</td>
            <td>角色扮演</td>
            <td>2D 格斗 </td>
        </tr>
    </table>
</body>
</html>
```

在例 4-14 中定义了一个 6 行 4 列的表格，然后使用内嵌式 CSS 样式表为表格标签 <table>定义了宽、高和边框样式，并为单元格单独设置了相应的边框。如果只设置<table> 样式，则效果图只显示外边框的样式，内部不显示边框。

运行效果如图 4-25 所示。

图 4-25　CSS 控制表格边框

通过图 4-25 发现，单元格与单元格的边框之间存在一定的空间。如果要去掉单元格之间的空间，得到常见的细线边框效果，就需要使用 border-collapse 属性，使单元格的边框合并，具体代码如下：

```
table{
    width:280px;
    height:280px;
    border:1px solid #F00; border-collapse:collapse;
}
```

保存 HTML 文件，再次刷新网页，效果如图 4-26 所示。

腾讯手游榜			
热游榜	游戏名	类型	特征
1	王者荣耀	策略战棋	3D 竞技
2	天龙八部手游	角色扮演	3D武侠
3	龙之谷手游	角色扮演	3D 格斗
4	弹弹堂	休闲益智	Q版竞技
5	火影忍者	角色扮演	2D 格斗

图 4-26　表格的边框合并

通过图 4-26 可看出，单元格的边框发生了合并，出现了常见的单线边框效果。border-collapse 属性的属性值除了 collapse(合并)之外，还有一个属性值 separate(分离)，通常表格中的边框都默认为 separate。

> 注意
>
> (1) 当表格的 border-collapse 属性设置为 collapse 时， HTML 中设置的 cellspacing 属性值无效。
>
> (2) 行标签<tr>无 border 样式属性。

4.4.2　CSS 控制单元格的边距

使用<table>标签的属性美化表格时，可以通过 cellpadding 和 cellspacing 分别控制单元格内容与边框之间的距离以及相邻单元格边框之间的距离，这种方式与盒子模型中设置内外边距非常类似。那么使用 CSS 对单元格设置内边距属性 padding 和外边距属性 margin 能不能实现这种效果呢？

新建一个 3 行 3 列的简单表格，使用 CSS 控制表格样式。

【例 4-15】CSS 控制单元格的边距。

代码如下：

```html
<!doctype html>
<html>
<head>
    <meta charset="utf-8">
    <title>CSS 控制单元格边距</title>
    <style type="text/css">
        table{
            border: 1px solid #30F;    /* 设置 table 的边框 */
        }
        th,td{
            border: 1px solid #30F;
            padding:20px;                   /*为单元格内容与边框设置 20 px 的内边距*/
            margin:20px;                    /*为单元格与单元格边框之间设置 20 px 的外边距*/
        }
    </style>
</head>
<body>
    <table>
        <tr>
            <th>游戏名称</th>
            <th>类型</th>
            <th>特征</th>
        </tr>
        <tr>
            <th>王者荣耀</th>
            <td>策略战棋</td>
            <td>3D 竞技</td>
        </tr>
        <tr>
            <th>天龙八部手游</th>
            <td>角色扮演</td>
            <td>3D 武侠 </td>
        </tr>
    </table>
</body>
</html>
```

运行效果如图 4-27 所示。从图 4-27 中可以看出，单元格内容与边框之间拉开了一定的距离，但是相邻单元格之间的距离没有任何变化，也就是说对单元格设置的外边距属性

margin 没有生效。

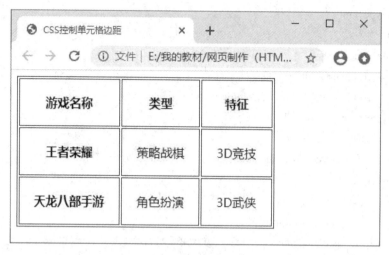

图 4-27　CSS 控制单元格边距

　　总结例 4-15 可以得出，要设置单元格内容与边框之间的距离，可以对<th>和<td>标签应用内边距属性 padding，或对<table>标签应用 HTML 标签属性 cellpadding。而<th>和<td>标签无外边距属性 margin，要想设置相邻单元格边框之间的距离，只能对<table>标签应用 HTML 标签属性 cellspacing。

注意
行标签<tr>无内边距属性 padding 和外边距属性 margin。

4.4.3　CSS 控制单元格的宽和高

　　单元格的宽度和高度有着和其他标签不同的特性，主要表现在单元格之间的互相影响上。使用 CSS 中的 width 和 height 属性可以控制单元格的宽和高。接下来我们通过一个具体的案例来演示。
　　【例 4-16】CSS 控制单元格的宽和高。
　　代码如下：

```
<!doctype html>
<html>
    <head>
        <meta charset="utf-8">
        <title>CSS 控制单元格的宽和高</title>
        <style type="text/css">
            table{
                border:1px solid #30F;          /*设置 table 的边框*/
                border-collapse:collapse;       /*边框合并*/
            }
```

```
        th,td{
            border:1px solid #30F;              /*为单元格单独设置边框*/
        }
        .one{ width:100px; height:80px;}        /*定义"A 房间"单元格的宽度与高度*/
        .two{ height:40px;}                      /*定义"B 房间"单元格的高度*/
        .three{ width:200px; }                   /*定义"C 房间"单元格的宽度*/
    </style>
  </head>
  <body>
  <table>
    <tr>
        <td class="one">A 房间</td>
        <td class="two">B 房间 </td>
    </tr>
    <tr>
        <td class="three">C 房间 </td>
        <td class="four"">D 房间 </td>
    </tr>
  </table>
  </body>
  </html>
```

在例 4-16 中，定义了一个 2 行 2 列的简单表格，将 "A 房间" 的宽度和高度设置为 100 px 和 80 px，同时将 "B 房间" 单元格的高度设置为 40 px，将 "C 房间" 单元格的宽度设置为 200 px。

运行效果如图 4-28 所示。

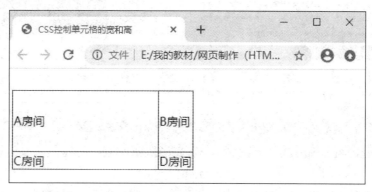

图 4-28　CSS 控制单元格的宽和高

通过图 4-28 可看出，"A 房间" 单元格和 "B 房间" 单元格的高度均为 80 px，而 "A 房间" 单元格和 "C 房间" 单元格的宽度均为 200 px。可见，对同一行中的单元格定义不同的高度，或对同一列中的单元格定义不同的宽度时，最终的宽度或高度取其中的较大者。

4.5　任务案例——制作学院网站主页

1. 分析结构

我们现在来分析网页，并设计网页模板，网页样式如图 4-29 所示。

图 4-29　网页样式

这个网页为上中下结构，最上面为 Logo 区域，紧接着是菜单区域，重要区域分为图片展示区、校园新闻、通知公告、快速通道、快速链接等区域。校园新闻左侧为新闻图片，右侧为文字区域；通知公告右侧为两个链接；快速通道有 10 个链接，分别对应不同的系统；快速链接为友情链接区域；最下面为版权版本信息区域。

对区域进行安排、测量之后，区域的划分如图 4-30 所示。

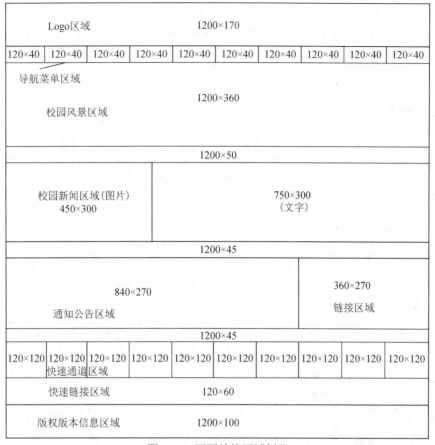

图 4-30　网页结构区域划分

区域划分后经测算，页面的宽度为 1200 px，高度是所有区域高度的总和，计算后为 1560 px。

2. 分析样式

如果以表格的方式来进行页面结构的设计，首先可以设计一个 8 行 1 列的表格，用于控制从上到下的 8 个区域。

(1) Logo 区域：1 个单元格，宽 1200 px，高 170 px。

(2) 导航菜单区域：嵌套 1 个表格，1 行 10 列，单元格大小一致，宽 120 px，高 40 px。

(3) 校园风景区域：1 个单元格，宽 1200 px，高 360 px。

(4) 校园新闻区域：2 行 2 列，第 1 行合并单元格，宽度 1200 px，高度 50px，第 2 行第 1 列放置新闻图片，宽度 450 px，高度 300 px，第 2 行第 2 列放置新闻列表，宽度 750 px，高度 300 px。

(5) 通知公告区域：2 行 2 列，第 1 行合并单元格，宽度 1200 px，高度 45 px，第 2 行第 1 列放置通知公告，宽度 840 px，高度 270 px，第 2 行第 2 列放置链接区域，宽度 360 px，高度 270 px。

(6) 快速通道区域：2 行 10 列，第 1 行合并单元格，宽度 1200 px，高度 45 px，第 2 行 10 个单元格，宽度均为 120 px，高度均为 120 px。

(7) 快速链接区域：1 行 1 列，放置友情链接，宽度 1200 px，高度 60 px。

(8) 版权版本区域：1 行 1 列，放置版权版本信息，宽度 1200 px，高度 100 px。

3. 制作学院首页页面结构

1）设计整体表格框架

【例 4-17】设计包头职业技术学院首页。

代码如下：

```html
<!doctype html>
<html>
<head>
    <meta charset="utf-8">
    <title>包头职业技术学院——首页</title>
    <style type="text/css">
        body{
            text-align: center;
        }
        table{
            width: 1200px;
            height: 1560px;
        }
        th,td{
            border:1px solid #30F;          /*为单元格单独设置边框*/
        }
        .one{
            height: 170px;
        }
        .two{
            height: 40px;
        }
        .three{
            height: 360px;
        }
        .four{
            height: 350px;
        }
        .five{
            height: 315px;
        }
        .six{
```

```
                height: 165px;
            }
            .seven{
                height: 60px;
            }
            .eight{
                height: 100px;
            }
    </style>
</head>
<body>
    <table align="center">
        <tr class="one">
            <td></td>
        </tr>
        <tr class="two">
            <td></td>
        </tr>
        <tr class="three">
            <td></td>
        </tr>
        <tr class="four">
            <td></td>
        </tr>
        <tr class="five">
            <td></td>
        </tr>
        <tr class="six">
            <td></td>
        </tr>
        <tr class="seven">
            <td></td>
        </tr>
        <tr class="eight">
            <td></td>
        </tr>
    </table>
</body>
</html>
```

运行效果如图 4-31 所示。

图 4-31　包头职业技术学院——首页框架示意图

2) 设计 Logo 区域

修改例 4-17 中第 46 行代码为

```
<td><img src="./pic/Main_Logo.jpg"></td>
```

这样在 Logo 区域将显示学院 Logo，如图 4-32 所示。

图 4-32　完成设计的 Logo 区域

3) 设计菜单区域

(1) 因为有表格嵌套，所以需要将原 table 样式修改为.table1。增加.menu 样式如下：

```
.menu{
        width: 120px;
```

```
            background: #0666b0;
            color: #ffffff;
            font-size: 18px;
        }
```

(2) 在表格第 2 行增加一个 1 行 10 列的表格，代码如下：

```
<tr class="two">
    <td>
        <table class="two">
            <tr>
                <td class="menu">首页</td>
                <td class="menu">学院概况</td>
                <td class="menu">机构设置</td>
                <td class="menu">信息公开</td>
                <td class="menu">规章制度</td>
                <td class="menu">合作交流</td>
                <td class="menu">专题网站</td>
                <td class="menu">校友之窗</td>
                <td class="menu">联系我们</td>
                <td class="menu">ENGLISH</td>
            </tr>
        </table>
    </td>
</tr>
```

运行效果如图 4-33 所示。

图 4-33　设计完菜单后的页面效果图

4) 设计校园风景区域

在第 3 行的单元格中增加一个<img>标签，显示校园风景图片，代码修改如下：

```
<tr class="three">
    <td>
        <img src="./pic/schoolimg.jpg" width="1200" height="360">
    </td>
</tr>
```

运行效果如图 4-34 所示。

图 4-34　设计完校园风景区的效果图

5) 设计校园新闻区域

校园新闻区域嵌套一个 2 行 2 列的表格。其中，第 1 行单元格合并用于显示标题图片，第 2 行第 1 列显示新闻图片，第 2 行第 2 列显示新闻列表。

(1) 增加样式表.table2 如下：

```
.table2{
            width: 1200px;
             height: 350px;
        }
```

(2) 在相应位置增加 1 个 2 行 2 列的表格，代码如下：

```
<tr class="four">
    <td>
        <table class="table2">
            <tr height=50px;>
                <td colspan="2"></td>
            </tr>
            <tr height=300px;>
                <td width=450px ></td>
                <td></td>
            </tr>
        </table>
    </td>
</tr>
```

(3) 在新建表格的第 1 行第 1 列插入图片，代码如下：

```
<img src="./pic/Main_12.jpg" width="1200" height="50">
```

(4) 在新建表格的第 2 行第 1 列插入图片，代码如下：

```
<img src="./pic/newimg.jpg" width="450" height="300">
```

(5) 在新建表格的第 2 行第 2 列插入列表，代码如下：

```
<ul>
<li class="li1">展文明之姿，建文明校园——包头职业技术学院喜获内蒙古自治区"文明校园"
称号！</li>
<li>喜讯！学院荣获自治区级深化创新创业教育改革示范高校荣誉称号
2020-09-30</li>
<li>凝心聚力谋发展 砥砺奋进谱新篇——计算机与信息工程系(网络信息中心)集中……
2020-09-30</li>
<li>第一届内蒙古自治区职工技术创新成果展开幕我院多个创新成果参展 2020-09-29 </li>
<li>包头职业技术学院院系两级理论学习中心组开展 2020 年第十次扩大学习会 2020-09-28</li>
<li>数控技术系党总支举办第 37 个民族团结进步活动月专题讲座 2020-09-25</li>
<li>学院举行 2020 年党建督导巡察工作前期培训会议 2020-09-24</li>
</ul>
```

设计<li>的样式表如下：

```
li{
    font-size: 16px;
    color:#000;
    line-height:32px;
}
.li1{
    font-size: 18px;
    color:#0666b0;
    font-family:微软雅黑;
    font-style:initial;
}
```

本区域的完整代码如下：

```
<tr class="four">
    <td>
        <table class="table2">
            <tr height=50px;>
                <td colspan="2"><img src="./pic/Main_12.jpg" width="1200" height="50"></td>
                </tr>
            <tr height=300px;>
                <td width=450px ><img src="./pic/newimg.jpg" width="450" height="300"></td>
                <td align="left">
                    <ul>
```

```
            <li class="li1">展文明之姿，建文明校园——包头职业技术学院喜获内蒙古自治
区"文明校园"称号！ </li>
            <li>喜讯！学院荣获自治区级深化创新创业教育改革示范高校荣誉称号
2020-09-30</li>
            <li>凝心聚力谋发展 砥砺奋进谱新篇——计算机与信息工程系(网络信息中心)
集中…… 2020-09-30</li>
            <li>第一届内蒙古自治区职工技术创新成果展开幕我院多个创新成果参展
2020-09-29</li>
            <li>包头职业技术学院院系两级理论学习中心组开展2020年第十次扩大学习会
2020-09-28</li>
            <li>数控技术系党总支举办第37 个民族团结进步活动月专题讲座 2020-09-25 </li>
            <li>学院举行2020年党建督导巡察工作前期培训会议 2020-09-24</li>
            </ul>
          </td>
        </tr>
      </table>
    </td>
  </tr>
```

运行效果如图 4-35 所示。

图 4-35　设计完校园新闻的效果图

6) 设计其他区域

其他区域可以参考校园新闻的方法设计，全部完成后的代码如下：

```
<!doctype html>
<html>
<head>
    <meta charset="utf-8">
    <title>包头职业技术学院--首页</title>
    <style type="text/css">
```

```
body{
    text-align: center;
}

.table1{
    width: 1200px;
    height: 1560px;
}

.table2{
    width: 1200px;
    height: 350px;
}

.table3{
    width: 1200px;
    height: 315px;
}

th,td{
    border:1px solid #30F;        /*为单元格单独设置边框*/
}

.one{
    height: 170px;
}

.two{
    height: 40px;
}

.three{
    height: 360px;
}

.four{
    height: 350px;
}

.five{
    height: 315px;
}

.six{
    height: 165px;
}

.seven{
    height: 60px;
}
```

```
                .eight{
                     height: 100px;
          }
                .menu{
                     width: 120px;
                     background: #0666b0;
                     color: #ffffff;
                     font-size: 18px;
          }
                li{
                   font-size: 16px;
                   color:#000;
                   line-height:32px;
          }
               .li1{
                   font-size: 18px;
                   color:#0666b0;
                   font-family:微软雅黑;
                   font-style:initial;
          }
               .td1{
                   background-image: url("./pic/Main_39.jpg");
                   width: 1200px;
                   height: 60px;
                   background-repeat: no-repeat;
          }
      </style>
   </head>
   <body>
      <table align="center" class="table1">
         <tr class="one">
                                             .
             <td><img src="./pic/Main_Logo.jpg"></td>
         </tr>
         <tr class="two">
            <td>
               <table class="two">
                  <tr>
                     <td class="menu">首页</td>
```

```
        <td class="menu">学院概况</td>
        <td class="menu">机构设置</td>
        <td class="menu">信息公开</td>
        <td class="menu">规章制度</td>
        <td class="menu">合作交流</td>
        <td class="menu">专题网站</td>
        <td class="menu">校友之窗</td>
        <td class="menu">联系我们</td>
        <td class="menu">ENGLISH</td>
      </tr>
    </table>
  </td>
</tr>
<tr class="three">
<td>
    <img src="./pic/schoolimg.jpg" width="1200" height="360">
</td>
</tr>
<tr class="four">
  <td>
      <table class="table2">
        <tr height=50px;>
          <td colspan="2"><img src="./pic/Main_12.jpg" width="1200" height="50"></td>
        </tr>
        <tr height=300px;>
          <td width=450px ><img src="./pic/newimg.jpg" width="450" height="300"></td>
          <td align="left">
            <ul>
              <li class="li1">展文明之姿，建文明校园——包头职业技术学院喜获
内蒙古自治区"文明校园"称号！</li>
              <li>喜讯！学院荣获自治区级深化创新创业教育改革示范高校荣誉
称号 2020-09-30</li>
              <li>凝心聚力谋发展 砥砺奋进谱新篇——计算机与信息工程系(网
络信息中心)集中…… 2020-09-30</li>
              <li>第一届内蒙古自治区职工技术创新成果展开幕我院多个创新成
果参展 2020-09-29</li>
              <li>包头职业技术学院院系两级理论学习中心组开展 2020 年第十次
扩大学习会 2020-09-28</li>
```

```
                <li>数控技术系党总支举办第 37 个民族团结进步活动月专题讲座
2020-09-25</li>
                    <li>学院举行 2020 年党建督导巡察工作前期培训会议
2020-09-24</li>
                        </ul>
                    </td>
                </tr>
            </table>
        </td>
    </tr>
    <tr class="five">
        <td>
            <table class="table3">
                <tr height=45px>
                    <td colspan="2"><img src="./pic/Main_13.jpg"></td>
                </tr>
                <tr height=270 align="top">
                    <td align="left">
                    <ul>
                    <li class="li1">包头职业技术学院关于团委干事等五个岗位改为普
通岗位的公告</li>
                    <li>包头职业技术学院关于开展2020年度网络在线学法和普法考试
工作的通知　2020-09-22</li>
                    <li>关于转发《司法部 全国普法办 中央和国家机关工委关于组织
观看学习民法典公开课的通知》…　2020-09-22</li>
                    <li>包头职业技术学院 2020 年面向社会公开招聘教师公告
2020-09-09</li>
                    <li>包头职业技术学院师生返校告知书　2020-05-11</li>
                    </ul>
                    </td>
                    <td width=360px><img src="./pic/srcmainall3.jpg"></td>
                </tr>
            </table>
        </td>
    </tr>
    <tr class="six">
        <td>
            <table>
```

```
            <tr hight=45px>
                <td colspan="10"><img src="./pic/Main_40.jpg" width="1200"
height="45"></td>
            </tr>
            <tr height=120px>
                <td width=120px><img src="./pic/dept101.jpg"></td>
                <td width=120px><img src="./pic/dept102.jpg"></td>
                <td width=120px><img src="./pic/dept103.jpg"></td>
                <td width=120px><img src="./pic/dept104.jpg"></td>
                <td width=120px><img src="./pic/dept105.jpg"></td>
                <td width=120px><img src="./pic/dept106.jpg"></td>
                <td width=120px><img src="./pic/dept107.jpg"></td>
                <td width=120px><img src="./pic/dept108.jpg"></td>
                <td width=120px><img src="./pic/dept109.jpg"></td>
                <td width=120px><img src="./pic/dept110.jpg"></td>
            </tr>
        </table>
      </td>
    </tr>
    <tr class="seven">
            <td class="td1">国家示范高职院校建设    预决算公开        中华
人民共和国教育部    内蒙古自治区教育厅    内蒙古招生考试网    中国高职高专教育网</td>
    </tr>
    <tr class="eight">
            <td bgcolor="#0268b3"><img src="./pic/Main_38.png"></td>
      </tr>
    </table>
  </body>
</html>
```

运行效果如图 4-36 所示。

设计完成后表格线不可显示，修改 th、td 样式表如下：

```
th,td{
            border:0px solid #30F;        /*为单元格单独设置边框*/
      }
```

最终的运行效果如图 4-37 所示。

包头职业技术学院
BAOTOU VOCATIONAL & TECHNICAL COLLEGE

团结　勤奋
求实　献身

| 首页 | 学院概况 | 机构设置 | 信息公开 | 规章制度 | 合作交流 | 专题网站 | 校友之窗 | 联系我们 | ENGLISH |

校园新闻　More......

• 展文明之姿，建文明校园——包头职业技术学院喜获内蒙古自治区"文明校园"称号！
• 喜讯！学院荣获自治区级深化创新创业教育改革示范高校荣誉称号 2020-09-30
• 凝心聚力谋发展 砥砺奋进谱新篇——计算机与信息工程系（网络信息中心）集中...... 2020-09-30
• 第一届内蒙古自治区职工技术创新成果展开幕我院多个创新成果参展 2020-09-29
• 包头职业技术学院院系两级理论学习中心组开展2020年第十次扩大学习会 2020-09-28
• 数控技术系党总支举办第37个民族团结进步活动月专题讲座 2020-09-25
• 学院举行2020年党建督导巡查工作前期培训会议 2020-09-24

通知公告　More......

• 包头职业技术学院关于团委干事等五个岗位改为普通岗位的公告
• 包头职业技术学院关于开展2020年度网络在线学法和普法考试工作的通知 2020-09-22
• 关于转发《司法部 全国普法办 中央和国家机关工委关于组织观看学习民法典公开课的通知》... 2020-09-22
• 包头职业技术学院2020年面向社会公开招聘教师公告 2020-09-09
• 包头职业技术学院师生返校告知书 2020-05-11

中国共产党包头职业技术学院第四次党代会

创新发展行动计划建设专题网站

学院内部质量保证工作专题网站

快速通道

党建工作

思政教育

教学科研

团学在线

招生就业

图书智能平台

统一信息门户

统一身份认证

人才引进

招标公告

快速链接　　国家示范高职院校建设 预决算公开 中华人民共和国教育部 内蒙古自治区教育厅 内蒙古招生考试网 中国高职高专教育网

版权所有：包头职业技术学院　　蒙ICP备06003201号　　联系地址：内蒙古包头市青山区建华路15号
联系电话：0472-3320012　　邮政编码：014035　　版本信息：包头职业技术学院网站集群V5.0

图 4-36　设计完成后的效果图

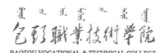

首页　学院概况　机构设置　信息公开　规章制度　合作交流　专题网站　校友之窗　联系我们　ENGLISH

::: 校园新闻　More......

- 展文明之姿，建文明校园——包头职业技术学院喜获内蒙古自治区"文明校园"称号！
- 喜讯！学院荣获自治区级深化创新创业教育改革示范高校荣誉称号 2020-09-30
- 凝心聚力谋发展 砥砺奋进谱新篇——计算机与信息工程系（网络信息中心）集中...... 2020-09-30
- 第一届内蒙古自治区职工技术创新成果开幕我院多个创新成果参展 2020-09-29
- 包头职业技术学院院系两级理论学习中心组开展2020年第十次扩大学习会 2020-09-28
- 数控技术系党总支举办第37个民族团结进步活动月专题讲座 2020-09-25
- 学院举行2020年党建督导巡查工作前期培训会议 2020-09-24

::: 通知公告　More......

- 包头职业技术学院关于团委干事等五个岗位改为普通岗位的公告
- 包头职业技术学院关于开展2020年度网络在线学法和普法考试工作的通知 2020-09-22
- 关于转发《司法部 全国普法办 中央和国家机关工委关于组织观看学习民法典公开课的通知》... 2020-09-22
- 包头职业技术学院2020年面向社会公开招聘教师公告 2020-09-09
- 包头职业技术学院师生返校告知书 2020-05-11

中国共产党包头职业技术学院第四次党代会

创新发展行动计划建设专题网站

学院内部质量保证工作专题网站

::: 快速通道

党建工作　思政教育　教学科研　团学在线　招生就业　图书智能平台　统一信息门户　统一身份认证　人才引进　招标公告

::: 快速链接　国家示范高职院校建设 预决算公开 中华人民共和国教育部 内蒙古自治区教育厅 内蒙古招生考试网 中国高职高专教育网

版权所有：包头职业技术学院　蒙ICP备06003201号　联系地址：内蒙古包头市青山区建华路15号
联系电话：0472-3320012　邮政编码：014035　版本信息：包头职业技术学院网站集群V5.0

图 4-37　运行效果图

至此全部设计完成。

习　题

一、选择题

1. 关于表格的描述正确的一项是(　　)。

A. 在单元格内不能继续插入整个表格

B. 可以同时选定不相邻的单元格

C. 粘贴表格时，不粘贴表格的内容

D. 在网页中，水平方向可以并排多个独立的表格

2. 如果一个表格包括 1 行 4 列，表格的总宽度为 699，间距为 5，填充为 0，边框为 3，每列的宽度相同，那么应将单元格定制为(　　)像素宽。

A. 126　　　　　　B. 136　　　　　　C. 147　　　　　　D. 167

3. 要使表格的边框不显示，应设置 border 的值是(　　)。

A. 1　　　　　　B. 0　　　　　　C. 2　　　　　　D. 3

二、填空题

1. 在网页中，_____属性用于设定表格边框的宽度；_____属性用于设定表格单元格之间的宽度；_____属性用于设定表格资料与单元格线之间的距离。

2. <tr>…</tr>用来定义_____；<td>…</td>用来定义_____；<th>…</th>用来定义_____。

3. 单元格垂直合并所用的属性是_____；单元格横向合并所用的属性是_____。

4. 利用<table></table>标记符的_____属性可以控制表格边框的显示样式；利用<table></table>标记符的_____属性可以控制表格分隔线的显示样式。

5. 表格有 3 个基本组成部分：行、列和_____。

三、操作题

完成文章显示页面设计，效果如图 4-38 所示。

假期学习计划

时间	星期一	星期二	星期三
8点	阅读	绘画	
9点	运动	运动	钢琴
10点	绘画	阅读	

图 4-38　表格属性效果图

第 5 章

HTML 图像与链接

教学目标

通过本章的学习，理解图像标签与链接标签及其设置方式，并能设计图文混排网页，为网页添加链接。

知识目标

(1) 掌握 HTML 图像标签的用法，能够自定义图像。
(2) 掌握超链接标签的使用，能够使用超链接定义网页元素。
(3) 掌握 CSS 伪类，能够使用 CSS 伪类实现超链接特效。

技能目标

(1) 能够熟练使用<img>图片标签。
(2) 能够创建图文混排网页。
(3) 能够熟练使用<a>标签。
(4) 能够创建网页链接，实现网页跳转。

任务描述及工作单

网页设计中需要使用大量图片，图文混排是常用的网页设计模式。在包头职业技术学院网站中有很多网页需要使用图文混排。同时需要使用超链接将各个网页有机地组织在一起。通过学习本章知识，需完成包头职业技术学院"校园新闻"栏目网页的设计，如图 5-1 所示。

图 5-1　包头职业技术学院"校园新闻"栏目

5.1　图像的引用及属性设置

　　图片是网页中不可缺少的元素，巧妙地在网页中使用图片可以为网页增色不少。本章首先介绍在网页中常用的两种图片格式，然后介绍如何在网页中插入图片，以及图片的样式和插入的位置。通过本章的学习，可以做一些简单的图文网页，并根据自己的喜好制作出不同的图片效果。

5.1.1　网页中的图片格式

　　目前，网页上使用的图片格式主要是 GIF、JPG 和 PNG 三种。

　　GIF 即为图像交换格式，GIF 格式只支持 256 色以内的图像，且采用无损压缩存储，在不影响图像质量的情况下，可以生成很小的文件，同时它支持透明色，可以使图像浮现在背景之上，并且由于其为交换格式，因此在浏览器下载整张图片之前，用户就可以看到该图像。在网页制作中首选的图片格式为 GIF。

　　JPG 格式为静态图像压缩标准格式，它为摄影图片提供了一种标准的有损耗压缩方案。它可以保留大约 1670 万种颜色，因为它要比 GIF 格式的图片小，所以下载的速度要快一些。

　　PNG 是一种无损压缩的位图格式。PNG 格式是非失真性压缩的，允许使用类似于 GIF 格式的调色板技术，支持真彩色图像，并具备阿尔法通道(半透明)等特性。PNG 使用从 LZ77 派生的无损数据压缩算法。由于它的压缩比高，因此生成文件体积小，一般被应用于 Java 程序、网页中。

　　如何选择图片格式呢？GIF 格式仅为 256 色，而 JPG 格式支持 1670 万种颜色。如果颜色的深度不是那么重要或者图片中的颜色不多，则可采用 GIF 格式的图片；反之，则采用 JPG 格式。同时，还要注意一点，GIF 格式文件的解码速度快，而且能保持更多的图像细节，而 JPG 格式文件虽然下载速度快，但解码速度比 GIF 格式文件慢，对于图片中鲜明的边缘周围会损失细节，因此，若想保留图像边缘细节，则应采用 GIF 格式。

HTML 和 XHTML 最引人注目的特征之一就是能够在文档的文本中包括图像，既可以把图像作为文档的内在对象(内联图像)，也可以将其作为一个可通过超链接下载的单独文档，或者作为文档的背景，还可以专门使一个图像成为超链接的可视引导图。合理地在文档内容中加入图像(静态的或者具有动画效果的图标、照片、说明、绘画等)会使文档变得更加生动活泼、引人入胜，而且看上去更加专业，更具信息性，易于浏览。

然而，如果过度使用图像，文档就会变得支离破碎，混乱不堪，而且无法阅读，用户在下载和查看该页面时也会增加很多不必要的等待时间。

5.1.2 与图片相关的 HTML 标签

1. 语法结构

<img>标签用于向网页中嵌入一幅图像。<img>标签并不在网页中插入一个图像，而是从网页上链接图像。<img>标签创建的是被引用图像的占位空间。图像的 HTML 标签的语法结构如下：

```
<imgsrc="图片路径" width="175" height="47" alt="" />
```

<img> 标签有两个必要的属性(src 属性和 alt 属性)和一些可选的属性，如表 5-1 和表 5-2 所示。

表 5-1 必要的属性

属性	值	描　　述
alt	text	规定图像的替代文本
src	URL	规定显示图像的 URL

表 5-2 可选的属性

属性	值	描　　述
align	left	将图像对齐到左边
	right	将图像对齐到右边
	top	将图像的顶端和文本的第一行文字对齐，其他文字在图像下方
	middle	将图像的水平中线和文本的第一行文字对齐，其他文字在图像下方
	bottom	将图像的底部和文本的第一行文字对齐，其他文字在图像下方
border	pixels	定义图像周围的边框，不推荐使用该属性
height	pixels 或%	定义图像的高度，取值为绝对值或者相对值
hspace	pixels	定义图像左侧和右侧的空白，不推荐使用该属性
ismap	URL	将图像定义为服务器端图像映射
longdesc	URL	指向包含长的图像描述文档的 URL
usemap	URL	将图像定义为客户器端图像映射
vspace	pixels	定义图像顶部和底部的空白，不推荐使用该属性
width	pixels 或%	设置图像的宽度

2. 插入图片

在页面中插入图片可以丰富页面。

【例 5-1】插入图片。

代码如下：

```
<html>
<head>
    <title>图片的插入</title>
</head>
<body>
    <imgsrc=./pic/01.jpg>
</body>
</html>
```

在浏览器中打开这个网页，如图 5-2 所示。

图 5-2　在网页中插入图片效果图

注意代码中以粗体显示的语句。<img>标签的作用就是插入图片。其中，属性 src 是该标签的必要属性，该属性指定导入图片的保存位置和名称。导入的图片与 HTML 文件可以放在同一目录下，一般会将所有图片放置在一个统一的文件夹(如 pic)下。如果不在同一目录下，则可以采用路径的方式来导入。

5.1.3　图片标签属性的应用

下面介绍<img>标签中的几个重要属性。

1. 图片大小

通常情况下，如果不给<img/>标签设置宽、高属性，则图片就会按照它的原始尺寸显示。 此外，也可以通过 width 和 height 属性来定义图片的宽度和高度。通常我们只设置其中的一个属性，另一个属性则会依据前一个属性将原图等比例缩放显示。如果同时设置两个属性，且其比例和原图比例不一致，则显示的图像就会变形或失真。

【例 5-2】图片大小的控制。

代码如下：

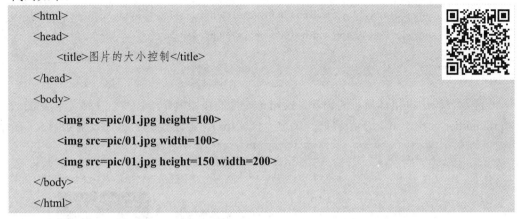

```
<html>
<head>
    <title>图片的大小控制</title>
</head>
<body>
    <img src=pic/01.jpg height=100>
    <img src=pic/01.jpg width=100>
    <img src=pic/01.jpg height=150 width=200>
</body>
</html>
```

浏览效果如图 5-3 所示。

图 5-3　图片标签不同宽度和高度时的效果

注意代码中以粗体显示的语句。控制图片的大小是由 width 和 height 两个属性共同完成的，width 属性控制图片的宽度，height 属性控制图片的高度。当图片只设置了其中一个属性(如只设置了 width 属性)时，图片的高度就以图片原始的长宽比例来显示。比如，有张图片的原始大小为 80×60，当只设置了该图片的显示宽度为 160 时，高度将自动以 120来显示。两者的语法结构为<img width=n 或 m%><img height=n 或 m%>。其中，n 代表一个数值，单位为像素(px)；m 代表 0～100 的数，即 0%～100%，图片将以相对于当前窗口大小的百分比来显示。

2. 图片边框

对插入的图片，还可以在其周围加上边框。

【例 5-3】图片边框的设置。

代码如下：

```
<html>
<head>
    <title>图片的边框</title>
</head>
```

```
<body>
    <img src=./pic/02.jpg width=80 height=60 border=6>
    <img src=./pic/02.jpg width=120 height=100 border=4>
    <img src=./pic/02.jpg width=160 height=140 border=2>
</body>
</html>
```

注意代码中以粗体显示的语句。border 属性的作用就是给图片加上固定粗细的边框。<img border=n>中，n 为一个数值，单位为像素(px)。上述代码的运行效果如图 5-4 所示。

图 5-4　　边框粗细对比

3. 文字代替图片的显示

有时页面中的图像可能无法正常显示，如图片加载错误，浏览器版本过低等。因此，为页面上的图像添加替换文本是个很好的习惯，可在图像无法显示时告诉用户该图片的信息，这就需要使用图像的 alt 属性。下面我们通过一个案例来演示 alt 属性的用法。

【例 5-4】文字代替图片的显示。

代码如下：

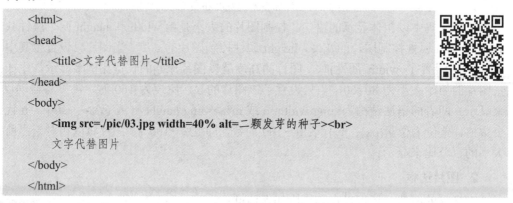

```
<html>
<head>
    <title>文字代替图片</title>
</head>
<body>
    <img src=./pic/03.jpg width=40% alt=二颗发芽的种子><br>
    文字代替图片
</body>
</html>
```

> **注意**
>
> 代码中以粗体显示的语句中，alt 属性用于设置代替图片的文字，其属性值设置的是文字，当图片不能显示的时候就以这些文字代替图片。

测试时可能会发现浏览器仍然显示图片，那是因为图片就在本地计算机中，这时可以先关闭浏览器中显示图片的功能。具体的操作步骤如下：

(1) 打开浏览器，选择浏览器菜单栏上的"工具"。

(2) 在下拉菜单中选择"Internet 选项"。

(3) 打开 Internet 对话框，选择"高级"选项卡。

(4) 移动滚动条向下，选择"多媒体"项目，然后取消选择"显示图片"项，单击"确定"按钮。

文字代替图片的效果示意图如图 5-5 所示。

图 5-5　文字代替图片的效果示意图

多学一招

图像标签<img/>有一个和 alt 属性十分类似的属性 title，它用于设置鼠标指针悬停时图像的提示文字。

【例 5-5】图像标签的使用。

代码如下：

```
<html>
<head>
    <meta charset="utf-8"/>
    <title>图像标签-title 属性的使用</title>
</head>
<body>
    <imgsrc="./pic/04.jpg" title="精美照相机" />
</body>
</html>
```

运行效果如图 5-6 所示。

图 5-6　title 属性设置效果

在图 5-6 所示的页面中，当鼠标指针移动到图像上时就会出现提示文本。

4. 图像的边距属性

在网页中，由于排版需要，有时候还需要调整图像的边距。HTML 中通过 vspace 和 hspace 属性可以分别调整图像的垂直边距和水平边距。

【例 5-6】图像边距的控制。

代码如下：

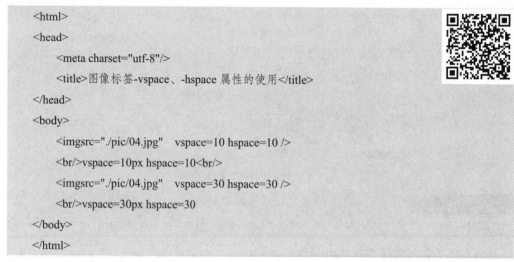

```
<html>
<head>
    <meta charset="utf-8"/>
    <title>图像标签-vspace、-hspace 属性的使用</title>
</head>
<body>
    <imgsrc="./pic/04.jpg"    vspace=10 hspace=10 />
    <br/>vspace=10px hspace=10<br/>
    <imgsrc="./pic/04.jpg"    vspace=30 hspace=30 />
    <br/>vspace=30px hspace=30
</body>
</html>
```

运行效果如图 5-7 所示。

图 5-7　图像边距属性效果图

5. 图像的对齐属性

图文混排是网页中很常见的排版方式，默认情况下，图像的底部会与文本的第一行文字对齐，如图 5-8 所示。但是在制作网页时经常需要实现图像和文字环绕的效果，如图 5-9 所示，这就需要使用图像的对齐属性 align。

【**例 5-7**】图像对齐属性的控制。

代码如下：

```
<html>
<head>
    <meta charset=utf-8>
    <title>图像标签的边距和对齐属性</title>
</head>
<body>
    <imgsrc=./pic/05.jpg alt="挪威的森林" border=l hspace=10 vspace=10 align="left" />
    《挪威的森林》是村上春树最有名的小说，也是其作品中最容易阅读和最写实的一部。没有神
出鬼没的迷宫，没有卡夫卡式的隐喻，没有匪夷所思的情节，只是用平静的语言娓娓讲述已逝的青春。
讲述青春时代的种种经历、体验和感触，讲述青春快车的乘客沿途所见的实实在在的风景。对于中国读
者来说，很可能是另一番风景，孤独寂寞、凄迷哀婉而又具有可闻可见可感可触的寻常性。
</body>
</html>
```

图 5-8　默认图文混排效果

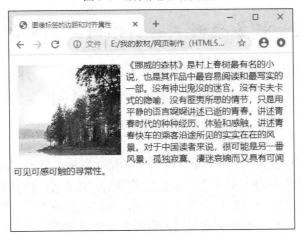

图 5-9　图像对齐属性效果图

> **注意**
>
> (1) 在实际制作中并不建议图像标签\<img /\>直接使用 border、vspace、hspace 及 align 属性，可用 CSS 样式替代。
>
> (2) 在网页制作中，装饰性的图像不建议直接插入\<img /\>标签，最好通过 CSS 设置背景图像来实现。

5.1.4　相对路径和绝对路径

在计算机查找文件时，需要明确文件所在的位置。网页中的路径通常分为绝对路径和相对路径两种，具体介绍如下：

1. 绝对路径

绝对路径就是网页上的文件或目录在硬盘上的真正路径，如 D:\chapter4\images\bannerl.jpg 或完整的网络地址 http://www.zcooLcom.cn/pic/logo.gif。

2. 相对路径

相对路径就是相对于当前文件的路径。相对路径没有盘符，通常以 HTML 网页文件为起点，通过层级关系描述目标图像的位置。总的来说，相对路径的设置分为以下 3 种。

(1) 图像文件和 html 文件位于同一文件夹：只需输入图像文件的名称即可，如\<imgsrc ="logo.gif"/\>。

(2) 图像文件位于 html 文件的下一级文件夹：输入文件夹名和文件名，之间用 "/" 隔开，如\<imgsrc="inig/img01/logo.gif" /\>。

(3) 图像文件位于 html 文件的上一级文件夹：在文件名之前加入 "../"，如\<imgsrc="../logo.gif"/\>。

网页中并不推荐使用绝对路径，因为网页制作完成之后我们需要将所有文件上传到服务器，此时图像文件可能在服务器的 C 盘，也有可能在 D 盘、E 盘，可能在 A 文件夹中，也有可能在 B 文件夹中，因此，很有可能不存在 "D：\网页制作与设计(HTML+CSS)\案例源码\chapter03\images\bannerl.jpg" 这样一个很精准的路径，这样就会造成图片路径错误，网页没办法正常显示设置的图片。

5.2　任务案例——制作图文混排新闻

前几章重点讲解了 HTML 的结构、HTML 文本控制标签和 HTML 图像标签。为了使初学者能够更好地认识 HTML，本节将通过案例的形式分步骤实现网页中常见的图文混排效果，如图 5-10 所示。

1. 分析新闻模块效果图

为了提高网页制作的效率，每拿到一个页面的效果图时，都应当对其结构和样式进行分析。在图 5-10 中既有图像又有文字，并且图像居左、文字居右排列，图像和文字之间有一定的距离。同时，文字由标题和段落文本组成，它们之间设置了水平分割线。在段落文本中还有一些文字以特殊的颜色突出显示，同时每个段落前都有一定的留白。

图 5-10　图文混排新闻

通过上面的分析可以知道，在页面中需要使用<img/>标签插入图像，同时使用<h2>标签和<p>标签分别设置标题和段落文本。接下来对<img/>标签应用 align 属性和 hspace 属性实现图像居左、文字居右且图像和文字之间有一定距离的排列效果。为了控制标题和段落文本的样式，还需要使用文本样式标签<font>和<strong>，最后在每个段落前使用空格符" "实现留白效果。分割线可以使用<hr/>标签通过属性定义具体样式。

2. 搭建新闻模块结构

根据上面的分析，可以使用相应的 HTML5 来搭建网页结构。

【例 5-8】图文混排新闻。

代码如下：

```
<html>
<head>
    <meta charset="utf-8">
    <title>图文混排新闻</title>
</head>
<body>
    <imgsrc="./pic/06.jpg" alt="5G 图片" />
    <h2>5G 技术将如何改变我们的生活</h2>
    <hr/>
    <p>
2020 年 05 月 18 日综合科技报道
    </p>
    <hr/>
    <p>如果你认为 5G 带来的只是下载视频更快，上网更加流畅，那你就错了。5G 可以带给我们的远不止这些。在 5G 时代，你眼前的一切都可以连接在一起，水杯、汽车、空调、电视机、农作物……更正实现了万物互联互通。5G 具有超高速率、超大连接、超低时延三大特性，通信速率会比4G 高出 10-100 倍，5G 生态圈中的云计算、AI、无人机、VR 和大视频都会同步发展。在此基础上，各行各业都会产生新的应用和商业模式，将会颠覆你对当前社会的认知。</p>
</body>
</html>
```

在例 5-8 中，使用<img/>标签插入图像，同时通过<h2>标签和<p>标签分别定义标题和段落文本，使用<hr/>标签定义水平分割线。

运行效果如图 5-11 所示。

图 5-11　例 5-8 运行效果图

3. 控制新闻模块图像

在图 5-11 所示的页面中，文字位于图像下方，要想实现图 5-10 所示的图像居左、文字居右，并且图像和文字之间有一定距离的排列效果，就需要使用图像的对齐属性 align 和水平边距属性 hspace。接下来我们对例 5-8 中的图像加以控制，将第 7 行代码更改如下：

```
<imgsrc="./pic/06.jpg" alt="HTML5 图文混排页面" align="left" hspace="30"/>
```

保存 HTML 文件，刷新网页，效果如图 5-12 所示。

图 5-12　控制图像

4. 控制新闻模块文本

通过对图像进行控制，实现了图像居左、文字居右的效果。接下来我们对例 5-8 中的文本加以控制。

【例 5-9】图文混排新闻显示控制。

代码如下：

```html
<html>
<head>
    <meta charset="utf-8">
    <title>图文混排新闻</title>
</head>
<body>
    <imgsrc="./pic/06.jpg" alt="HTML5 图文混排页面" align="left" hspace="30"/>
    <h2><font face="微软雅黑" size="6" color="#545454">5G 技术将如何改变我们的生活
</font></h2>
    <hr color="#CCCCCC" size="1" />
    <p>
        <font color="#FF0000" face="楷体"〉
        <time datetime="2020-5-18">
        2020 年 05 月 18 日
        </time>
        </font>
        <font color="#3366CC" face="楷体">
                综合科技报道
        </font>
    </p>
    <hr color="#CCCCCC" size="1"/>
    <p>
        <font size="3" color="#515151">
                    如果你认为 5G 带来的只
是下载视频更快，上网更加流畅，那你就错了。5G 可以带给我们的远不止这些。在 5G 时代，你眼
前的一切都可以连接在一起，水杯、汽车、空调、电视机、农作物……更正实现了万物互联互通。
5G 具有<strong>超高速率</strong>、<strong>超大连接</strong>、<strong>超低时延</strong>三大特
性，<font color="#FF0000">通信速率会比 4G 高出 10-100 倍</font>，5G 生态圈中的云计算、AI、
无人机、VR 和大视频都会同步发展。在此基础上，各行各业都会产生新的应用和商业模式，将会
颠覆你对当前社会的认知。
        </font>
    </p>
</body>
</html>
```

在例 5-9 的代码中，通过<font>标签和<strong>标签改变字体、字号、颜色和粗细。第 13 行代码使用文本语义标签<time>定义时间。第 10 行和第 21 行代码通过添加水平线标签属性设置水平线样式。同时，在段落的开始处使用多个空格符 ，实现留白效果。

运行效果如图 5-10 所示。至此我们就通过 HTML 标签及其属性实现了网页中常见的图文混排效果。

<h1 style="text-align:center">5.3　创建超链接</h1>

超链接是网页中最常用的元素，每个网页通过超链接关联在一起，构成一个完整的网站。超链接定义的对象可以是图片，也可以是文本，还可以是网页中的任何内容元素。只有通过超链接定义的对象，才能在单击后进行跳转。本节将对超链接的设置方法进行详细的讲解。

5.3.1　超链接

超链接虽然在网页中占有不可替代的地位，但是在 HTML 中创建超链接非常简单，只需用<a></a>标签环绕需要被链接的对象即可，其基本语法格式如下：

```
<a href="跳转目标" target="目标窗口的弹出方式">文本或图像</a>
```

在上面的语法中，<a>标签是一个行内元素，用于定义超链接，href 和 target 为其常用属性。href 用于指定链接目标的 URL 地址，当<a>标签应用 href 属性时，它就具有了超链接的功能；target 用于指定链接页面的打开方式，其取值有_self 和_blank 等几种。其中，_self 为默认值，意为在原窗口中打开；_blank 表示在新窗口中打开。<a>标签的常见属性如表 5-3 所示。

表 5-3　<a>标签的常见属性

属性	值	描述
download	filename	规定被下载的超链接目标
href	URL	规定链接指向的页面的 URL
hreflang	language_code	规定被链接文档的语言
media	media_query	规定被链接文档是为何种媒介/设备优化的
rel	text	规定当前文档与被链接文档之间的关系
target	_blank	浏览器总在一个新打开的、未命名的窗口载入目标文档
	_parent	这个目标使得文档载入父窗口或者包含在超链接引用的框架所在的框架集中。如果这个引用在窗口或者顶级框架中，那么它与目标_self 等同
	_self	这个目标的值对于所有没有指定目标的<a>标签来说是默认值，它让目标文档作为源文档载入并且显示在相同的框架或者窗口中。这个目标是多余且不必要的，除非和文档标题 <base> 标签中的 target 属性一起使用
	_top	这个目标使得文档载入包含这个超链接的窗口中，用_top 目标将会清除所有被包含的框架，并将文档载入整个浏览器窗口中
	framename	在指定的框架中打开链接文档
type	MIME type	规定被链接文档的 MIME 类型

了解了创建超链接的基本语法和超链接标签的常用属性，接下来创建一个带有超链接功能的简单页面。

【例 5-10】超链接的制作。

代码如下:

```html
<html>
<head>
<meta charset="utf-8">
    <title> 超链接 </title>
</head>
<body>
    <a href="http://www.zcool.com.cn/" target="_self">站酷</a>target="_self"原窗口打开<br/>
    <a href="http://www.baidu.com/" target="_blank">百度</a>target="_blank"新窗口打开<br/>
</body>
</html>
```

在例 5-10 中，第 7 行和第 8 行代码分别创建了两个超链接，通过 href 属性将它们的链接目标分别指定为"站酷"和"百度"，同时通过 target 属性定义第 1 个链接页面在原窗口打开，第 2 个链接页面在新窗口打开。

运行效果如图 5-13 所示。

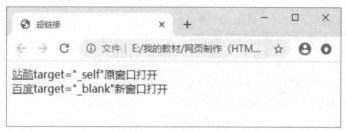

图 5-13　链接效果图

通过图 5-13 可看出，被超链接标签<a></a>环绕的文本"站酷"和"百度"颜色特殊且带有下划线效果，这是因为超链接标签本身有默认的显示样式。当鼠标指针移到链接文本上时，指针变为"手"的形状，同时页面的左下角会显示链接页面的地址。当单击链接文本"站酷"和"百度"时，分别在原窗口和新窗口中打开链接页面。

注意

(1) 暂时没有确定链接目标时，通常将<a>标签的 href 属性值定义为"#"，即 href 表示该链接暂时为一个空链接。

(2) 在网页中不仅可以创建文本超链接，还可以为各种网页元素(如图像、表格、音频、视频等)添加超链接。

多学一招

图像超链接出现边框解决办法

创建图像超链接时，在某些浏览中，图像会自动添加边框效果，影响页面的美观。去掉边框最直接的方法是将边框的属性值设置为 0，具体代码如下:

`<a href="#"><imgsrc="图像 URL" border="0" /></a>`

5.3.2 锚点链接

如果网页内容较多，页面过长，则浏览网页时就需要不断地拖动滚动条来查看所需要的内容，这样不仅效率较低，而且不方便操作。为了提高信息的检索速度，HTML 语言提供了一种特殊的链接——锚点链接。通过创建锚点链接，用户能够直接跳到指定位置的内容。

为了使初学者更形象地认识锚点链接，接下来通过一个具体的案例来演示页面中创建锚点链接的方法。

【例 5-11】锚点链接示例。

代码如下：

```html
<html>
<head>
    <meta charset="utf-8">
    <title>锚点</title>
</head>
<body>
部分"共和国勋章"获得者
<ul>
    <li><a href="#one">于敏</a></li>
    <li><a href="#two">申纪兰</a></li>
    <li><a href="#three">孙家栋</a></li>
    <li><a href="#four">李延年</a></li>
    <li><a href="#five">张富清</a></li>
</ul>
<h3 id="one">于敏</h3>
<p>于敏，男，汉族，中共党员，1926 年 8 月生，2019 年 1 月去世，天津宁河人，中国工程物理研究院高级科学顾问、研究员，中国科学院院士。他是我国著名核物理学家，长期领导并参加核武器的理论研究和设计，填补了我国原子核理论的空白，为氢弹突破作出卓越贡献。荣获"两弹一星功勋奖章"、国家最高科学技术奖和"全国劳动模范""改革先锋"等称号。</p>
    <br/>
<h3 id="two">申纪兰</h3>
<p>申纪兰，女，汉族，中共党员，1929 年 12 月生，山西平顺人，山西省平顺县西沟村党总支副书记，第一届至第十三届全国人大代表。她积极维护新中国妇女劳动权利，倡导并推动"男女同工同酬"写入宪法。改革开放以来，她勇于改革，大胆创新，为发展农业和农村集体经济，推动老区经济建设和老区人民脱贫攻坚作出巨大贡献。荣获"全国劳动模范""全国优秀共产党员""全国脱贫攻坚'奋进奖'""改革先锋"等称号。</p>
    <br/>
<h3 id="three">孙家栋</h3>
```

```
    <p>孙家栋，男，汉族，中共党员，1929 年 4 月生，辽宁瓦房店人，原航空航天工业部副部长、
科技委主任，中国航天科技集团有限公司原高级技术顾问，中国科学院院士，第七、八、九、十二
届全国政协委员。他是我国人造卫星技术和深空探测技术的开创者之一，担任月球探测一期工程总
设计师，为我国突破卫星基本技术、卫星返回技术、地球静止轨道卫星发射和定点技术、导航卫星
组网技术和深空探测基本技术作出卓越贡献。荣获"两弹一星功勋奖章"、国家最高科学技术奖、国
家科学技术进步奖特等奖和"全国优秀共产党员""改革先锋"等称号。</p>
    <br/>
    <h3 id="four">李延年</h3>
    <p>李延年，男，汉族，中共党员，1928 年 11 月生，河北昌黎人，原 54251 部队副政治委员。
1945 年参加革命，先后参加解放战争、湘西剿匪、抗美援朝战争、对越自卫反击战等战役战斗 20
多次，是为建立新中国、保卫新中国作出重大贡献的战斗英雄。离休后，他初心不改、斗志不减、
本色不变，积极弘扬革命优良传统，充分展现了一名老革命军人、老战斗英雄的光辉形象。荣立特
等功一次，被志愿军总部授予"一级英雄"称号，荣获解放奖章和胜利功勋荣誉章。</p>
    <br/>
    <h3 id="five">张富清</h3>
    <p>张富清，男，汉族，中共党员，1924 年 12 月生，陕西洋县人，中国建设银行湖北省来凤支
行原副行长。他在解放战争的枪林弹雨中冲锋在前、浴血疆场、视死如归，多次荣立战功。1955 年，
他转业后主动要求到湖北最偏远的来凤县工作，为贫困山区奉献一生。60 多年来，他深藏功名，埋
头工作，连儿女对他的赫赫战功都不知情。荣立特等功一次、一等功三次、二等功一次、"战斗英雄"
称号两次。</p>
    </body>
    </html>
```

　　在例 5-11 中使用了<a>标签的 href 属性。其中，href 属性="#id 名"，如第 9～13 行代码所示，设置只要单击创建了超链接的对象就会跳到指定位置的内容。

　　运行效果如图 5-14 所示。

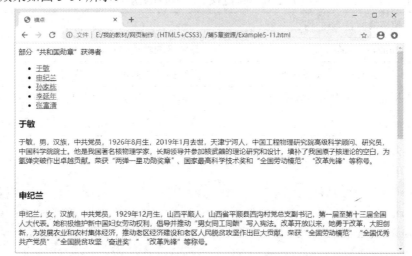

图 5-14　锚点效果示意图

通过图 5-14 可看出，网页页面内容比较长而且出现了滚动条。当鼠标单击"孙家栋"的链接时，页面会自动定位到相应的内容介绍部分，页面效果如图 5-15 所示。

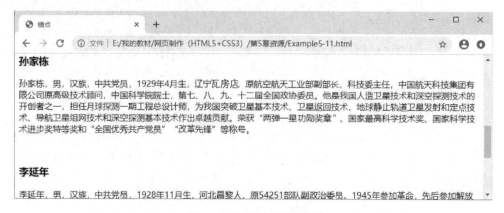

图 5-15　锚点跳转效果图

通过上面的例子可以总结出，创建锚点链接可分为两步：一是使用<a>标签应用 href 属性(href 属性="#id 名"，id 名不可重复)创建链接文本；二是使用相应的 id 名标注跳转目标的位置。

5.4　链接伪类控制超链接

定义超链接时，为了提高用户体验，经常需要为超链接指定不同的状态，使得超链接在单击前、单击后和鼠标指针悬停时的样式不同。在 CSS 中，通过链接伪类可以实现不同的链接状态，下面我们对链接伪类控制超链接的样式进行详细的讲解。

与超链接相关的 4 个伪类的应用比较广泛，这几个伪类定义了超链接的 4 种不同状态，具体如表 5-4 所示。

表 5-4　超链接标签<a>的伪类

超链接标签<a>的伪类	描　　述
a:link{ CSS 样式规则;}	超链接的默认样式
a:visited{ CSS 样式规则;}	超链接被访问过之后的样式
a:hover{ CSS 样式规则;}	鼠标指针经过、悬停时超链接的样式
a:active{ CSS 样式规则;}	鼠标点击不放时超链接的样式

【例 5-12】超链接的伪类选择器示例。
代码如下：

```
<html>
<head>
<meta charset="utf-8">
<title>超链接的伪类选择器</title>
<style type="text/css">
```

```
a{ margin-right:20px;} /*设置右边距为 20px*/
a:link,a:visited{
color:#000; /*设置默认和被访问之后的颜色为黑色*/
text-decoration:none;    /*设置＜a＞标签自带下划线的效果为无*/
}
a:hover{
color:#093; /*默认样式颜色为绿色*/
text-decoration:underline;      /*设置鼠标指针悬停时显示下划线*/
}
a:active{ color:#FC0;} /*设置鼠标点击不放时颜色为黄色*/
</style>
</head>
<body>
<a href="#">公司首页</a>
<a href="#">公司简介</a>
<a href="#">产品介绍</a>
<a href="#">联系我们</a>
</body>
</html>
```

在例 5-12 中，通过链接伪类定义超链接不同状态的样式。需要注意的是，第 9 行代码用于清除超链接默认的下划线，第 13 行代码设置在鼠标指针悬停时为超链接添加下划线。运行效果如图 5-16 所示。

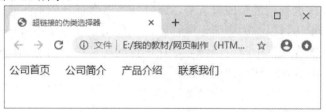

图 5-16　超链接运行效果

由图 5-16 可看出，设置超链接的文本显示颜色为黑色，超链接的自带下划线效果为无。当鼠标指针悬停到链接文本时，文本颜色变为绿色且添加下划线效果，如图 5-17 所示；当鼠标点击链接文本不放时，文本颜色变为黄色且添加默认的下划线，如图 5-18 所示。

图 5-17　超链接鼠标悬停运行效果

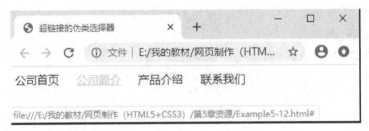

图 5-18　超链接鼠标按下运行效果

在实际工作中，通常只需要使用 a:link、a:visited 和 a:hover 定义未访问、访问后和鼠标指针悬停时的超链接样式，并且常常对 a:link 和 a:visited 应用相同的样式，使未访问和访问后的超链接样式保持一致。

> **注意**
>
> (1) 使用超链接的 4 种伪类时，对排列顺序是有要求的，通常按照 a:link、a:visited、a:hover 和 a:active 的顺序书写，否则定义的样式可能不起作用。
>
> (2) 超链接的 4 种伪类状态并非全部定义，一般只需要设置 3 种状态即可，如 link、hover 和 active。若只设定两种状态，则用 link、hover。
>
> (3) 除了文本样式之外，链接伪类还常常用于控制超链接的背景、边框等样式。

5.5　影 像 地 图

5.5.1　影像地图的定义与使用

除了对整个图像进行超链接的设置外，还可以将图像划分成不同的区域进行超链接设置。包含热区的图像也可以称为影像地图。影像地图的定义与使用方法如下：

首先，需要在图像文件中映射图像名，在图像的属性中使用 usemap 属性添加图像要引用的映射图像的名称，语法格式如下：

```
<imgsrc ="图像地址"usemap="#影像地图名称">
```

然后，需要定义影像地图以及热区的链接属性，语法格式如下：

```
<map name ="影像地图名称">
<area shape ="热区形状"coords = "热区坐标"href ="链接地址"〉
</map>
```

在该语法中要先定义影像地图的名称，然后引用这个影像地图。在<area>标签中定义了热区的位置和链接目标。其中，shape 用来定义热区形状，可以取值 rect(矩形)、circle(圆形区域)、poly(多边形区域)；coords 则用来设置区域坐标，对于不同的形状来说，coords 的设置方式不同。

【例 5-13】影像地图的使用。

代码如下：

```
<html>
<head>
```

```
    <meta charset="utf-8">
    <title>影像地图的使用</title>
</head>
<body>
    <imgsrc="./pic/07.jpg" alt="Planets" usemap="#planetmap" />
    <map name="planetmap">
        <area href="./pic/0701.gif" shape="rect" coords="0,0,110,260">Sun</a>
        <area href="./pic/0702.gif" shape="circle" coords="129,161,10">Mercury</a>
        <area href="./pic/0703.gif" shape="circle" coords="180,139,14">Venus</a>
    </map>
</body>
</html>
```

例 5-13 中定义了 3 个圆形热区，页面预览效果如图 5-19 所示，当鼠标放在 3 个热区上方时能触发超链接，打开相应的链接页面。显示效果如图 5-20～图 5-22 所示。

图 5-19　影像地图效果示意图

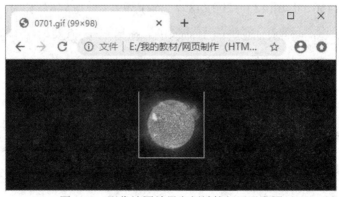

图 5-20　影像地图效果左侧链接打开示意图

图 5-21　影像地图效果右上角链接打开示意图

图 5-22　影像地图效果右下角链接打开示意图

本例中，<img>标签中的 usemap 属性定义为"#planetmap"，要与<map>标签中的 name 名称一致，name="#planetmap"。

<area>标签中定义的热点主要分为圆形、矩形、多边形 3 种形状。在制作此类图像热点时可以使用所见即所得的软件工具 Dreamweaver 来制作。

本例的圆形(circle)圆心为(129，161)，半径为 10 像素；矩形(rectangle) 通过左上角坐标与右下角坐标来实现，所以本例的矩形热区左上角坐标为(0，0)，右下角坐标为(110，260)；多边形(polygon)通过顺时针或者逆时针记录经过的相关坐标来记录多边形的形状，如 5 个坐标点为(460，146)(429，200)(489，257)(599，223)(546，134)。代码如下：

```
<area shape ="polygon" coords="460,146,429,200,489,257,599,223,546,134" href="# ">
```

除了规定的三类图形区域以外，其他区域默认没有超链接。

5.5.2　shape 属性与 coords 属性

1. shape 属性

所有浏览器都支持 shape 属性，其语法如下：

```
<a shape="value">
```

shape 属性值如表 5-5 所示。

表 5-5　shape 属性值

值	描　　述
default	规定全部区域
rect	定义矩形区域
circ	定义圆形
poly	定义多边形区域

2. coords 属性

<area> 标签的 coords 属性定义了客户端图像映射中对鼠标敏感的区域的坐标。坐标的数字及其含义取决于 shape 属性中决定的区域形状。可以将客户端图像映射中的超链接区域定义为矩形、圆形或多边形等。

下面列出了每种形状的适当值。

(1) 圆形：shape="circle"，coords="x,y,z"。

这里的 x 和 y 定义了圆心的位置("0,0"是图像左上角的坐标)，z 是以像素为单位的圆形半径。

(2) 多边形：shape="polygon"，coords="x1,y1,x2,y2,x3,y3,…"。

每一对"x,y"坐标都定义了多边形的一个顶点("0,0"是图像左上角的坐标)。定义三角形至少需要三组坐标，高维多边形则需要更多顶点。

多边形会自动封闭，因此在列表的结尾不需要重复第一个坐标来闭合整个区域。

(3) 矩形：shape="rectangle"，coords="x1,y1,x2,y2"。

第一对坐标是矩形的一个角的顶点坐标，另一对坐标是对角的顶点坐标，"0,0"是图像左上角的坐标。请注意，定义矩形实际上是定义带有四个顶点的多边形的一种简化方法。

例如，下面的 XHTML 片段在一个 100 像素 × 100 像素图像的右下方四分之一处定义了一个对鼠标敏感的区域，并在图像的正中间定义了一个圆形区域。

代码如下：

```
<map name="map">
<area shape="rect" coords="75,75,99,99" nohref="nohref">
<area shape="circ" coords="50,50,25" nohref="nohref">
</map>
```

5.6　任务案例——制作校园新闻列表

前几节重点讲解了列表标签、超链接标签以及 CSS 控制列表与超链接的样式。为了使初学者更好地运用列表与超链接组织页面，本节将通过案例的形式分步骤制作网页中常见的新闻列表，效果如图 5-23 所示。

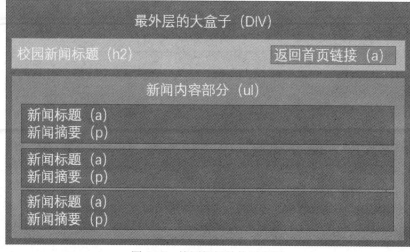

图 5-23　校园新闻列表效果图

1. 分析结构

为了提高网页制作的效率，每拿到一个页面的效果图时，都应当对其结构和样式进行分析，下面对效果图 5-23 进行分析。

观察效果图 5-23 容易看出，整个新闻列表整体上由上面的新闻标题和下面的新闻内容两部分构成。其中，新闻内容部分结构清晰，各条新闻并列存在，不分先后，可以使用无序列表进行定义。此外，各条新闻都是可点击的链接，通过点击它们可以链接到相应的新闻页面。在标题和新闻内容的外面还需要定义一个大盒子，用于对新闻列表进行整体控制。图 5-23 对应的结构如图 5-24 所示。

图 5-24　校园新闻结构示意图

2．分析样式

控制图 5-24 的样式分为以下几个部分的设置：

(1) 通过最外层的大盒子(DIV)实现对页面的整体控制，需要对其设置宽度、高度及外边距样式。

(2) 将校园新闻标题的文本设置为标题 2(h2)，并且设置返回首页的超链接(a)。

(3) 整体控制列表内容(ul)，对其设置左内边距和上内边距，使列表内容的左侧有一定的空间。

(4) 将上侧和新闻标题拉开距离。

(5) 设置各列表项(li)的高度、背景及内边距样式。

(6) 设置各新闻标题的链接文本的样式。

3．制作校园新闻列表页面结构

根据上面的分析，可以使用相应的 HTML 标签来搭建网页结构。

【例 5-14】校园新闻列表页面设计。

代码如下：

```html
<html>
<head>
    <meta charset="utf-8">
    <title> 校园新闻 </title>
</head>
<body>
<div >
    <h2>校园新闻</h2>
    当前位置：<a href="index.html">首页</a> 校园新闻
    <ul>
        <li><a href="#">展文明之姿,建文明校园——包头职业技术学院喜获内蒙古自治区"文明校园"称号！</a></li>
        <p>包头职业技术学院一直致力于文明校园创建工作，继 2017 年学院被评为"包头市文明校园"后，在 2020 年，根据内蒙古自治区精神文明建设委员会发布《内蒙古自治区精神文明建设委员会关于表彰内蒙古自治区文明校园的决定》,包头职业技术学院喜获内蒙古自治区"文明校园"称号！包头...</p>
        <li><a href="#">包头职业技术学院院系两级理论学习中心组开展 2020 年第十次扩大学习会</a></li>
        <p>9 月 24 日下午，学院院系两级理论学习中心组成员在明德楼 405 会议室，开展了 2020 年第十次扩大学习会，学院党委书记郭金虎主持，学院领导、党总支(直属支部)书记参加了本次学习会。学习会首先由办公室副主任张晋斐传达推行统编教材使用工作文件精神。副院长王春传达近期会议精神...</p>
        <li><a href="#">数控技术系党总支举办第 37 个民族团结进步活动月专题讲座</a></li>
```

        <p>正值第 37 个民族团结进步活动月之际，为认真贯彻落实习近平总书记关于民族工作重要讲话重要指示批示精神，铸牢系部师生中华民族共同体意识，数控技术系党总支于 2020年 9 月 22 日下午在综合楼 204 教室举办了《铸牢中华民族共同体意识 建设中华民族共同体》专题讲座。讲座由数控技…</p>

        </ul>

    </div>

</body>

</html>

运行上述代码，效果如图 5-25 所示。

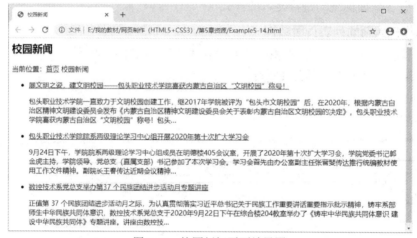

图 5-25　校园新闻页面效果图

1) 设置最外层 DIV

在例 5-14 所示的 HTML 结构代码中，最外层<div>用于对新闻列表的整体控制，上述代码没有进行控制，为了给页面右侧留下其他版块的位置，将其宽度设置为 800 px。将第7 行代码修改为

```
<div style="width: 800;">
```

这样不管页面的宽度如何，校园新闻的宽度总为 800 px。如图 5-26 所示，虽然页面宽度比图 5-25 的页面宽度宽，但没有占用右侧的位置；而图 5-25 中页面的文字长度将随页面宽度而变化。

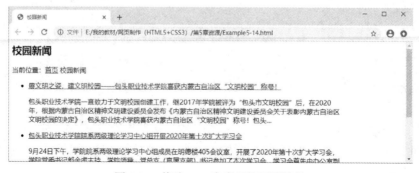

图 5-26　修改 DIV 宽度后的页面效果

2) 设置校园新闻标题及首页链接

如图 5-27 所示，校园新闻有背景图片，同时首页链接位于校园新闻的右侧。3 个 DIV 的关系如下：含背景的 DIV 在最外层，在这个 DIV 里嵌套 2 个 DIV，左侧的 DIV 为校园新闻标题，右侧为首页链接区域。

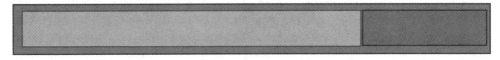

图 5-27　校园新闻标题及首页链接的 DIV 设计

根据图 5-27 所示的 DIV 嵌套情况，将第 8、9 行代码修改如下：

```
<div style="width:820px; height:40px; background-image:url(./pic/ntitle.jpg);">
    <div style="width:600px;height:35px;top:5px;position: relative;">
        <h3>            <font color="#FFFFFF" >校园新闻</font></h3>
    </div>
    <div style="left:600px;top:-25px;position: relative;">
        当前位置：<a href="index.html">首页</a> 校园新闻
    </div>
</div>
```

运行效果如图 5-28 所示。

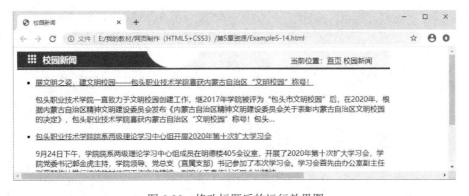

图 5-28　修改标题后的运行效果图

上述程序中，第 3 行的<h3>标签用于定义新闻标题部分。在标题部分之后，创建了一个带有超链接功能的无序列表，用于定义新闻内容。

3) 设计新闻列表样式

新闻列表包括新闻链接和新闻摘要，在这两部分中，增加<font>标签来控制字体的颜色和大小。其中，新闻链接的<font>标签如下：

```
<font size="4" color="#024890" face="微软雅黑">
```

新闻摘要的<font>标签如下：

```
<font size="2">
```

修改完的代码如下：

```
<ul>
    <li>
        <a href="#">
            <font size="4" color="#024890" face="微软雅黑">
                展文明之姿，建文明校园——包头职业技术学院喜获内蒙古自治区"文明校园"称号！
            </font>
        </a>
    </li>
    <p>
        <font size="2">
            包头职业技术学院一直致力于文明校园创建工作，继 2017 年学院被评为"包头市文明校园"后，在 2020 年，根据内蒙古自治区精神文明建设委员会发布《内蒙古自治区精神文明建设委员会关于表彰内蒙古自治区文明校园的决定》,包头职业技术学院喜获内蒙古自治区"文明校园"称号！包头...
        </font>
    </p>
    <li>
        <a href="#">
            <font size="4" color="#024890" face="微软雅黑">
                包头职业技术学院院系两级理论学习中心组开展 2020 年第十次扩大学习会
        </a>
            </font>
    </li>
    <p>
        <font size="2">
            9 月 24 日下午，学院院系两级理论学习中心组成员在明德楼 405 会议室，开展了 2020 年第十次扩大学习会，学院党委书记郭金虎主持，学院领导、党总支(直属支部)书记参加了本次学习会。学习会首先由办公室副主任张晋斐传达推行统编教材使用工作文件精神。副院长王春传达近期会议精神...
        </font>
    </p>
    <li>
        <a href="#">
            <font size="4" color="#024890" face="微软雅黑">
                数控技术系党总支举办第 37 个民族团结进步活动月专题讲座
            </font>
        </a>
```

```
        </li>
        <p>
            <font size="2">
```

正值第 37 个民族团结进步活动月之际，为认真贯彻落实习近平总书记关于民族工作重要讲话重要指示批示精神，铸牢系部师生中华民族共同体意识，数控技术系党总支于 2020年 9 月 22 日下午在综合楼 204 教室举办了《铸牢中华民族共同体意识 建设中华民族共同体》专题讲座。讲座由数控技…

```
            </font>
        </p>
    </ul>
```

4) 设计时间标签

在摘要的下方有关于新闻发布时间等的区域,这部分区域可以使用<p>标签配合<font>实现，具体代码如下：

```
<p align="center"><font size="2">2020/9/2 17:07:09 0 人评论 2143 次浏览</font></p>
```

这三个小图标可以使用<img>标签实现。

整个网页完成后的代码如下：

```
<html>
<head>
    <meta charset="utf-8">
    <title> 校园新闻 </title>
    <style type="text/css">
        a{
            margin-right:5px;      /*设置右边距为 5px*/
        }
        a:link,a:visited{
        color:#000;   /*设置默认和被访问之后的颜色为黑色*/
        text-decoration:none;     /*设置＜a＞标签自带下划线的效果为无*/
        }
        a:hover{
        color:#093;  /*默认样式颜色为绿色*/
        text-decoration:underline;       /*设置鼠标指针悬停时显示下划线*/
        }
        a:active{ color:#FC0;}   /*设置鼠标点击不放时颜色为黄色*/
    </style>

</head>
<body>
<div style="width: 820;">
```

```
        <div style="width:820px; height:40px; background-image: url(./pic/ntitle.jpg);">
        <div style="width:600px;height:35px;top:5px;position: relative;">
    <h3>          <font
color="#FFFFFF">校园新闻</font></h3>
        </div>
        <div style="left:600px;top:-25px;position: relative;">
            当前位置：<a href="index.html">首页</a> 校园新闻
        </div>
    </div>
    </div>
    <ul>
        <li>
            <a href="#">
                <font size="4" color="#024890" face="微软雅黑">
                    展文明之姿，建文明校园——包头职业技术学院喜获内蒙古自治区"文明校
园"称号！
                </font>
            </a>
        </li>
        <p>
            <font size="2">
                包头职业技术学院一直致力于文明校园创建工作，继 2017 年学院被评为"包头市
文明校园"后，在 2020 年，根据内蒙古自治区精神文明建设委员会发布《内蒙古自治区精神文明建
设委员会关于表彰内蒙古自治区文明校园的决定》,包头职业技术学院喜获内蒙古自治区"文明校园"
称号！包头…
            </font>
        </p>
        <p align="center"><font size="2">2020/9/2 17:07:09 0 人评论  2143 次浏览</font></p>
        <li>
            <a href="#">
                <font size="4" color="#024890" face="微软雅黑">
                包头职业技术学院院系两级理论学习中心组开展 2020 年第十次扩大学习会
                </a>
            </font>
        </li>
        <p>
            <font size="2">
                9 月 24 日下午，学院院系两级理论学习中心组成员在明德楼 405 会议室，开展了
2020 年第十次扩大学习会,学院党委书记郭金虎主持，学院领导、党总支(直属支部)书记参加了本
```

次学习会。学习会首先由办公室副主任张晋斐传达推行统编教材使用工作文件精神。副院长王春传
达近期会议精神...

```
                </font>
            </p>
            <p align="center"><font size="2">2020/9/28 8:55:59 0 人评论  40 次浏览</font></p>
        <li>
            <a href="#">
                <font size="4" color="#024890" face="微软雅黑">
                    数控技术系党总支举办第 37 个民族团结进步活动月专题讲座
                </font>
            </a>
        </li>
        <p>
            <font size="2">
                正值第 37 个民族团结进步活动月之际，为认真贯彻落实习近平总书记关于民族
工作重要讲话重要指示批示精神，铸牢系部师生中华民族共同体意识，数控技术系党总支于 2020
年 9 月 22 日下午在综合楼 204 教室举办了《铸牢中华民族共同体意识 建设中华民族共同体》专题
讲座。讲座由数控技...
            </font>
        </p>
        <p align="center"><font size="2">2020/9/25 15:34:45 0 人评论  225 次浏览</font></p>
    </ul>
  </div>
  </body>
</html>
```

运行效果如图 5-29 所示。

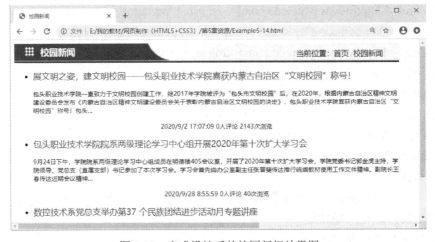

图 5-29　完成设计后的校园新闻效果图

　　网页格式的设计使用上述方法极为不便,后续章节将介绍使用 CSS 对页面的样式进行修饰。

习　　题

一、选择题

1. 下面对 JPEG 格式描述不正确的一项是(　　　)。

A. 照片、油画和一些细腻、讲求色彩浓淡的图片常采用 JPEG 格式

B. JPEG 支持很高的压缩率,因此 JPEG 图像的下载速度非常快

C. 最高只能以 256 色显示的用户可能无法观看 JPEG 图像

D. 采用 JPEG 格式对图片进行压缩后,还能再打开图片,然后对它重新整饰、编辑、压缩

2. 常用的网页图像格式有(　　　)和(　　　)。

A. gif, tiff　　　　　B. tiff, jpg　　　　　C. gif, jpg　　　　　D. tiff, png

3. 在 HTML 中,(　　　)不是链接的目标属性。

A. self　　　　　　B. new　　　　　　C. blank　　　　　　D. top

4. 在网页中,必须使用(　　　)标记来完成超级链接。

A. <a>…</a>　　　B. <p>…</p>　　　C. <link>…</link>　　　D. <li>…</li>

5. 有关网页中的图像的说法不正确的是(　　　)。

A. 网页中的图像并不与网页保存在同一个文件中,每个图像单独保存

B. HTML 语言可以描述图像的位置、大小等属性

C. HTML 语言可以直接描述图像的像素

D. 图像可以作为超链接的起始对象

6. 若要在页面中创建一个图形超链接,要显示的图形为 myhome.jpg,所链接的地址为 http://www.pcnetedu.com,以下用法中正确的是(　　　)。

A. <a href="http://www.pcnetedu.com">myhome.jpg</a>

B. <a href=" http://www.pcnetedu.com"><imgsrc="myhome.jpg"></a>

C. <imgsrc="myhome.jpg"><a href ="http://www.pcnetedu.com"></a>

D. <a href =http://www.pcneredu.com><img src="myhome.jpg">

7. 以下创建 mail 链接的方法,正确的是(　　　)。

A. <a href="master@163.com">管理员</a>

B. <a href="callto:master@163.com">管理员</a>

C. <a href="mailto:master@163.com">管理员</a>

D. <a href="Email:master@163.com">管理员</a>

二、填空题

1. 插入图片 <imgsrc="图形文件名">标记符中 src 的含义是_____。

2. 设定图片边框的属性是_____。

3. 设定图片高度及宽度的属性是_____。

4. 设定图片上下留空的属性是_____；设定图片左右留空的属性是
_____。

5. 为图片添加简要说明文字的属性是_____。

三、操作题

完成包头职业技术学院"通知公告"网页的设计，效果如图 5-30 所示。

图 5-30　通知公告网页效果

第 6 章

HTML 页面布局

教学目标

通过本章的学习，掌握盒子模型、浮动、定位等技术，熟练控制网页的各个布局元素，能够制作出美观大方的网页界面。

知识目标

(1) 掌握结构性标签。
(2) 掌握盒子模型的布局原理。
(3) 掌握盒子的 border、margin、padding 属性的使用。
(4) 掌握浮动属性、清除属性、定位属性。

技能目标

(1) 能合理区分 HTML5 结构性标签的语义。
(2) 能正确应用盒子模型布局网页页面。
(3) 能根据网页页面效果，运用盒子模型与定位技术布局页面。

任务描述及工作单

对包头职业技术学院的信息公开页面(页面包含导航条、标题、文本、图片、列表等元素)进行 CSS 美化设计，完成后的效果如图 6-1 所示。

图 6-1　包头职业技术学院的信息公开页面

6.1　页　面　布　局

6.1.1　常见的页面布局风格

1. 行数据堆叠方式

HTML 语言诞生于 1990 年，早期的互联网页面仅提供了非常简单的标记，用以展示文字、图片和声音等内容，并且可以通过链接(<a>)寻址资源进行不同页面的跳转。当时的页面内容都是平铺直叙的，即以行为基准单位由上至下堆叠内容直至结束。

但随着网络资源的日益增加，互联网中的信息以指数级增长，信息的爆炸导致互联网的页面内容十分臃肿，而且很难快速找到需要的关键信息。1994 年哈坤・利提出了早期的 CSS 建议，并通过自己设计的 Argo 浏览器进行了展示，1996 年 W3C 通过了 CSS Level 1 标准。当 CSS 进入互联网后，网站的页面才出现了风格化区分。

如同早期的雅虎，早期的网站页面采用内容流的行数据堆叠方式，在没有滚轮鼠标的年代，用户需要拖动右侧的滚动条一直到底部才能浏览完所有的页面内容。图 6-2 为 1994 年的雅虎首页。

这种传统的页面布局流中只存在两种基本元素：块级元素(block)和行内元素(inline)。其中，块级元素是垂直方向布局的，即每个块级元素(盒子)的首尾均有一个换行符；而行内元素是水平方向布局的，在行内可以内联。例如，p 元素内可以嵌套 img 元素或者 a 元素等。

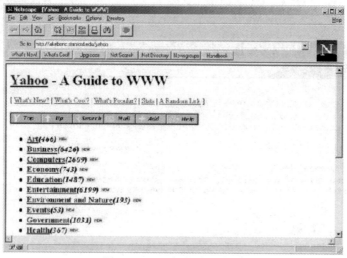

图 6-2　1994 年的雅虎首页

2. 超链接

随着 CSS 的逐步发展，页面开始呈现多样化布局，这种方式可以让用户在不拖动页面滚动条的情况下尽可能多地展示信息。尤其早期互联网网民信仰的超链接如同一个个魔法门一样，可以自由地在不同内容页面间跳转，超链接承载了一个网站的各类重要信息。正因如此，为了体现更多的内容，首页似乎也成了各种超链接的汇集之处，至此页面分栏分列的布局方式开始初见雏形。图 6-3 为 1998 年的网易首页。

图 6-3　1998 年的网易首页

3．HTML 表格式布局或浮动、定位方式

2000 年开始，互联网逐渐走入大众视野，单纯的文字和简单的图片似乎并不能增加网站的吸引力。随着服务器性能的提升和 Flash 的引入，互联网的媒体内容也逐渐丰富起来，而网站页面的布局样式也逐步开始多样化，这个时候网站大多采用 HTML 表格式布局或浮动、定位方式。图 6-4 为 2003 年的淘宝首页。

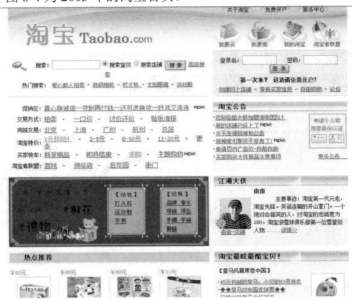

图 6-4　2003 年的淘宝首页

4．分列分栏布局

信息类门户网站一方面为了承载更多的新闻信息，另一方面希望能在页面中留出更多的空间放置广告位，在页面布局上多采用分列分栏布局，互联网成为新型传播方式。图 6-5 为 2005 年的新浪首页。

图 6-5　2005 年的新浪首页

5. 格栅系统或弹性盒布局方式

随着 CSS 技术的迭代发展，除了页面配色、字体风格等存在差异外，网站页面布局风格似乎开始逐渐趋同，布局也开始遵循相同的既定规则，基本都采用格栅系统或弹性盒布局方式，并遵循响应式布局规则。图 6-6 所示为 2020 年的腾讯首页，大多数门户网站与此类布局方式相同。

图 6-6　2020 年的腾讯首页

6.1.2　主流的页面布局风格

主流的页面布局风格主要包括以下几类基本框架：

(1) 全屏框架，如图 6-7 所示。

(2) 固定宽度框架，如图 6-8 所示。

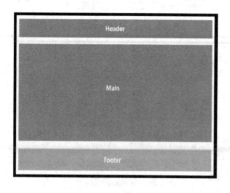

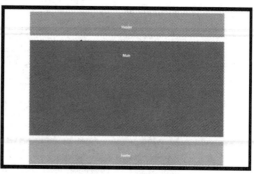

图 6-7　全屏框架　　　　　　　　　　　　　　图 6-8　固定宽度框架

(3) 主体内容固定宽度框架，如图 6-9 所示。

(4) 浮动框架，如图 6-10 所示。

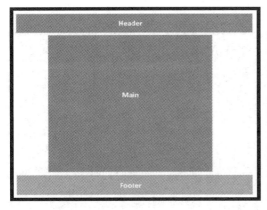

图 6-9　主体内容固定宽度框架　　　　　　　　图 6-10　浮动框架

(5) 主体内容分栏，如图 6-11 所示。

(6) 主内容 + 边栏，如图 6-12 所示。

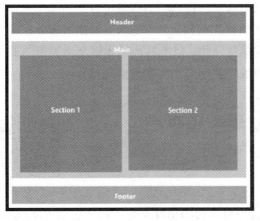

图 6-11　主体内容分栏　　　　　　　　　　图 6-12　主内容 + 边栏

(7) 三栏，如图 6-13 所示。

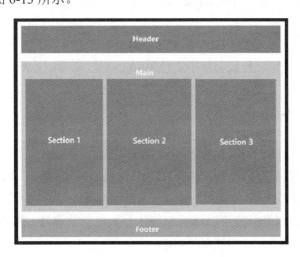

图 6-13　三栏

(8) 垂直分列，如图 6-14 和图 6-15 所示。

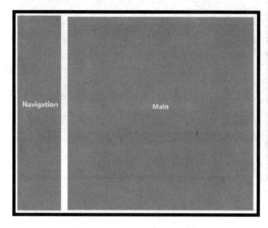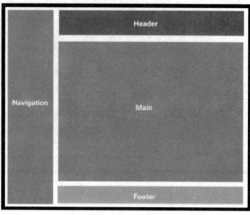

图 6-14　垂直分列　　　　　　　　图 6-15　垂直分列

以上是目前常见的页面布局风格，每种风格都有各自适应的信息平台。例如，垂直分列常见于网站或信息管理平台 UI，左侧导航可以快捷跳转至管理选项；主体内容分栏常见于新闻信息类门户，多个分栏可以承载更多的信息标题。以上几类基本框架常见于小型项目网站或个人博客。当然，这不是全部，还有很多其他异型页面布局风格。

6.2　HTML5 语义化布局

6.2.1　传统布局

HTML 网页所展示给浏览者的界面，从程序整体架构角度来看，属于视图层(view)。后来随着软件工程的发展，view 逐渐单独分离出来，形成了一个单独分支——前端工程。前端工程师需要考虑的是如何将 UI(User Interface)做到层次分明、结构合理，并且具有足够的吸引力。

在前端工程师眼中，一般将 HTML 页面视作一个容器。为了实现页面的合理布局，一般会将页面分割成若干块。传统布局中常使用<div>标签来分割布局。同时，结合 CSS 创建盒模型，将页面中不同类型的展示内容塞进各自的盒子里。下面我们通过一个案例来介绍如何分块。

例如，图 6-16 所示的页面使用的就是 DIV+CSS 布局。

在以上布局中使用的代码结构如图 6-17 所示。

通过观察该案例我们可以发现，首先 HTML 文档与常规文档一样，如果没有其他辅助(如 CSS 样式)，则文档逐行平铺直叙，从上至下依次将各个部分内容展示在页面中；其次，通过利用<div>这种容器类标签可以将页面整体分割为三个部分。本例中，页面被分割为头部(header)、主体内容(main)和尾部(footer)。

图 6-16　DIV+CSS 布局

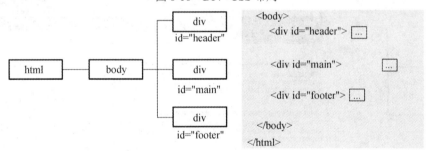

图 6-17　DIV+CSS 布局使用的代码结构

利用<div>进行容器化管理的页面有一个重要的属性——id。前面我们说过，<div>标签是无语义的，在 HTML5 之前，如果想让无语义的<div>容器的可读性更强，我们一般利用 id 属性为每个容器打上自定义的标识，这样容器就会变得相对富含语义。

> **提示**
>
> id 属性是 HTML 页面的全局属性，一个页面中的 id 属性是唯一的，不论用户给哪个元素赋值 id。

6.2.2　HTML5 语义化标签

HTML5 以前的前端工程师是利用<div>标签将页面容器化来实现页面的合理布局的。但是随着互联网的发展，网站的信息量成指数级增长。如果你是一位初入职的前端工程师，让你维护几千行甚至上万行 HTML 文档，打开文档后里面全是密密麻麻的<div>标签，而且每个<div>标签都有各自的 id，这时熟悉一个页面的 id 就需要消耗大量的时间。所以，HTML5 引入了新的语义化标签，专门用于解决这类复杂的布局问题。另外，<div>也没有被抛弃，现在仍属于重要的容器元素。HTML5 语义化布局标签见表 6-1。

表 6-1　HTML5 语义化布局标签

标　签	注　释
<header>	定义页面文档的头部内容
<main>	定义页面文档的主体内容，具有唯一性
<article>	定义页面中与上下文无关的独立内容
<aside>	定义页面的边栏
<footer>	定义文档整体或文档某一部分的页脚
<nav>	定义页面的导航链接部分
<section>	定义文档某部分独立内容中的节

由表 6-1 可以发现，新的 HTML5 布局元素与传统布局案例中定义的 id 选择器有异曲同工之妙，但是新的标签会让代码更为简洁，可读性更强，而且定义更为准确。

用新的布局标签将图 6-17 中的代码重写，代码结构和对应的效果图如图 6-18 所示。

图 6-18　HTML5 语义化标签及布局页面

完成页面布局标签的修改后，页面布局并没有发生改变，但代码的结构更加清晰，增强了可读性。

提示

　　到现在为止，我们所学的 HTML5 页面布局元素并不能直接让页面变成案例中展示的样式，这些元素只有语义，并无样式。

6.3　CSS 盒模型

　　前面我们反复强化一个概念——容器(container)，如今的 HTML 布局就是将页面容器化的过程，当 HTML 结合 CSS 之后，CSS 盒模型完美地契合并强化了这个概念。盒模型强调的是每个内容容器都归属于自己的盒子，在这个大容器中如何排布并设定盒子样式，就是我们接下来要讨论的事情。

6.3.1　盒模型的概念

　　盒子模型用来"放"网页中的各种元素，网页设计中的内容(如文字、图片等元素)都可以是盒子。

　　一个内容块 —— 盒子，它具有的相关属性如图 6-19 所示。

　　每个盒子由四个属性组成：

　　(1) content：内容区域，即我们的盒子中要放入的具体内容，有可能是文档、图片、媒体文件等，也有可能是其他盒子。

　　(2) padding：内边距，即盒子边框(border)到内容区域(content)的距离，主要用于自内扩展内容区域。

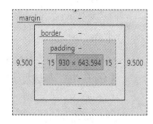

　　(3) border：边框，盒子的边框区域样式，可以设定边框粗细、颜色、阴影、边角等。

　　(4) margin：外边距，即盒子边框(border)到其他内容或容器的距离，主要用于自外扩展盒子区域。

图 6-19　盒模型的结构与属性

6.3.2　内边距属性 padding

　　内边距主要用来调整内容在盒子中的值，指的是元素内容与边框 border 之间的距离，也被称为内填充。

1. padding 的设置

内边距的设置分 4 个方向：上、右、下、左(顺时针转)。

1) 上内边距的设置

语法格式如下：

　　padding-top：长度值 | 百分比；

2) 右内边距的设置

语法格式如下：

　　padding-right：长度值 | 百分比；

3) 下内边距的设置

语法格式如下：

　　padding-bottom：长度值 | 百分比；

4) 左内边距的设置

语法格式如下：

> padding-left：长度值 | 百分比；

说明：长度值不能为负值。

2. 内边距属性缩写

> padding：值 1；/*4 个方向都为值 1*/

例如：

> padding: 100px;
>
> padding：值 1 值 2；/*上下=值 1，左右=值 2*/

例如：

> padding: 2px 4px;
>
> padding：值 1 值 2 值 3；/*上=值 1，左右=值 2，下=值 3*/

例如：

> padding: 2px 4px 3px;
>
> padding：值 1 值 2 值 3 值 4；/*上=值 1，右=值 2，下=值 3，左=值 4*/

例如：

> padding: 2px 4px 3px 4px;

【例 6-1】内边距属性 padding 的设置。

代码如下：

```
<html>
<head>
    <meta charset="utf-8">
    <title>内边距</title>
    <style>
        .bor{border: 5px solid brown;}
        img{ width: 100px;
            height: 70px;
            padding:50px ;
            padding-bottom: 0px;  }
        p{padding: 5%;}
    </style>
</head>
<body>
    <img class="bor" src="img/bz12.jpg">
    <p class="bor">早晨的阳光照耀在狭长的街道上，水泥路面一片灿烂。</p>
</body>
</html>
```

在例 6-1 中设置了<img>和<p>的 padding 属性，运行效果如图 6-20 所示。

图 6-20　内边距属性 padding 的设置

6.3.3　外边距属性 margin

外边距指的是元素边框与相邻元素之间的距离。

1. margin 的设置

外边距的设置分 4 个方向：上、右、下、左(顺时针转)。

1) 上外边距的设置

语法格式如下：

> margin-top：长度值 | 百分比 | auto;

2) 右外边距的设置

语法格式如下：

> margin-right：长度值 | 百分比 | auto;

3) 下外边距的设置

语法格式如下：

> margin-bottom：长度值 | 百分比 | auto;

4) 左外边距的设置

语法格式如下：

> margin-left：长度值 | 百分比 | auto;

说明：长度值可为负值。

2. 外边距属性的缩写

> margin：值 1；　/*4 个方向都为值 1*/

例如：

> margin: 20px;
>
> margin：值 1 值 2；　　　　/* 上下=值 1，左右=值 2*/

例如：

> margin: 10px auto;
>
> margin：值 1 值 2　　值 3；/* 上=值 1，左右=值 2，下=值 3*/

例如：

```
margin: 10px auto 5px;
margin：值1 值2    值3 值4；/* 上=值1，右=值2，下=值3，左=值2*/
```

例如：

```
margin: 2px 3px 4px  5px；
```

【例6-2】外边距属性 margin 的设置。

代码如下：

```
<html>
 <head>
        <meta charset="utf-8">
        <title> 外边距 </title>
<style type="text/css">
        img{border:5px solid green;float:left;margin-right:50px;
        margin-left:30px;width: 200px;height: 150px;}
        p{text-indent:2em;}
    </style>
   </head>
<body>
<img src="img/bz11.jpg">
<p> 春天，万物复苏，小草从地下探出头，花儿绽开可爱的笑脸，桃花挂满枝头，小鸟在树枝
上歌唱. 桃花像站在枝头的仙女，尽情挥舞着手，小鸟像一位音乐家，在树枝上歌唱春天的美丽.
    夏天，树木长得郁郁葱葱，荷花在水池里展示着自己优美的舞姿. 牡丹花、海棠花、百合花……
竞相开放，美丽极了.
    秋天，树木穿上了黄色的衣服，唯独枫树的叶子变红了，松树依然披着一身绿色的衣服. 苹果、橘
子、野板栗熟了，香飘万里. 菊花昂首绽放，有的像狮子头；有的像乒乓球；有的像手掌……，千姿百态.
    冬天，北风呼呼地吹着，树枝上、地上、房顶上，堆满了白雪，晶莹的雪花在空中飞舞. </p>
</body>
</html>
```

在例 6-2 中设置了<img>的右外边距属性、左外边距属性，运行效果如图 6-21 所示。

图 6-21　外边距属性 margin 的设置

6.3.4　边框属性 border

边框属性包含边框宽度属性 border-width、边框类型属性 border-style、边框颜色属性 border-color。

边框的三个属性的集合样式其语法格式如下：

> border: 边框宽度属性　边框类型属性　边框颜色属性；

例如：

> border: 1px solid #00a；

元素"盒子"的边框具有四个方向，即上(top)、右(right)、下(bottom)、左(left)，因此，又衍生出四个子属性。表 6-2 所示为边框属性列表。

表 6-2　边框属性列表

属　　性	说明	属　　性	说明
border-top	上边框	border- bottom	下边框
border-left	左边框	border-right	右边框
border-top-width	上边框宽度	border-top-style	上边框类型
border-top-color	上边框颜色	border-left-width	左边框宽度
border-left-style	左边框类型	border-left-color	左边框颜色
border-right-width	右边框宽度	border-right-style	右边框类型
border-right-color	右边框颜色	border-bottom-width	下边框宽度
border-bottom-style	下边框类型	border-bottom-color	下边框颜色

【例 6-3】　边框属性 border 的设置。

代码如下：

```html
<html>
<head>
    <meta charset="utf-8">
    <title>边框属性</title>
    <style type ="text/css">
        p {line-height: 160%;text-indent:2em;
            border-width: 2px;border-style: dotted solid;}
        img{border:4px double #ff1122;width: 200px;height: 150px;}
    </style>
</head>
<body>
<h2>春日暖阳</h2>
<p>
<img src="img/bz3.jpg" align = " left" >
风暖暖地吹来，漫过窗棂，轻轻柔柔，洗涤了整个冬季的慵懒散漫。抚窗而立，静静地感受春
天的美，是心灵深处最自然的坦然。心头的那些小秘密，也被这轻柔的风吹散了去。
```

```
    </p>
    </body>
    </html>
```

在例 6-3 中，设置了<img>和<p>的 border 属性，运行效果如图 6-22 所示。

图 6-22　边框属性 border

6.4　利用 CSS 对页面进行布局

6.4.1　元素的类型

1. 元素的类型

HTML 用于布局网页页面的元素主要分为块级元素(简称块元素)、行内元素和行内块级元素。

1) 块级元素

block 元素将显示为块级元素。

块级元素的特性如下：

(1) 块级元素在网页中就是以块的形式显示的，主要用于网页布局和网页结构的搭建。

(2) 块级元素都会占据一行。

(3) 块级元素都可以定义自己的宽度和高度。

常见的块级元素有 <div><dl><dt><dd><ol><ul><fieldset><h1> ~ <h6><p><form><iframe><colgroup><table><tr><td>等。

2) 行内元素

inline 元素将显示为行内元素。

行内元素的特性如下：

(1) 行内元素始终在行内逐个进行显示，常用于控制页面中文本的样式。

(2) 其他元素都在一行上。

(3) 元素的高度、宽度、行高及顶部和底部边距不可设置。

常见的行内元素有\<a\>\<samp\>\<strong\>\<b\>\<em\>\<i\>\<del\>\<s\>\<ins\>\<u\>\<span\>等。

3) 行内块级元素

inline-block 元素将显示为行内块级元素。

行内块级元素的特性如下：

(1) 行内块级元素(inline-block)同时具备行内元素和块级元素的特点。

(2) 行内块级元素的本质仍是行内元素，但是可以设置 width 及 height 属性。

\<img\>\<input\>标签就是这种行内块级标签。

2. 元素的类型转换

盒子模型可通过 display 属性来改变默认的显示类型。

语法格式如下：

```
display:inline | block | inline-block | none;
```

【例 6-4】display 属性的设置。

代码如下：

```
<html>
 <head>
        <meta charset="utf-8">
        <title>display 属性</title>
    <style type="text/css">
    div,h2,p{background-color:#eafc8f;height：40px；} /* 定义块元素的样式 */
    b,span,em{background-color:green; color:white;}   /* 定义行内元素的样式 */
    b,span,em{background-color: green;color: white;}
    a{width:200px； height: 50px; background-color: green;
        display: inline-block;}    /*定义行内块元素的样式*/
        </style>
    </head>
<body>
    <div>块元素 l</div>
    <h2>块元素 l</h2>
    <P>段落块
      <b>行内元素 1 </b><span>行内元素 2</span><em>行内元素 3</em>
    </p>
    <a href = " #" >行内块元素 1</a><a href= "#">行内块元素 2</a><a href="#" >行内块元素
3</a>
    </body>
    </html>
```

在例 6-4 中设置了块元素、行内元素、行内块元素的样式，运行效果如图 6-23 所示。

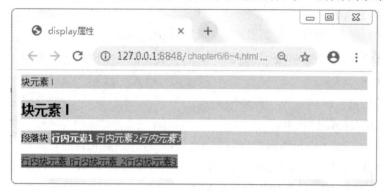

图 6-23　display 属性

通过实例可以看到，行内元素与块元素的区别如下：

(1) 行内元素会在一条直线上排列，都是同一行的，水平方向排列。块元素各占据一行，垂直方向排列。块元素从新的一行开始。

(2) 块元素可以包含行内元素和块元素，行内元素不能包含块元素。

(3) 行内元素与块元素属性的不同，主要体现在盒模型的属性上。行内元素设置 width 无效，height 无效(可以设置 line-height)，margin 上下无效，padding 上下无效。

6.4.2　浮动

1. 元素浮动

元素浮动属性 float 用于定义元素向哪个方向浮动。应用了浮动属性后元素会脱离标准文档流的控制，移动到其父元素中的指定位置。

语法格式如下：

```
float:none | left | right;
```

取值范围如下：

(1) none：表示元素不浮动，取默认值。

(2) left：表示元素向左浮动。

(3) right：表示元素向右浮动。

1) 不设置浮动

【例 6-5】不设置浮动。

代码如下：

```
<html>
<head>
    <meta charset="utf-8">
    <title>float 浮动属性</title>
    <style type="text/css">
        div{  width:100px;height:50px;padding:10px;
            background-color:yellowgreen;border: 3px solid red;}
```

```
                    #box1{width:100px;}
                    #box2{width:200px;}
            </style>
        </head>
        <body>
            <div id="box1">块元素 1</div>
            <div id="box2">块元素 2</div>
            <p>float 是早期的 HTML 页面布局中使用最多的 CSS 属性，90 年代的页面内容简单、数
据量少，为了提升页面吸引力，经常会使用 float 属性让某个包含文本或图像的块级元素浮动在页面
的左侧或右侧，后来逐渐把 float 应用于将页面布局进行分列式排布。</p>
        </body>
    </html>
```

在例 6-5 中，#box1 和#box2 没有设置浮动，div 元素以及 p 元素占据页面整行，也就是等同于默认值 none，运行效果如图 6-24 所示。

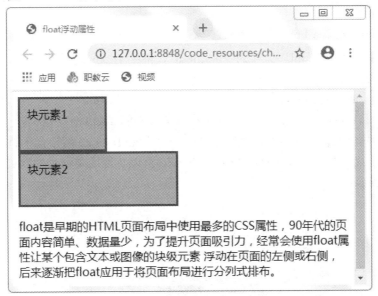

图 6-24　无浮动属性

2) 设置 box1 元素为左浮动

【例 6-6】将 "6-5. html" 另存为 "6-6.html"，设置 box1 元素为左浮动。

CSS 代码的改变部分：

```
#box1{width:100px;float:left;}
                #box2{width:200px;height:100px;background-color: #0000FF;}
```

在例 6-6 中，#box1 设置左浮动，#box2 没有设置浮动，也就是说 box1 不再受文档流的控制，而是出现在了一个新的层上，此时 box2 放置在了 box1 的正下方。运行效果如图 6-25 所示。

图 6-25　左浮动属性

3) 设置 box1 元素、box2 元素为左浮动

【例 6-7】将 "6-5.html" 另存为 "6-7.html"，继续给 box2 也设置左浮动。

CSS 代码的改变部分：

```
#box1{width:100px;float:left;}
                    #box2{width:200px;background-color: #0000FF;float:left;}
```

在例 6-7 中，#box1、#box2 都设置左浮动，使得 box1、box2 两个盒子整齐地排列在同一行，同时，p 段落中的文本将环绕 box1 与 box2，可以实现图文混排的网页效果。运行效果如图 6-26 所示。

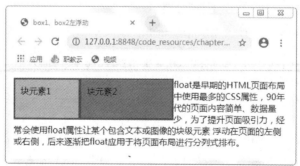

图 6-26　同时左浮动属性

4) 设置 box1 元素为左浮动，box2 元素为右浮动

【例 6-8】将 "6-5.html" 另存为 "6-8.html"，然后将 box2 的 float 属性设置为 "right" 时，box2 将浮动到屏幕右侧。

CSS 代码的改变部分：

```
#box1{width:100px;float:left;}
                    #box2{width:200px;float:right;background-color: #0000FF;}
```

在例 6-8 中，#box1 设置左浮动，#box2 设置右浮动，使得 box1、box2 两个盒子分别排列在左、右两侧，同时 p 段落中的文本将环绕 box1 与 box2，可以实现图文混排的网页效果。运行效果如图 6-27 所示。

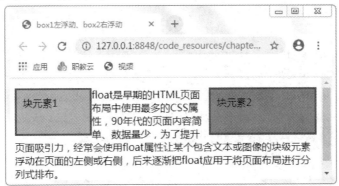

图 6-27 左、右浮动属性

2. 清除浮动

在 CSS 中，清除浮动属性 clear 定义了元素的哪一侧不允许出现浮动元素。

语法格式如下：

clear：none | left | right | both；

(1) none：默认值，不清除浮动。

(2) left：元素左侧不允许出现浮动元素。

(3) right：元素右侧不允许出现浮动元素。

(4) both：元素两侧都不允许出现浮动元素。

可以看到，通过清除 footer 元素的浮动效果，可以完美达到我们对页面的预期。

1) box3 不设置清除属性

【例 6-9】不清除浮动属性。

代码如下：

```
<html>
  <head>
    <meta charset="utf-8">
    <title>清除浮动</title>
    <style type="text/css">
        div{ margin: 5px;
            padding:10px;
            background-color:#B8E2D2;
            border: 3px solid red;  }
        #box1{    width:100px;
            float:left;}
        #box2{width:150px;
```

```
                float:right;}
        #box3{    font-family: "楷体";}
    </style>
  </head>
  <body>
    <div id="box1">块元素 1</div>
    <div id="box2">块元素 2</div>
    <div id="box3">float 是早期的 HTML 页面布局中使用最多的 CSS 属性,90 年代的页面内
容简单、数据量少，为了提升页面吸引力，经常会使用 float 属性让某个包含文本或图像的块级元素
浮动在页面的左侧或右侧，后来逐渐把 float 应用于将页面布局进行分列式排布。</div>
  </body>
</html>
```

运行效果如图 6-28 所示。

图 6-28　不清除浮动属性

2) box3 设置清除属性

【例 6-10】将"6-9.html"另存为"6-10.html"，针对盒子 box3，清除左侧的浮动。
CSS 代码的改变部分：

```
#box3{font-family: "楷体";clear:both;}
```

运行效果如图 6-29 所示。

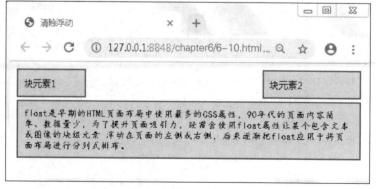

图 6-29　清除浮动属性

3. 图片浮动

float 属性用于实现图片浮动的语法格式如下：

```
float:none | left | right;
```

【例 6-11】图片浮动属性。

代码如下：

```
<html lang="en">
<head>
    <meta charset="UTF-8">
    <title>图片浮动</title>
    <style type="text/css">
        .container { width: 90%;      max-width: 900px;        margin: 0 auto;      }
        p { line-height: 2;    word-spacing: 0.1rem; }
        img { float: left;      margin-right: 30px;
              width: 150px;    height: 150px;      }
    </style>
</head>
<body>
    <div class="container">
        <h1>图片浮动</h1>
        <img src="img/butterfly.jpg" alt="A pretty butterfly with red, white, and brown coloring,
sitting on a large leaf">
        <p> 风暖暖地吹来，漫过窗棂，轻轻柔柔，洗涤了整个冬季的慵懒散漫。抚窗而立，
        静静地感受春天的美，这样的画面，是心灵深处最自然的坦然。心头的那些小秘密，也被这轻
        柔的风吹散了去。</p>
    </div>
</body>
</html>
```

通过修改 img 元素的 float 属性，可以调整 img 元素和下方的 p 元素的相对位置，运行效果如图 6-30 所示。

图 6-30　图片浮动属性

4. 文字浮动

当 float 属性用于实现文字浮动时，可以制作首字下沉的效果。

【例 6-12】文字浮动属性。

代码如下：

```
<html lang="en">
<head>
    <meta charset="UTF-8">
    <title>文字浮动</title>
    <style type="text/css">
        .container { width: 90%; max-width: 900px; margin: 0 auto;}
        p { line-height: 2;   word-spacing: 0.1rem;}
        span { font-size: 400%;margin-right: 10px;
            float: left;line-height: 99%;}
    </style>
</head>
<body>
    <div class="container">
        <h1>文字浮动</h1>
        <p><span>风</span>暖暖地吹来，漫过窗棂，轻轻柔柔，洗涤了整个冬季的慵懒散漫。
抚窗而立，静静地感受春天的美，这样的画面，是心灵深处最自然的坦然。心头的那些小秘密，也
被这轻柔的风吹散了去。
    </div>
</body>
</html>
```

设置 span 元素的 float 属性和字体属性，制作首字下沉的样式，运行效果如图 6-31 所示。

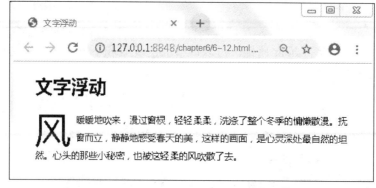

图 6-31　文字浮动属性

6.4.3　元素定位

在 CSS 页面进行布局时，通过 position 属性来设置元素的定位模式。

页面中的元素，无论块元素还是行内元素，在默认情况下均属于静态定位，即按照一般的流布局方式从上至下进行堆叠，而 CSS 的 position 属性为 HTML 元素提供了其他定位方式。

　　语法格式如下：

```
position: static | relative | absolute | fixed ;
```

　　元素定位方式分为以下几种：

　　(1) 静态定位(static)：默认值，元素按照文档内容进行布局。

　　(2) 相对定位(relative)：相对于元素原来的位置进行定位。

　　(3) 绝对定位(absolute)：将元素移除文档流的布局，将其位置定位于相对于根元素或其祖先元素的位置。

　　(4) 固定定位(fixed)：与绝对定位类似，可以将元素定位于相对于浏览器窗口的位置，不随页面滚动而消失。

　　进行定位时，需要同时配合几个偏移属性来设置元素位置。表 6-3 为偏移属性及其含义。

表 6-3　偏移属性及其含义

名　称	含　义
top	规定元素的顶部边缘，定义元素相对于其父元素上边线的距离
right	右侧偏移量，定义元素相对于其父元素右边线的距离
bottom	底部偏移量，定义元素相对于其父元素下边线的距离
left	左侧偏移量，定义元素相对于其父元素左边线的距离
z-index	元素 z 轴上的堆叠顺序

　　前四个属性用于移动元素位置，其单位使用 CSS 的通用单位，且值可以为负。当元素发生堆叠时需要使用 z-index 属性来调整元素图层的堆叠顺序，数值相对高的图层在上层。

1. 静态定位

　　静态定位 static 是元素的默认定位方式，各个元素遵循 HTML 文档流中默认的位置。静态定位通常在代码中省略。

　　语法格式如下：

```
position: static;
```

　　【例 6-13】静态定位 static。

　　代码如下：

```
<html>
 <head>
    <meta charset="utf-8">
    <title>静态定位</title>
    <style type="text/css">
        section{border: 2px solid red;      }
        div{ margin: 5px;
```

```
                    padding:10px;
                    border: 3px solid red;
                    width: 25rem;
                    height: 50px;        }
        #box1{      background-color:#B8E2D2;}
        #box2{      background-color:#ffff00;
                    position: static;
                    left: 25px;
                    top:25px;}
        #box3{      background-color:#B8E2D2;}
    </style>
</head>
<body>
    <section>
        <div id="box1">块元素 1</div>
        <div id="box2">块元素 2</div>
        <div id="box3">块元素 3</div>
    </section>
</body>
</html>
```

在例 6-13 中，没有给 box1 和 box3 定义定位方式，而给元素 box2 定义了 static 定位方式，同时定义了 left 和 top 的值都为 25 px。实际上由于 static 为系统默认的定位方式，所以，box2 的 static 定位方式没有实际意义，尤其 left 和 top 的设置在 static 模式下是不起作用的。运行效果如图 6-32 所示。

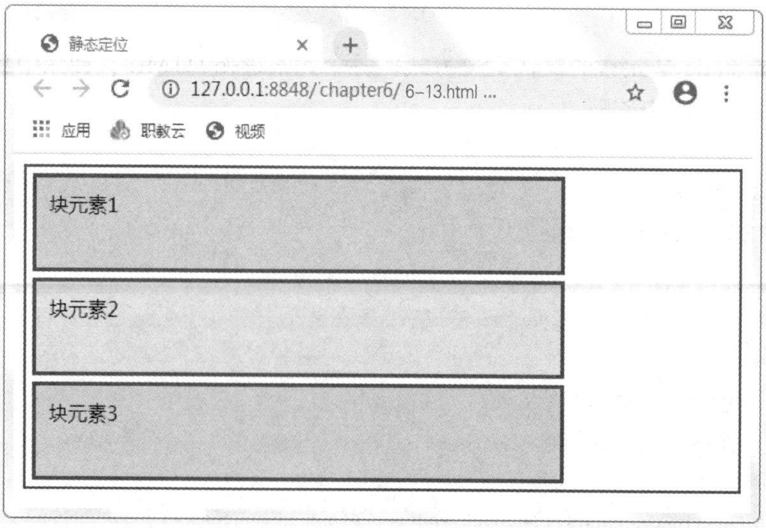

图 6-32　静态定位属性

2. 相对定位

相对定位与静态定位的布局类似，一般会通过 5 个定位方向进行微调，调整的位置是相对于其原有位置而言的，有时通过微调可以实现元素间的堆叠效果。

语法格式如下：

```
position: relative;
```

【例 6-14】相对定位 relative。

CSS 代码的改变部分：

```
#box2{background-color:#ffff00;
              position:relative;
              left: 25px;
              top:25px;}
```

将#box2 设置为相对定位，运行代码，结构就会发生变化，块元素 2 初始的位置被保留，只是会偏离原先的位置(向右偏移 25 px，向下偏移 25 px)，而偏移后的初始位置为一片空白。运行效果如图 6-33 所示。

图 6-33　相对定位属性

3. 绝对定位

绝对定位依赖于定位元素的上下文，如果定位元素的父元素没有定义 position 属性，那么该定位元素与文档内容分离，其绝对位置直接取决于页面整体，即在页面中的绝对位置。而此时绝对定位非常自由，可以移动到页面中的任何位置，因此，绝对定位常常结合相对定位和浮动协同使用。

语法格式如下：

```
position: absolute
```

【例 6-15】绝对定位 absolute。

CSS 代码的改变部分：

```
section{border: 2px solid red;
        position: relative;
        top:50px;}
#box2{background-color:#ffff00;
        position:absolute;
        left: 25px;
        top:25px;}
```

将#box2 设置为绝对定位，运行代码，结构就会发生变化，块元素 2 独立于其他页面内容被分离出来。由于父元素 section 默认的是 static 定位，因此块元素 2 所发生的位移是相对于浏览器窗口向右偏移 25 px，向下偏移 25 px，而偏移后的初始位置被块元素 3 所占领(如果父元素有定位，则#box2 根据父元素的位置进行偏移)。运行效果如图 6-34 所示。

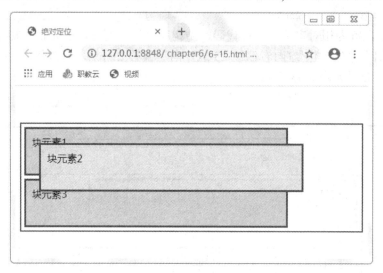

图 6-34　绝对定位属性

4. 固定定位

固定定位(fixed)与绝对定位的机制类似，它可以将页面中的某一元素相对于浏览器窗口的位置进行定位。

语法格式如下：

```
position: fixed;
```

【例 6-16】固定定位 fixed。

代码如下：

```
<html>
 <head>
    <meta charset="utf-8">
    <title>固定定位</title>
    <style type="text/css">
        section{border: 2px solid red;}
```
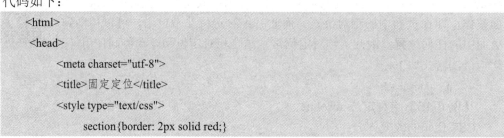

```
       div{margin: 5px;
            padding:10px;
            border: 3px solid red;
            width: 25rem;
            height: 50px;        }
       #box1{     background-color:#B8E2D2;}
       #box2{     background-color:#ffff00;
            position: fixed;
            right: 25px;
            top:25px;}
       #box3{     background-color:#B8E2D2;}
    </style>
</head>
<body>
    <section>
        <div id="box1">块元素 1</div>
        <div id="box2">块元素 2</div>
        <div id="box3">块元素 3</div>
    </section>
</body>
</html>
```

块元素 2 固定在屏幕右上侧，运行效果如图 6-35 所示。

图 6-35　固定定位属性

6.5　任务案例——制作信息公开页面

本节将实现信息公开页面的搭建。最终效果如图 6-36 所示。

图 6-36　信息公开页面

1. 分析结构

HTML 页面内容是逐行从上至下依次排布的，这里的行是一个很重要的单位。现行主流的门户网站，不论其页面如何烦杂，打开它的代码都可以看到 HTML 页面布局。首先，放置大容器，用于装下所有内容。然后，从上至下放置类容器，在每个类容器中再根据格栅网格划分进行内容容器的排布。整体属于从大到小、层层嵌套的容器布局方法。

图 6-36 经过布局分析后，页面整体被切割为三部分，即 header、section 和 footer。section 中又放入了两个容器 article 和 aside。当前主流前端页面构造中，header 中一般会放置导航条 nav。信息公开页面布局图如图 6-37 所示，信息公开页面结构图如图 6-38 所示。

实操流程如下：

(1) 搭建页面框架。

搭建页面基本框架我们需要分成以下几个子步骤来完成：

① 在文档中键入 HTML5 页面基本框架代码片段。

② 修改文档的标题，title 值为信息公开。

③ 利用<div>创建一个容器(container)作为最底层容器，页面的所有内容都会放到该容器里。

④ 结合前面所讲的页面布局知识，根据页面的文章样式需求，将页面整体切分为四块，即<header><article><aside>和<footer>。

图 6-37　信息公开页面布局图

图 6-38　信息公开页面结构图

(2) 填充文档头部内容。文档头部要求：在<header>容器中，利用<nav>、<ul>和<a>创建导航列表。

(3) 填充文档主体内容。填充文档主体内容属于相对简单的工作。

(4) 填充文档边栏内容。可使用<ul>创建边栏列表。

(5) 填充文档脚注内容。可添加版权字符。

(6) 其他特定标签。

2. 制作信息公开页面

根据上面的分析，可以使用相应的 HTML 标签来搭建网页结构。

【例 6-17】校园信息公开页面设计。

代码如下：

```
<html xmlns="http://www.w3.org/1999/xhtml">
  <head>
    <meta charset="utf-8">
    <title>信息公开</title>
    <link rel="stylesheet" type="text/css" href="6-2-2.css">
  </head>
  <body>
    <div class="container">
<header>
    <img src="./pic/Main_Logo.jpg">
        <nav id="menu">
            <ul>
            <li><a href="#">首页</a></li>
                    <li><a href="#">学院概况</a></li>
                    <li><a href="#">机构设置</a></li>
                    <li><a href="#">信息公开</a></li>
                    <li><a href="#">规章制度</a></li>
                    <li><a href="#">合作交流</a></li>
                    <li><a href="#">专题网站</a></li>
                    <li><a href="#">校友之窗</a></li>
                    <li><a href="#">联系我们</a></li>
                    <li><a href="#">ENGLISH</a></li>
            </ul>
        </nav>
    </header>
<section class="main" >
    <article>
        <header>
```

```
<h3>信息公开</h3>
<p>　当前位置：<a href="index.html">首页</a>>>信息公开</p>
</header>
<article>
        <dl>

            <dt>

            <a href="#">展文明之姿，建文明校园———包头职业技术学院喜获内蒙
古自治区"文明校园"称号！</a>

            </dt>

            <dd>

        包头职业技术学院一直致力于文明校园创建工作，继 2017 年学院被评为"包
头市文明校园"后，在 2020 年，根据内蒙古自治区精神文明建设委员会发布《内蒙古自治区精神文
明建设委员会关于表彰内蒙古自治区文明校园的决定》，包头职业技术学院喜获内蒙古自治区"文明
校园"称号！包头...

            </dd>

        <dd>2020/9/2 17:07:09 0 人评论 2143 次浏览</dd>

        </dl>

        <dl>

            <dt>

            <a href="#">包头职业技术学院院系两级理论学习中心组开展 2020 年第十次扩
大学习会 </a>

            </dt>

            <dd>

        9 月 24 日下午，学院院系两级理论学习中心组成员在明德楼 405 会议室，
开展了 2020 年第十次扩大学习会，学院党委书记郭金虎主持，学院领导、党总支(直属支部)书记参
加了本次学习会。学习会首先由办公室副主任张晋斐传达推行统编教材使用工作文件精神。副院长
王春传达近期会议精神…

            </dd>

        <dd >2020/9/28 8:55:59 0 人评论 40 次浏览</dd>

        </dl>

        <dl>

        dt><a href="#">数控技术系党总支举办第 37 个民族团结进步活动月专题讲座
</a></dt>

            <dd>

        正值第 37 个民族团结进步活动月之际，为认真贯彻落实习近平总书
记关于民族工作重要讲话重要指示批示精神，铸牢系部师生中华民族共同体意识，数控技术系党总
支于 2020 年 9 月 22 日下午在综合楼 204 教室举办了《铸牢中华民族共同体意识 建设中华民族共同
体》专题讲座。讲座由数控技…

            </dd>
```

```
                        <dd>2020/9/25 15:34:45 0 人评论 225 次浏览</dd>
                    </dl>
                </article>
            </article>
        <aside>
                <ul>
                <li ><a href="#">栏目导航</li>
                <hr>
                <li><a href="#">校园新闻</a></li>
                <li><a href="#">通知公告</a></li>
                <li>人气排行</li>
                <hr>
                <ul>
                <li><img src="pic/Dot1.gif"><a href="#">高等职业教育质量年度报告</a></li>
                <li><img src="pic/Dot2.gif"><a href="#">公开招聘教师简章</a></li>
                <li><img src="pic/Dot2.gif"><a href="#">关于进一步加强信息员队伍和特约信息员队
伍建设的通知</a></li>
                <li><img src="pic/Dot2.gif"><a href="#">宪法宣传月活动方案</a></li>
                <li><img src="pic/Dot2.gif"><a href="#">网络在线学法和普法考试工作</a></li>
                <li><img src="pic/Dot2.gif"><a href="#">知识竞赛活动</a></li>
                </ul>
        </aside>
        </section>
        <footer>
        <img src="./pic/Main_38.png">
        </footer>
    </div>
    </body>
    </html>
```

3. 分析样式

通过关于 CSS 的基础内容的学习，读者已经基本掌握 HTML 页面的基本样式规则的使用，并能利用布局样式进行页面整体布局。本节的综合训练将综合利用这些知识点，最终完成信息公开页面的搭建。

实操流程如下：

(1) 设置页面的基本样式。

页面的基本样式一般包括页面整体的字号、字体、文本颜色等，这里我们选择设置以下几种特定样式：

① 字体为 Georgia、Times New Roman、Times、serif。

② 字号为 small。

③ 页面整体上下外边距为 10 px，左右外边距为 0 px。

④ 列表去除项目编号和下划线。

⑤ 段落字号为 1.1 em。

⑥ 页面内的块级元素 article、aside、footer、header、main、nav、section 的 display 属性均为块级。

⑦ 页面内的块级元素 aside、main 向左侧浮动。

⑧ 链接文字在不同状态设置不同的颜色。

```
a:link {color:darkblue;
        text-decoration:none;
        border-bottom: thin dotted #b76666;}
a:visited { color:darkblue;
            text-decoration:none;
            border-bottom:thin dotted #675c47;}
a:hover{color:darkred;}
```

(2) 设置主体容器的样式。

下面对主体容器(即 container 类容器)的样式进行设置：

① 容器上外边距为 10 px，左右外边距为 auto，下外边距为 0 px。

② 容器宽度为 1200 px。当然，也可以自定义其他值。

(3) 修改导航栏的样式。

我们之前为导航栏中的 ul 元素进行了以下样式的设置：

① 列表项 li 上左下右内边距依次为 16 px，0，14 px，42 px。

② 列表项 li 向左侧浮动。

③ 列表项 li 右侧外边框为白色，2 px。

④ 列表项 li 的背景颜色是#0666b0。

⑤ 列表项 li 的高度、宽度是 40 px、114 px。

⑥ 列表项链接文字的字体颜色为 green。

⑦ 列表项链接文字的行高是 40 px。

⑧ 列表项内的链接文字的对齐方式是 center。

⑨ 列表项内的链接文字的字型是加粗。

⑩ 列表项内的链接文字的字号是 18 px。

(4) 设置内容主体的样式。

内容主体即 section 标签内含的所有部分，包含 article 标签和 aside 标签，因此，需要针对多个元素进行精细化设置。下面我们依次进行设置：

① 外边距值为 15 px。

② 内边距值为 10 px auto 0。

③ 宽度为 1200 px。当然，也可以自定义其他值，但最好不要超出主体容器的宽度。

④ 所有段落的字号为 105%。

(5) 设置内容左栏 article 的样式。

① 宽度为 1200 px、900 px。

② 浮动属性为左浮动。

③ 和外左边框 section 的距离为 0 px。

(6) 设置边栏 aside 的样式。

页面中除了内容主体部分外，还使用了语义标签 aside 来为页面增加边栏，在未设定样式前，边栏处于页面的最下方，因此，为了在内容右侧展示边栏，需要进行如下设定：

① 浮动属性为右浮动。

② 字号为 105%。

③ 内边距为 0 px。

④ 和 article 的距离为 0 px。

⑤ 宽度为 280 px。

⑥ 溢出为 hidden。

⑦ 设置左边框样式为 1 px #0268b3 solid。

(7) 完成脚注样式的设置。

页面脚注部分同样使用了语义标签 footer。下面为脚注增加一些样式：

① footer 的背景色为#0268b3。

② footer 的内边距值为 10 px。

③ footer 清除浮动属性为 both。

④ footer 中的段落字号为 90%。

⑤ footer 中的段落外边距值为 0。

⑥ 文字居中。

⑦ 宽度为 1200 px。

4. 制作信息公开页面样式文件

CSS 代码如下：

```
*{list-style: none;
    text-decoration:none;}
body {   font-family:          Georgia, "Times New Roman", Times, serif;
            font-size:          small;
            margin:               0px;
            text-align: center;}
header {margin: 0 auto;
            height:208px;}
.main { font-size:105%;
            padding:15px;
            width:1200px;
            margin: 10px auto 0; }
article{ width:900px;
            float: left;
```

```css
                margin-left: 0px;}
.main>article>header{width:820px;
        height:40px;background-image: url(./pic/ntitle.jpg); }
.main>article>header>h3{width:200px;
        height:35px;
        top:-8px;
        position: relative;
        float:left;
        color: #FFFFFF;}
.main>article>header>p{
        width:200px;
        height:35px;
        right:10px;
        top:0px;
        position: relative;
        float:right;}
.main>article>article>dl{face:"微软雅黑";text-decoration: none;text-align: left;line-height: 20px;}
.main>article>article>dl>dt{size:"5";font-weight: bold; line-height: 40px;text-indent: 70px;}
.main>article>article>dl>dd:first-of-type{size:"4";color:"#024890";line-height: 25px;text-indent: 30px; }
.main>article>article>dl>dd:last-of-type{size:"3";color:"#024890";line-height: 25px;text-align: right;}
.main>article>article>dl>dt>a:visited   {color:firebrick;  text-decoration:none;  border-bottom:thin
dotted #b76666;}
nav{width: 1200px;height: 40px;}
#menu{margin: 0 auto;}
#menu ul li a{      height: 40px;
                    float: left;
                    width: 114px;
                    background: #0666b0;
                    color:white;
                    font-size: 18px;
                    border-right: 2px solid white;
                    font-weight:bold;
                    text-align: center;
                    line-height: 40px;
                    text-shadow: #00633E;            }
#menu ul li a:hover{color: greenyellow;}
aside { float:right;
        font-size:           105%;
        padding:             0px;
```

```
            margin-left:        0px;

            width: 280px;overflow: hidden;

            border-left: 1px #0268b3 solid;    }
    aside ul{text-align: left;line-height: 25px;line-height: 30px;}
    a:link { color:darkblue;

            text-decoration:none;

            border-bottom:        thin dotted #b76666;}
    a:visited {    color:darkblue;

                text-decoration:none;

                border-bottom:thin dotted #675c47;}
    a:hover{color:darkred;}
    footer { clear: both;

            text-align:center;

            padding:15px;

            font-size:90%;

    background-color: #0268b3;

    width:1200px;

    margin: 10px auto;        }
```

至此，我们实现了最终效果。

习　　题

一、选择题

1. 盒子的内边距属性是(　　　)。

A. padding   B. border

C. margin   D. width

2. 盒子的外边距属性是(　　　)。

A. padding   B. border

C. margin   D. width

3. 盒子的边框属性是(　　　)。

A. padding   B. border

C. margin   D. width

二、填空题

1. 设定图片上下留空的属性是_____；设定图片左右留空的属性是

_____。

2. 浮动框架的标签是_____。

三、操作题

1. 完成文章显示页面设计，效果如图 6-39 所示。

图 6-39　文章显示页面效果图

第 7 章

HTML 表单

教 学 目 标

通过本章的学习，能够掌握常用的表单控件及其相关属性，并能够熟练运用表单组织页面元素。

知识目标

(1) 理解表单的构成，可以快速创建表单。
(2) 掌握表单的相关标记，能够创建具有相应功能的表单控件。
(3) 掌握表单样式的控制，能够美化表单界面。

技能目标

(1) 能根据用户需要选择恰当的表单元素。
(2) 能根据表单页面效果设计表单，编写 CSS 表单的样式。

任务描述及工作单

表单是 HTML 网页中的重要元素，它通过收集来自用户的信息，并将信息发送给服务器端程序进行处理，从而实现网上注册、网上登录、网上交易等多种功能。本任务将对表单控件和属性以及如何使用 CSS 控制表单样式进行详细讲解。为了深入学习 HTML 中表单及表单元素的使用，能够更好地运用表单组织页面，本章将设计完成一个学生信息登记表，其效果如图 7-1 所示。

图 7-1   本章最终完成效果图

7.1   创建表单组件

7.1.1   认识表单

我们都曾申请过 E-mail 邮箱，在申请过程中必须在网页上输入个人信息，然后提交信息，提交成功后，才能获得 E-mail 邮箱。这个用于获取信息的网页称为表单，通常一个表单中包含多个对象，有时也称为控件或表单元素，如用于输入文本的文本域，用于发送命令的按钮，用于选择项目的单选按钮和复选框，用于显示列表项的列表框等。

1. 表单的构成

在 HTML 中，一个完整的表单通常由表单控件(也称为表单元素)、提示信息和表单域三个部分构成。图 7-2 所示为一个简单的 HTML 表单界面及其构成。

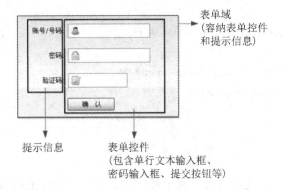

图 7-2   一个简单的 HTML 表单界面及其构成

对于表单构成中的表单控件、提示信息和表单域，初学者可能难以理解，对它们的具体解释如下：

表单控件：包含了具体的表单功能项，如单行文本输入框、密码输入框、复选框、提交按钮、重置按钮等。

提示信息：一些说明性的文字，用于提示用户进行填写和操作。

表单域：相当于一个容器，用来容纳所有的表单控件和提示信息，可以通过它定义表单数据所用程序的 URL 地址，以及数据提交到服务器的方法。如果不定义表单域，则表单中的数据就无法传送到后台服务器。

2. 创建表单

通过认识表单，我们知道要想让表单中的数据传送给后台服务器，就必须定义表单域。在 HTML 中，<form></form>标记用于定义表单域，即创建一个表单，以实现用户信息的收集和传递，<form></form>中的所有内容都会被提交给服务器。创建表单的基本语法格式如下：

```
...
<form action="url 地址" method="提交方式" name="表单名称">
    各种表单控件
</form>
...
```

【例 7-1】表单的创建。

代码如下：

```
<!doctype html>
<html>
<head>
    <meta charset="utf-8">
    <title>创建表单</title>
</head>
<body>
    <form action="http://www.mysite.cn/index.asp" method="post"><!--表单域-->
        账号：                                              <!--提示信息-->
        <input type="text" name="zhanghao" />                <!--表单控件-->
        密码：                                              <!--提示信息-->
        <input type="password" name="mima" />                <!--表单控件-->
        <input type="submit" value="提交"/>                 <!--表单控件-->
    </form>
</body>
</html>
```

例 7-1 为一个完整的表单结构。对于其中的表单标记和标记的属性，在本章后面将会具体讲解，这里了解即可。

运行效果如图 7-3 所示。

图 7-3 创建表单

7.1.2 表单属性

下面介绍表单中的细节——表单属性。

1. action 属性

在表单收集到信息后，需要将信息传递给服务器进行处理，action 属性用于指定接收并处理表单数据的服务器程序的 URL 地址。例如：

```
<form action="form_action.asp">
```

表示当提交表单时，表单数据会传送到名为 "form_action.asp" 的页面去处理。action 的属性值可以是相对路径或绝对路径，也可以是接收数据的 E-mail 邮箱地址。例如：

```
<form action=mailto:htmlcss@163.com>
```

表示当提交表单时，表单数据会以电子邮件的形式传递出去。

2. name 属性

name 属性用于指定表单的名称，以区分同一个页面中的多个表单。

3. method 属性

method 属性用于设置表单数据的提交方式，其取值为 get 或 post。

get 方式为默认值。使用 get 方式时，浏览器会与表单处理服务器建立连接，然后直接在一个传输步骤中发送所有的表单数据。

使用 post 方式时，表单数据是与 URL 分开发送的。

采用 get 方式提交的数据将显示在浏览器的地址栏中，保密性差，且有数据量的限制；而 post 方式的保密性好，并且无数据量的限制，所以使用 method="post" 可以大量提交数据。

4. autocomplete 属性

autocomplete 属性用于指定表单是否有自动完成功能。所谓自动完成，是指将表单控件输入的内容记录下来，当再次输入时会将输入的历史记录显示在一个下拉列表里，以自动完成输入。

autocomplete 属性有两个值，它们的含义如下：

(1) on：表单有自动完成功能。

(2) off：表单无自动完成功能。

【例 7-2】为页面中的 <form> 标记指定 autocomplete 属性。

代码如下：

```
<!doctype html>
<html>
```

```
<head>
<meta charset="utf-8">
<title>autocomplete 属性的使用</title>
</head>
<body>
<form id="formBox" autocomplete="on">
用户名：<input type="text" id="autofirst" name="autofirst"/><br/><br/>
昵  称：<input type="text" id="autosecond"
name="autosecond"/><br/><br/>
<input type="submit" value="提交"/>
</form>
</body>
</html>
```

运行效果如图 7-4 所示。

这时在"用户名"文本输入框中依次输入"admin""about""包头职业技术学院"，分别点击"提交"按钮。然后，单击"用户名"文本输入框时，效果如图 7-5 所示。

图 7-4　页面默认显示效果　　　　　　图 7-5　用户名自动完成效果

通过图 7-5 可以看出，设置 autocomplete 属性值为 on 可以使表单控件拥有自动完成功能。autocomplete 属性不仅可以用于 form 元素，还可以用于所有输入类型的 input 元素。

5. novalidate 属性

novalidate 属性用于指定在提交表单时取消对表单进行有效的检查。为表单设置该属性时，可以关闭整个表单的验证，这样可以使 form 内的所有表单控件不被验证。

【例 7-3】演示 novalidate 属性的作用。

代码如下：

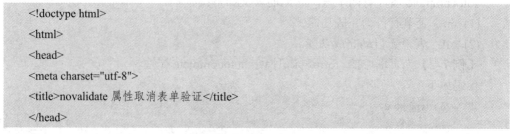

```
<!doctype html>
<html>
<head>
<meta charset="utf-8">
<title>novalidate 属性取消表单验证</title>
</head>
```

```
<body>
<form action="form_action.asp" method="get" novalidate="true">
请输入电子邮件地址：<input type="email" name="user_email"/>
<input type="submit" value="提交"/>
</form>
</body>
</html>
```

在例 7-3 中，对 form 标记应用 "novalidate="true"" 样式，以取消表单验证。

运行上述程序，并在文本框中输入邮件地址 "123456"，如图 7-6 所示。此时，单击 "提交" 按钮，表单将不对输入的表单数据进行任何验证，即进行提交操作。

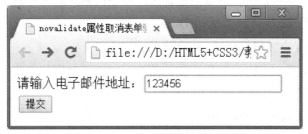

图 7-6　novalidate 属性的作用示例

注意
<form>标记的属性并不会直接影响表单的显示效果。要想让一个表单有意义，就必须在<form>与</form>之间添加相应的表单控件。

7.1.3　Input 元素的 type 属性

浏览网页时，经常会看到单行文本输入框、单选按钮、复选框、提交按钮、重置按钮等，定义这些元素需要使用 input 控件，其基本语法格式如下：

```
<input type="控件类型"/>
```

为了使初学者更好地理解不同的 input 控件类型，下面对它们做一简单的介绍。

1. 单行文本输入框<input type="text" />

单行文本输入框常用来输入简短的信息，如用户名、账号、证件号码等，常用的属性有 name、value、maxlength。

2. 密码输入框<input type="password" />

密码输入框用来输入密码，其内容将以圆点的形式显示。

3. 单选按钮<input type="radio" />

单选按钮用于单项选择，在定义单选按钮时，必须为同一组中的选项指定相同的 name 值，这样单选才会生效。

4. 复选框<input type="checkbox" />

复选框常用于多项选择，如选择兴趣、爱好等，可对其应用 checked 属性，指定默认的选中项。

5. 普通按钮<input type="button" />

普通按钮常常配合 javaScript 脚本语言使用，初学者了解即可。

6. 提交按钮<input type="submit" />

提交按钮是表单中的核心控件，用户完成信息的输入后，一般都需要单击提交按钮才能完成表单数据的提交。可以对提交按钮应用 value 属性，以改变提交按钮上的默认文本。

7. 重置按钮<input type="reset" />

当用户输入的信息有误时，可单击重置按钮取消已输入的所有表单信息。可以对重置按钮应用 value 属性，以改变重置按钮上的默认文本。

8. 图像形式的提交按钮<input type="image" />

图像形式的提交按钮用图像替代了默认的按钮，外观上更加美观。需要注意的是，必须为其定义 src 属性来指定图像的 URL 地址。

9. 隐藏域<input type=" hidden" />

隐藏域对于用户是不可见的，通常用于后台的程序，初学者了解即可。

10. 文件域<input type="file" />

当定义文件域时，页面中将出现一个文本框和一个"浏览..."按钮，用户可以通过填写文件路径或直接选择文件的方式，将文件提交给后台服务器。

为了更好地理解和应用这些属性，接下来通过一个案例来演示它们的使用。

【例 7-4】演示 input 元素的 type 属性的用法。

代码如下：

```
<!doctype html>
<html>
<head>
<meta charset="utf-8">
<title>input 控件</title>
</head>
<body>
<form action="#" method="post">
    用户名：                              <!--text 单行文本输入框-->
    <input type="text" value="张三" maxlength="6" /><br /><br />
    密码：                                <!--password 密码输入框-->
    <input type="password" size="40" /><br /><br />
    性别：                                <!--radio 单选按钮-->
    <input type="radio" name="sex" checked="checked" />男
    <input type="radio" name="sex" />女<br /><br />
```

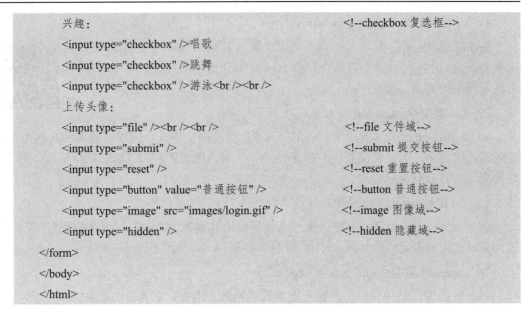

```
            兴趣:                                              <!--checkbox 复选框-->
            <input type="checkbox" />唱歌
            <input type="checkbox" />跳舞
            <input type="checkbox" />游泳<br /><br />
            上传头像:
            <input type="file" /><br /><br />                  <!--file 文件域-->
            <input type="submit" />                            <!--submit 提交按钮-->
            <input type="reset" />                             <!--reset 重置按钮-->
            <input type="button" value="普通按钮" />            <!--button 普通按钮-->
            <input type="image" src="images/login.gif" />      <!--image 图像域-->
            <input type="hidden" />                            <!--hidden 隐藏域-->
        </form>
    </body>
</html>
```

在例 7-4 中, 通过对<input />元素应用不同的 type 属性值来定义不同类型的 input 控件, 并对其中的一些控件应用<input/>标记的其他可选属性。例如, 在第 10 行代码中, 通过 maxlength 和 value 属性定义单行文本输入框中允许输入的最多字符数和默认显示文本; 在第 12 行代码中, 通过 size 属性定义密码输入框的宽度; 在第 14 行代码中通过 name 和 checked 属性定义单选按钮的名称和默认选中项。

运行效果如图 7-7 所示。

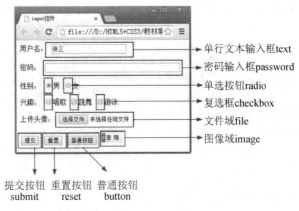

图 7-7　input 控件效果展示

在图 7-7 中, 不同类型 input 控件的外观不同, 当对它们进行具体的操作(如输入用户名和密码, 选择性别和兴趣等)时, 显示的效果也不一样。例如, 当在密码输入框中输入内容时, 其中的内容将以圆点的形式显示, 而不会像用户名中的内容一样显示为明文, 如图 7-8 所示。

图 7-8　密码框中内容显示为圆点

11. email 类型<input type="email" />

email 类型的 input 元素是一种专门用于输入 E-mail 地址的文本输入框，用来验证 email 输入框的内容是否符合 E-mail 邮件地址格式，如果不符合，将提示相应的错误信息。

12. url 类型<input type="url" />

url 类型的 input 元素是一种用于输入 URL 地址的文本框。如果所输入的内容是 URL 地址格式的文本，则会提交数据到服务器；如果输入的值不符合 URL 地址格式，则不允许提交，并且会有提示信息。

13. tel 类型<input type="tel" />

tel 类型的 input 元素用于提供输入电话号码的文本框。由于电话号码的格式千差万别，因此很难实现一个通用的格式。tel 类型通常会和 pattern 属性配合使用。

14. search 类型<input type="search" />

search 类型是一种专门用于输入搜索关键词的文本框，它能自动记录一些字符，如站点搜索或者 Google 搜索。在用户输入内容后，其右侧会附带一个删除图标，单击这个图标按钮可以快速清除内容。

15. color 类型<input type="color" />

color 类型用于提供设置颜色的文本框，实现 RGB 颜色输入。其基本形式是#RRGGBB，默认值为#000000，通过 value 属性值可以更改默认颜色。单击 color 类型文本框，可以快速打开颜色面板，方便用户可视化选取一种颜色。

【例 7-5】通过设置 input 元素的 type 属性来演示不同类型文本框的用法。

代码如下：

```
<!doctype html>
<html>
<head>
<meta charset="utf-8">
<title>input 类型</title>
</head>
<body>
  <form action="#" method="get">
      请输入您的邮箱：<input type="email" name="formmail"/><br/>
      请输入个人网址：<input type="url" name="user_url"/><br/>
      请输入电话号码：<input type="tel" name="telphone" pattern="^\d{11}$"/><br/>
      输入搜索关键词：<input type="search" name="searchinfo"/><br/>
      请选取一种颜色：<input type="color" name="color1"/>
      <input type="color" name="color2" value="#FF3E96"/>
      <input type="submit" value="提交"/>
  </form>
```

```
    </body>
    </html>
```

在例 7-5 中，通过 input 元素的 type 属性将文本框分别设置为 email 类型、url 类型、tel 类型、search 类型以及 color 类型。其中，第 11 行代码通过 pattern 属性设置 tel 文本框的输入长度为 11 位。

运行效果如图 7-9 所示。

在图 7-9 所示的页面中，分别在前三个文本框中输入不符合格式要求的文本内容，依次点击"提交"按钮，效果分别如图 7-10～图 7-12 所示。

图 7-9　input 类型默认效果　　　　图 7-10　email 类型验证提示效果

图 7-11　url 类型验证提示效果　　　　图 7-12　tel 类型验证提示效果

在第四个文本框中输入要搜索的关键词，搜索框右侧会出现一个"×"按钮，如图 7-13 所示。单击这个按钮，可以清除已经输入的内容。

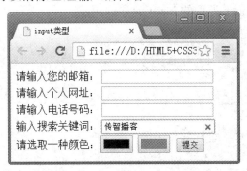

图 7-13　输入搜索关键词效果

点击第五个文本框中的颜色文本框，会弹出如图 7-14 所示的颜色选取器。在颜色选取器中，用户可以选择一种颜色，也可以选取后单击"添加到自定义颜色(A)"按钮，将选取的颜色添加到自定义颜色中，如图 7-15 所示。

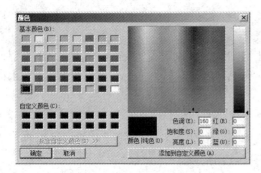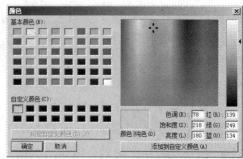

图 7-14　弹出颜色选取器　　　　　　　　图 7-15　添加自定义颜色

另外，如果输入框中输入的内容符合文本框中要求的格式，点击"提交"按钮，则会提交数据到服务器。

> **注意**
>
> 不同的浏览器对 url 类型输入框的要求有所不同，在多数浏览器中，要求用户必须输入完整的 URL 地址，并且允许地址前有空格存在。例如，在图 7-11 所示的文本框中输入"http://www.itcast.cn/"，则可以提交成功。

16. number 类型<input type="number" />

number 类型的 input 元素用于提供输入数值的文本框。在提交表单时，会自动检查该输入框中的内容是否为数字。如果输入的内容不是数字或者数字不在限定范围内，则会出现错误提示。

number 类型的输入框可以对输入的数字进行限制，规定允许的最大值和最小值、合法的数字间隔或默认值等。具体属性说明如下：

(1) value：指定输入框的默认值。

(2) max：指定输入框可以接受的最大的输入值。

(3) min：指定输入框可以接受的最小的输入值。

(4) step：输入域合法的间隔，如果不设置，则默认为 1。

【例 7-6】演示 number 类型的 input 元素的用法。

代码如下：

```
<!doctype html>

<html>

<head>

<meta charset="utf-8">

<title>number 类型的使用</title>

</head>

<body>

<form action="#" method="get">

请输入数值：<input type="number" name="number1" value="1" min="1" max="20" step="4"/> <br/>

<input type="submit" value="提交"/>

</form>
```

```
</body>
</html>
```

在例 7-6 中，将 input 元素的 type 属性设置为 number 类型，并且分别设置 min、max 和 step 属性的值。

运行效果如图 7-16 所示。

图 7-16　number 类型的使用效果

通过图 7-16 可以看出，number 类型文本框的默认值为"1"。大家可以手动在输入框中输入数值或者通过点击输入框的数值按钮来控制数据。例如，当点击输入框中向上的小三角时，效果如图 7-17 所示。

图 7-17　number 类型的 step 属性值效果

通过图 7-17 可以看到，number 类型文本框中的值变为了"5"，这是因为第 9 行代码中将 step 属性的值设置为"4"。另外，当在文本框中输入"25"时，由于 max 属性值为"20"，所以将出现提示信息，效果如图 7-18 所示。

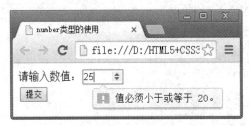

图 7-18　number 类型的 max 属性值效果

需要注意的是，如果在 number 文本输入框中输入一个不符合 number 格式的文本 "num01"，点击"提交"按钮，将会出现验证提示信息，效果如图 7-19 所示。

图 7-19　不符合 number 类型的验证效果

17. range 类型 <input type="range" />

range 类型的 input 元素用于提供一定范围内数值的输入范围,在网页中显示为滑动条。它的常用属性与 number 类型一样,通过 min 属性和 max 属性可以设置最小值与最大值,通过 step 属性指定每次滑动的步幅。

18. Date pickers 类型 <input type= date, month, week…" />

Date pickers 类型是指时间日期类型。HTML5 中提供了多个可供选取日期和时间的输入类型,用于验证输入的日期,具体如表 7-1 所示。

表 7-1　HTML5 中日期和时间的输入类型

时间和日期类型	说　　　明
date	选取日、月、年
month	选取月、年
week	选取周和年
time	选取时间(小时和分钟)
datetime	选取时间、日、月、年(UTC 时间)
datetime-local	选取时间、日、月、年(本地时间)

【例 7-7】在 HTML5 中添加多个 input 元素,分别指定这些元素的 type 属性值为时间日期类型。

代码如下:

```
<!doctype html>
<html>
<head>
<meta charset="utf-8">
<title>时间日期类型的使用</title>
</head>
<body>
<form action="#" method="get">
    <input type="date"/> 
    <input type="month"/> 
    <input type="week"/> 
    <input type="time"/> 
    <input type="datetime"/> 
    <input type="datetime-local"/>
    <input type="submit" value="提交"/>
</form>
</body>
</html>
```

运行效果如图 7-20 所示。

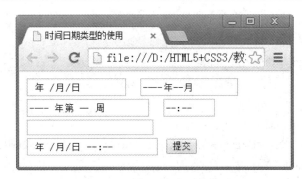

图 7-20　时间日期类型的使用

用户可以直接向输入框中输入内容，也可以单击输入框之后的按钮进行选择。例如，当点击选取日、月、年的时间日期类型按钮时，效果如图 7-21 所示。

同样，当选取周和年的时间日期类型按钮时，效果如图 7-22 所示。

图 7-21　选取日、月、年的时间日期类型按钮　　　　图 7-22　选取周和年的时间日期类型按钮

注意

对于浏览器不支持的 input 元素的输入类型，将会在网页中显示为一个普通输入框。

7.1.4　Input 元素的其他属性

除了 type 属性之外，<input />标记还可以定义很多其他属性，以实现不同的功能。

1. autofocus 属性

在 HTML5 中，autofocus 属性用于指定页面加载后是否自动获取焦点，将标记的属性值指定为 true 时，表示页面加载完毕后会自动获取该焦点。

【例 7-8】演示 autofocus 属性的使用。

代码如下：

```
<!doctype html>
<html>
```

```
<head>
<meta charset="utf-8">
<title>autofocus 属性的使用</title>
</head>
<body>
<form action="#" method="get">
请输入搜索关键词：<input type="text" name="user_name" autocomplete="off"
autofocus ="true"/><br/>
<input type="submit" value="提交" />
</form>
</body>
</html>
```

在例 7-8 中，首先向表单中添加一个<input />元素，然后通过"autocomplete="off""
将自动完成功能设置为关闭状态。同时，将 autofocus 属性设置为 true，指定在页面加载完
毕后自动获取焦点。

运行效果如图 7-23 所示。

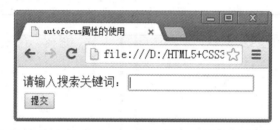

图 7-23　利用 autofocus 属性自动获取焦点

从图 7-23 可以看出，<input />元素输入框在页面加载后自动获取焦点，并且关闭了自
动完成功能。

2. form 属性

在 HTML5 之前，如果用户要提交一个表单，必须把相关的控件元素都放在表单内部，
即<form>和</form>标签之间。在提交表单时，会将页面中不是表单子元素的控件直接忽
略掉。

下面通过一个案例来演示 form 属性的使用。

【例 7-9】演示 form 属性的使用。

代码如下：

```
<!doctype html>
<html>
<head>
<meta charset="utf-8">
<title>form 属性的使用</title>
</head>
```

```
<body>
<form action="#" method="get" id="user_form">
请输入您的姓名：<input type="text" name="first_name"/>
<input type="submit" value="提交" />
</form>
<p>下面的输入框在 form 元素外，但因为指定了 form 属性为表单的 id，所以该输入框仍然属
于表单的一部分。</p>
请输入您的昵称：<input type="text" name="last_name" form="user_form"/><br/>
</body>
</html>
```

在例 7-9 中分别添加两个<input />元素，并且第二个<input />元素不在<form></form>
标记中。另外，指定第二个<input />元素的 form 属性值为该表单的 id。

此时，如果在输入框中分别输入姓名和昵称，则 first_name 和 last_name 将分别被赋值
为输入的值。例如，在姓名处输入"张三"，在昵称处输入"小张"， 效果如图 7-24 所示。

图 7-24　输入姓名和昵称

单击"提交"按钮，在浏览器的地址栏中可以看到"first_name=张三&last_name=小
张"的字样，如图 7-25 所示，表示服务器端接收到"name="张三""和"name="小张""
的数据。

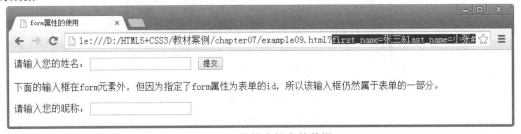

图 7-25　地址中提交的数据

注意

form 属性适用于所有的 input 输入类型。在使用时，只需引用所属表单的 id 即可。

3. list 属性

通过 datalist 元素可实现数据列表的下拉效果。而 list 属性用于指定输入框所绑定的
datalist 元素，其值是某个 datalist 元素的 id。

【例 7-10】演示 list 属性的使用。

代码如下：

```
<!doctype html>
<html>
<head>
<meta charset="utf-8">
<title>list 属性的使用</title>
</head>
<body>
<form action="#" method="get">
请输入网址：<input type="url" list="url_list" name="weburl"/>
<datalist id="url_list">
    <option label="新浪" value="http://www.sina.com.cn"></option>
    <option label="搜狐" value="http://www.sohu.com"></option>
    <option label="传智" value="http://www.itcast.cn/"></option>
</datalist>
<input type="submit" value="提交"/>
</form>
</body>
</html>
```

在例 7-10 中分别向表单中添加 input 和 datalist 元素，并且将<input />元素的 list 属性指定为 datalist 元素的 id 值。

运行上述代码，单击输入框，就会弹出已定义的网址列表，如图 7-26 所示。

图 7-26   list 属性的使用

4. multiple 属性

multiple 属性用于指定输入框可以选择多个值，该属性适用于 email 和 file 类型的 input 元素。multiple 属性用于 email 类型的 input 元素时，表示可以向文本框中输入多个 E-mail 地址，多个地址之间通过逗号隔开；multiple 属性用于 file 类型的 input 元素时，表示可以选择多个文件。

【例 7-11】演示 multiple 属性的使用。

代码如下：

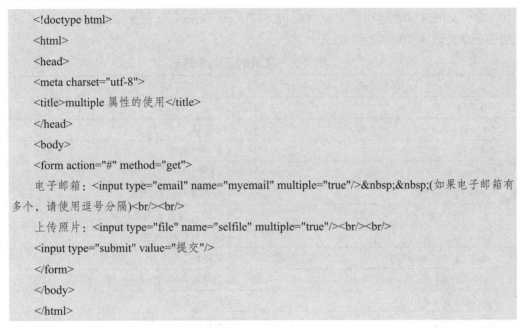

```
<!doctype html>
<html>
<head>
<meta charset="utf-8">
<title>multiple 属性的使用</title>
</head>
<body>
<form action="#" method="get">
电子邮箱：<input type="email" name="myemail" multiple="true"/>  (如果电子邮箱有
多个，请使用逗号分隔)<br/><br/>
上传照片：<input type="file" name="selfile" multiple="true"/><br/><br/>
<input type="submit" value="提交"/>
</form>
</body>
</html>
```

在例 7-11 中分别添加 email 类型和 file 类型的 input 元素，并且使用 multiple 属性指定输入框可以选择多个值。运行效果如图 7-27 所示。

如果想要向文本框中输入多个 E-mail 地址，可以将多个地址之间通过逗号分隔；如果想要选择多张照片，可以按下 Shift 键选择多个文件，效果如图 7-28 所示。

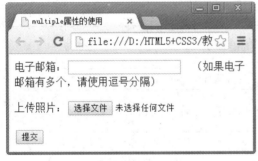
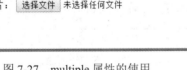

图 7-27　multiple 属性的使用

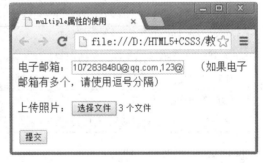

图 7-28　multiple 属性输入多个值的效果

5. min、max 和 step 属性

HTML5 中的 min、max 和 step 属性用于为包含数字或日期的 input 输入类型规定限值，也就是给这些类型的输入框加一个数值的约束，适用于 date、pickers、number 和 range 标签。具体说明如下：

(1) max：规定输入框所允许的最大输入值。

(2) min：规定输入框所允许的最小输入值。

(3) step：为输入框规定合法的数字间隔，如果不设置，其默认值是 1。

6. pattern 属性

pattern 属性用于验证 input 类型输入框中用户输入的内容是否与所定义的正则表达式

相匹配。pattern 属性适用于 text、search、url、tel、email 和 password 的<input/>标记。常
用的正则表达式如表 7-2 所示。

表 7-2　常用的正则表达式

正则表达式	说　明
^[0-9]*$	数字
^\d{n}$	n 位数字
^\d{n,}$	至少 n 位数字
^\d{m,n}$	m-n 位数字
^(0|[1-9][0-9]*)$	零和非零开头的数字
^([1-9][0-9]*)+(.[0-9]{1,2})?$	非零开头的最多带两位小数的数字
^(\-|\+)?\d+(\.\d+)?$	正数、负数和小数
^\d+$ 或 ^[1-9]\d*|0$	非负整数
^-[1-9]\d*|0$ 或 ^((-\d+)|(0+))$	非正整数
^[\u4e00-\u9fa5]{0,}$	汉字
^[A-Za-z0-9]+$ 或 ^[A-Za-z0-9]{4,40}$	英文和数字
^[A-Za-z]+$	由 26 个英文字母组成的字符串
^[A-Za-z0-9]+$	由数字和 26 个英文字母组成的字符串
^\w+$ 或 ^\w{3,20}$	由数字、26 个英文字母或者下划线组成的字符串
^[\u4E00-\u9FA5A-Za-z0-9_]+$	中文、英文、数字、下划线
^\w+([-+.]\w+)*@\w+([-.]\w+)*\.\w+([-.]\w+)*$	E-mail 地址
[a-zA-z]+://[^\s]* 或 ^http://([\w-]+\.)+[\w-]+(/[\w-./?%&=]*)?$	URL 地址
^\d{15}|\d{18}$	身份证号(15 位、18 位数字)
^([0-9]){7,18}(x|X)?$ 或 ^\d{8,18}|[0-9x]{8,18}|[0-9X]{8,18}?$	以数字、字母 X 结尾的身份证号码
^[a-zA-Z][a-zA-Z0-9_]{4,15}$	账号是否合法(以字母开头，长度为 5～16 字节，允许由字母、数字或下划线组成)
^[a-zA-Z]\w{5,17}$	密码(以字母开头，长度为 6～18 字节，只能包含字母、数字和下划线)

【例 7-12】演示 pattern 属性的使用以及常用的正则表达式。

代码如下：

```
<!doctype html>
<html>
<head>
<meta charset="utf-8">
<title>pattern 属性</title>
</head>
```

```
<body>
<form action="#" method="get">
账    号：<input type="text" name="username"
pattern="^[a-zA-Z][a-zA- Z0-9_]{4,15}$" />(以字母开头，允许 5-16 字节，允许字母数字下划
线)<br/>
密    码：<input type="password" name="pwd"
pattern="^[a-zA-Z]\w {5,17}$" />(以字母开头，长度在 6~18 之间，只能包含字母、数字和下划
线)<br/>
身份证号：<input type="text" name="mycard" pattern="^\d{15}|\d{18}$" />(15 位、18 位数字)<br/>
Email 地址：<input type="email" name="myemail"
pattern="^\w+([-+.]\w+)*@\w+([-.]\w+)*\.\w+([-.] \w+)*$"/>
<input type="submit" value="提交"/>
</form>
</body>
</html>
```

在例 7-12 中，第 9、第 11、第 13、第 15 行代码分别用于插入"账号""密码""身份
证号""Email 地址"的输入框，并且通过 pattern 属性来验证输入的内容是否与所定义的
正则表达式相匹配。

运行效果如图 7-29 所示。

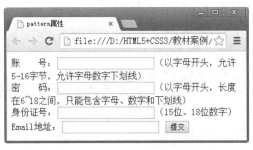

图 7-29　pattern 属性的应用

当输入的内容与所定义的正则表达式不相匹配时，点击"提交"按钮，效果如图 7-30
和图 7-31 所示。

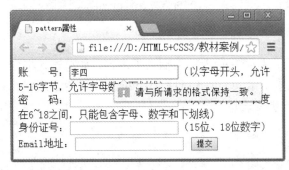

图 7-30　账号验证提示信息

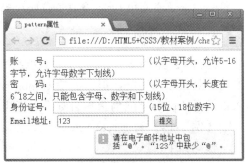

图 7-31　Email 地址验证提示信息

7. placeholder 属性

placeholder 属性用于为 input 类型的输入框提供相关提示信息，以描述输入框应该输入何种内容。在输入框为空时显式出现，而当输入框获得焦点时则会消失。

【例 7-13】placeholder 属性的使用。

代码如下：

```
<!doctype html>
<html>
<head>
<meta charset="utf-8">
<title>placeholder 属性</title>
</head>
<body>
<form action="#" method="get">
请输入邮政编码：<input type="text" name="code" pattern="[0-9]{6}" placeholder="请输入 6 位数
的邮政编码" />
<input type="submit" value="提交"/>
</form>
</body>
</html>
```

在例 7-13 中使用 pattern 属性来验证输入的邮政编码是否是 6 位数的数字，使用 placeholder 属性来提示输入框中需要输入的内容。

运行效果如图 7-32 所示。

图 7-32　placeholder 属性的使用

注意
placeholder 属性适用于 type 属性值为 text、search、url、tel、email 以及 password 的<input/>标记。

8. required 属性

HTML5 中的输入类型不会自动判断用户是否在输入框中输入了内容，如果输入框中的内容是必须填写的，那么需要为 input 元素指定 required 属性。required 属性用于规定输入框填写的内容不能为空，否则不允许用户提交表单。

【例 7-14】演示 required 属性的使用。

代码如下：

```
<!doctype html>
<html>
```

```
<head>
<meta charset="utf-8">
<title>required 属性</title>
</head>
<body>
<form action="#" method="get">
请输入姓名：<input type="text" name="user_name" required="required"/>
<input type="submit" value="提交"/>
</form>
</body>
</html>
```

在例 7-14 中为<input/>元素指定了 required 属性。当输入框中内容为空时，单击"提交"
按钮，将会出现提示信息，效果如图 7-33 所示。用户必须在输入内容后，才允许提交表单。

图 7-33　required 属性的使用

7.1.5　其他表单元素

1. textarea 元素

当定义 input 控件的 type 属性值为 text 时，可以创建一个单行文本输入
框。但是，如果需要输入大量信息，则单行文本输入框就不再适用，为此
HTML 语言提供了<textarea></textarea>标记。通过 textarea 元素可以轻松地
创建多行文本输入框，其基本语法格式如下：

```
...
<textarea cols="每行中的字符数" rows="显示的行数">
文本内容
</textarea>
...
```

<textarea>元素除了 cols 和 rows 属性外，还拥有几个可选属性，分别为 disabled、name
和 readonly，详见表 7-3。

表 7-3　<textarea>元素的其他可选属性

属性	属性值	描　　述
name	由用户自定义	控件的名称
readonly	readonly	该控件内容为只读(不能编辑修改)
disabled	disabled	第一次加载页面时禁用该控件(显示为灰色)

【例 7-15】演示<textarea>元素的使用。

代码如下：

```
<!doctype html>
<html>
<head>
<meta charset="utf-8">
<title>textarea 控件</title>
</head>
<body>
<form action="#" method="post">
评论：<br />
    <textarea cols="60" rows="8">
评论的时候，请遵纪守法并注意语言文明，多给文档分享人一些支持。
    </textarea><br />
    <input type="submit" value="提交"/>
</form>
</body>
</html>
```

在例 7-15 中通过<textarea></textarea>标记定义一个多行文本输入框，并对其应用 clos 和 rows 属性来设置多行文本输入框每行中的字符数和显示的行数。在多行文本输入框之后，通过将 input 控件的 type 属性值设置为 submit，定义了一个提交按钮。同时，为了使网页的格式更加清晰，在代码中的某些部分应用了换行标记
。

运行效果如图 7-34 所示。

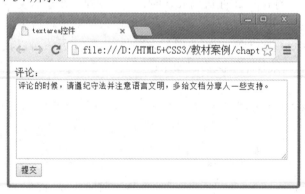

图 7-34　textarea 控件的使用

在图 7-34 中出现了一个多行文本输入框，用户可以对其中的内容进行编辑和修改。

注意

　　各浏览器对 cols 和 rows 属性的理解不同，当对 textarea 控件应用 cols 和 rows 属性时，多行文本输入框在各浏览器中的显示效果可能会有差异。所以在实际工作中，更常用的方法是使用 CSS 的 width 和 height 属性来定义多行文本输入框的宽和高。

2. select 元素

浏览网页时，经常会看到包含多个选项的下拉菜单，如所在的城市、出生年月、兴趣爱好等。图 7-35 所示即为一个下拉菜单，当点击下拉三角时，会出现一个选择列表，如图 7-36 所示。

图 7-35　下拉菜单　　　　　　　图 7-36　选择列表

使用 select 元素定义下拉菜单的基本语法格式如下：

```
...
<select>
<option>选项 1</option>
<option>选项 2</option>
<option>选项 3</option>
</select>
...
```

在上面的语法中，<select></select>标记用于在表单中添加一个下拉菜单，<option></option>标记嵌套在<select></select>标记中，用于定义下拉菜单中的具体选项，每对<select></select>中至少应包含一对<option></option>。

在 HTML 中，可以为<select>和<option>标记定义属性，以改变下拉菜单的外观显示效果，具体如表 7-4 所示。

表 7-4　HTML 中<select>和<option>标记的常用属性

标记名	常用属性	描　　　述
<select>	size	指定下拉菜单的可见选项数(取值为正整数)
	multiple	定义 multiple="multiple"时，下拉菜单将具有多项选择的功能，方法为按住 Ctrl 键的同时选择多项
<option>	selected	定义 selected ="selected"时，当前项即为默认选中项

【例 7-16】演示几种不同的下拉菜单效果。

代码如下：

```
<!doctype html>
<html>
<head>
<meta charset="utf-8">
<title>select 控件</title>
```

```
</head>
<body>
<form action="#" method="post">
所在校区：<br />
    <select><!--最基本的下拉菜单-->
        <option>-请选择-</option>
        <option>北京</option>
        <option>上海</option>
        <option>广州</option>
        <option>武汉</option>
        <option>成都</option>
    </select><br /><br />
特长(单选):<br />
    <select>
            <option>唱歌</option>
        <option selected="selected">画画</option><!--设置默认选中项-->
        <option>跳舞</option>
    </select><br /><br />
爱好(多选):<br />
    <select multiple="multiple" size="4">                <!--设置多选和可见选项数-->
        <option>读书</option>
        <option selected="selected">写代码</option>        <!--设置默认选中项-->
        <option>旅行</option>
        <option selected="selected">听音乐</option>        <!--设置默认选中项-->
        <option>踢球</option>
    </select><br /><br />
    <input type="submit" value="提交"/>
</form>
</body>
</html>
```

在例 7-16 中，通过<select><option>标记及相关属性创建了 3 个不同的下拉菜单。其中，第 1 个为最基本的下拉菜单，第 2 个为设置了默认选项的单选下拉菜单，第 3 个为设置了两个默认选项的多选下拉菜单。在下拉菜单之后，通过 input 控件定义了一个提交按钮。同时，为了使网页的格式更加清晰，在代码中的某些部分应用了换行标记
。

运行效果如图 7-37 所示。

图 7-37　下拉菜单展示

在图 7-37 中,第 1 个下拉菜单中的默认选项为其所有选项中的第一项,即不对<option>标记应用 selected 属性时,下拉菜单中的默认选项为第一项;第 2 个下拉菜单中的默认选项为设置了 selected 属性的选项;第 3 个下拉菜单显示为列表的形式,其中有 2 个默认选项,按住 Crtl 键时可同时选择多项。

上面实现了不同的下拉菜单效果。在实际网页制作过程中,有时候需要对下拉菜单中的选项进行分组,这样当存在很多选项时要想找到相应的选项就会更加容易。图 7-38 所示即为选项分组后下拉菜单中选项的展示效果。

图 7-38　选项分组后下拉菜单选项的展示效果

实现如图 7-38 所示的效果,可以在下拉菜单中使用<optgroup></optgroup>标记。

【例 7-17】演示下拉菜单中选项分组的方法和效果。

代码如下:

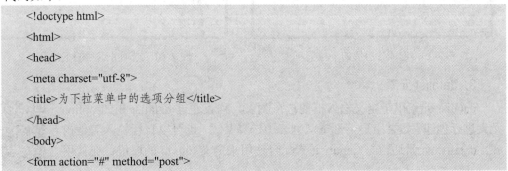

```
<!doctype html>
<html>
<head>
<meta charset="utf-8">
<title>为下拉菜单中的选项分组</title>
</head>
<body>
<form action="#" method="post">
```

```
城区：<br />
    <select>
    <optgroup label="北京">
        <option>东城区</option>
        <option>西城区</option>
        <option>朝阳区</option>
        <option>海淀区</option>
    </optgroup>
    <optgroup label="上海">
        <option>浦东新区</option>
        <option>徐汇区</option>
        <option>虹口区</option>
    </optgroup>
    </select>
</form>
</body>
</html>
```

在例 7-17 中，<optgroup></optgroup> 标记用于定义选项组，必须嵌套在 <select></select>标记中。一对<select></select>通常包含多对<optgroup></optgroup>。在 <optgroup>与</optgroup>之间为<option></option>标记定义的具体选项。需要注意的是，<optgroup>标记有一个必需属性 label，用于定义具体的组名。

运行上述代码，会出现如图 7-39 所示的下拉菜单，当点击下拉符号▼时，效果如图 7-40 所示，下拉菜单中的选项被清晰地分组了。

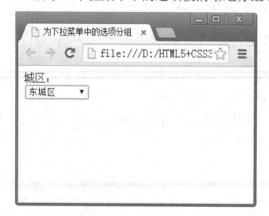

图 7-39　选项分组后的下拉菜单 1

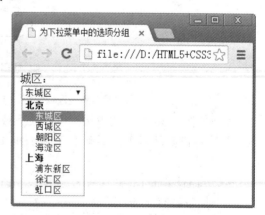

图 7-40　选项分组后的下拉菜单 2

3. datalist 元素

datalist 元素用于定义输入框的选项列表，列表通过 datalist 内的 option 元素进行创建。如果用户不希望从列表中选择某项，也可以自行输入其他内容。datalist 元素通常与 input 元素配合使用来定义 input 的取值。在使用

<datalist>标记时，需要通过 id 属性为其指定一个唯一的标识，然后为 input 元素指定 list 属性，将该属性值设置为 option 元素对应的 id 属性值。

【例 7-18】演示 datalist 元素的使用。

代码如下：

```
<!doctype html>
<html>
<head>
<meta charset="utf-8">
<title>datalist 元素</title>
</head>
<body>
<form action="#" method="post">
请输入用户名：<input type="text" list="namelist"/>
<datalist id="namelist">
    <option>admin</option>
    <option>lucy</option>
    <option>lily</option>
</datalist>
<input type="submit" value="提交" />
</form>
</body>
</html>
```

在例 7-18 中，首先向表单中添加一个 input 元素，并将其 list 属性值设置为"namelist"。然后添加 id 名为"namelist"的 datalist 元素，并通过 datalist 内的 option 元素创建列表。

运行效果如图 7-41 所示。

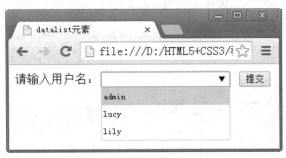

图 7-41　datalist 元素的效果

4. keygen 元素

keygen 元素用于表单的密钥生成器，能够使用户验证更为安全、可靠。当提交表单时会生成两个键：一个是私钥，它存储在客户端；另一个是公钥，它被发送到服务器，验证用户的客户端证书。如果新的浏览器能够对 keygen 元素的支持力度再增强一些，则有望使其成为一种有用的安全标准。

keygen 元素拥有多个属性，其常用属性及说明如表 7-5 所示。

表 7-5　keygen 元素的常用属性

属性	值	说　　明
for	autofocus	定义与输出域相关的一个或多个元素
autofocus	challenge	使 keygen 字段在页面加载时获得焦点
challenge	disabled	如果使用，则将 keygen 的值设置为在提交时询问
disabled	formname	禁用 keytag 字段
form	rsa	定义该 keygen 字段所属的一个或多个表单
keytype	fieldname	定义 keytype。rsa 生成 RSA 密钥
name		定义 keygen 元素的唯一名称。name 属性用于在提交表单时搜集字段的值

【例 7-19】演示 keygen 元素的使用。

代码如下：

```
<!doctype html>
<html>
<head>
<meta charset="utf-8">
<title>keygen 元素</title>
</head>
<body>
<form action="#" method="get">
请输入用户名：<input type="text" name="user_name"/><br/>
请选择加密强度：<keygen name="security"/><br/>
<input type="submit" value="提交" />
</form>
</body>
</html>
```

在例 7-19 中，使用 keygen 元素并且设置其 name 属性值为"security"来定义提交表单时搜集字段的值。

运行效果如图 7-42 所示。

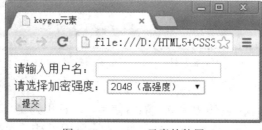

图 7-42　keygen 元素的使用

在图 7-42 中，在 keygen 元素的下拉菜单中可以选择加密强度。在 Chrome 浏览器中包括 2048(高强度)和 1024(中等强度)两种加密强度，效果如图 7-43 所示。

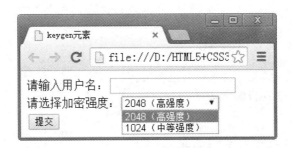

图 7-43　选择密钥强度

5. output 元素

output 元素用于不同类型的输出，可以在浏览器中显示计算结果或脚本输出。其常用属性有 3 个，具体如表 7-6 所示。

表 7-6　output 元素的常用属性

属性	说　　明
for	定义与输出域相关的一个或多个元素
form	定义输入字段所属的一个或多个表单
name	定义对象的唯一名称

7.2　表单样式化

使用 CSS 可以轻松地控制表单控件的样式，主要体现在控制表单控件的字体、边框、背景和内边距等。下面通过一个具体的例子来讲解 CSS 对表单样式的控制，其效果如图 7-44 所示。

图 7-44　CSS 控制表单样式效果图

图 7-44 所示的表单界面可以分为左右两部分，其中，左边为提示信息，右边为具体的表单控件。可以通过在<p>标记中嵌套<span>标记和<input>标记进行布局。

【例 7-20】HTML 结构代码。

代码如下：

```
<!doctype html>

<html>

<head>
```

```
<meta charset="utf-8">
<title>CSS 控制表单样式</title>
</head>
<body>
<form action="#" method="post">
    <p>
        <span>账号：</span>
        <input type="text" name="username" value="admin" class="num" pattern="^[a-zA-Z]
[a-zA-Z0-9_]{4,15}$" />
    </p>
    <p>
        <span>密码：</span>
        <input type="password" name="pwd" class="pass" pattern="^[a-zA-Z]\w{5,17}$"/>
    </p>
    <p>
        <input type="button" class="btn01" value="登录"/>
        <input type="button" class="btn02" value="注册"/>
    </p>
</form>
</body>
</html>
```

在例 7-20 中，使用表单<form>嵌套<p>标记进行整体布局，并分别使用<span>标记和<input>标记来定义提示信息及不同类型的表单控件。

运行效果如图 7-45 所示。

图 7-45　CSS 控制表单样式搭建结构

在图 7-45 中，出现了具有相应功能的表单控件。为了使表单界面更加美观，接下来使用 CSS 对其进行修饰，具体代码如下：

```
<style type="text/css">
body{ font-size:12px; font-family:"宋体";}                 /*全局控制*/
body,form,input,p{ padding:0; margin:0; border:0;}      /*重置浏览器的默认样式*/
form{
```

```
        width:320px;
        height:150px;
        padding-top:20px;
        margin:50px auto;                    /*使表单在浏览器中居中*/
        background:#f5f8fd;                  /*为表单添加背景颜色*/
        border-radius:20px;                 /*设置圆角边框*/
        border:3px solid #4faccb;
    }
    p{
        margin-top:15px;
        text-align:center;
    }
    p span{
        width:40px;
        display:inline-block;
        text-align:right;
    }
    .num,.pass{                            /*对文本框设置共同的宽、高、边框、内边距*/
        width:152px;
        height:18px;
        border:1px solid #38a1bf;
        padding:2px 2px 2px 22px;
    }
    .num{                                   /*定义第一个文本框的背景、文本颜色*/
        background:url(images/1.jpg) no-repeat 5px center #FFF;
        color:#999;
    }
    .pass{                                  /*定义第二个文本框的背景*/
        background:url(images/2.jpg) no-repeat 5px center #FFF;
    }
    .btn01,.btn02{
        width:60px;
        height:25px;
        border-radius:3px;                 /*设置圆角边框*/
        border:1px solid #6b5d50;
        margin-left:30px;
    }
    .btn01{ background:#3bb7ea;}            /*设置第一个按钮的背景色*/
    .btn02{ background:#fb8c16;}            /*设置第二个按钮的背景色*/
```

```
    </style>
```

保存 HTML 文件，刷新页面，效果如图 7-46 所示。

图 7-46　CSS 控制表单样式效果展示

上面使用 CSS 轻松实现了对表单控件的字体、边框、背景和内边距的控制。在使用 CSS 控制表单样式时，还需要注意以下几个问题：

(1) 由于 form 是块级元素，因此重置浏览器的默认样式时，需要清除其内边距 padding 和外边距 margin。

(2) input 控件默认有边框效果，当使用<input/>标记定义各种按钮时，通常需要清除其边框。

(3) 通常情况下需要对文本框和密码框设置 2～3 像素的内边距，以使用户输入的内容不会紧贴输入框。

7.3　任务案例——制作学生信息登记表

1. 分析结构

现在来分析一下本章的任务案例，观察效果图 7-47。

图 7-47　班级学生信息登记表效果展示

　　可以看出，界面整体上可以通过一个<div>大盒子控制，大盒子内部主要由表单构成。其中，表单由上面的标题和下面的表单控件两部分构成。标题部分可以使用<h2>标记定义；表单控件模块排列整齐，每一行可以使用<p>标记搭建结构。另外，每一行由左、右两部分构成，左边为提示信息，由<span>标记控制，右边为具体的表单控件，由<input/>标记布局。效果图 7-47 对应的结构如图 7-48 所示。

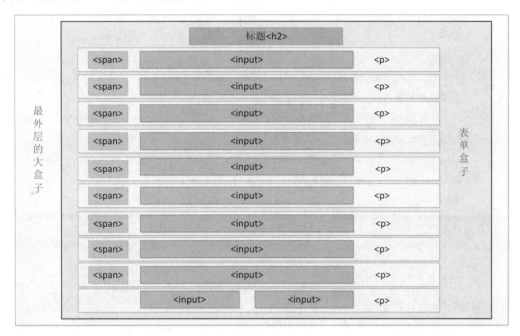

图 7-48　页面结构图

2.　分析样式

控制效果图 7-47 的样式主要分为 6 个部分，具体如下：

　　(1) 通过最外层的大盒子对页面进行整体控制，对其设置宽和高、背景图片及相对定位。

　　(2) 通过<form>标记对表单进行整体控制，对其设置宽和高、边距、边框样式及绝对定位。

　　(3) 通过<h2>标记控制标题的文本样式，对其设置对齐、外边距样式。

　　(4) 通过<p>标记控制每一行的学生信息模块，对其设置外边距样式。

　　(5) 通过<span>标记控制提示信息，将其转换为行内块级元素，对其设置宽度、右内边距及右对齐。

　　(6) 通过<input/>标记控制输入框的宽和高、内边距和边框样式。

3.　制作页面结构

根据上面的分析，使用相应的 HTML 标记来搭建网页结构。

【例 7-21】使用 HTML 标记搭建网页结构。

代码如下：

```
<!doctype html>
```

```html
<html>
<head>
<meta charset="utf-8">
<title>学生信息登记表</title>
<link rel="stylesheet" href="style07.css" type="text/css">
</head>
<body>
<div class="bg">
    <form action="#" method="get" autocomplete="off">
    <h2>学生信息登记表</h2>
    <p><span>用户登录名：</span><input type="text" name="user_name" value="myemail@163.com" disabled readonly />(不能修改，只能查看)</p>
    <p><span>真实姓名：</span><input type="text" name="real_name"pattern="^[\u4e00-\u9fa5]{0,}$" placeholder="例如：张三" required autofocus/>(必须填写，只能输入汉字)</p>
    <p><span>真实年龄：</span><input type="number" name="real_lage" value="19" min="15" max="120" required/>(必须填写)</p>
    <p><span>出生日期：</span><input type="date" name="birthday" value="1990-10-1" required/> 必须填写)</p>
    <p><span>电子邮箱：</span><input type="email" name="myemail" placeholder="bzy000@126. com" required multiple/>(必须填写)</p>
    <p><span>身份证号：</span><input type="text" name="card" required pattern="^\d{8,18}|[0-9x] {8,18}|[0-9X]{8,18}?$"/>(必须填写，能够以数字、字母 x 结尾的短身份证号)</p>
    <p><span>手机号码：</span><input type="tel" name="telphone" pattern="^\d{11}$" required/ >(必须填写)</p>
    <p><span>个人主页：</span><input type="url" name="myurl" list="urllist" placeholder="https://weibo.com" pattern="^http://([\w-]+\.)+[\w-]+(/[\w-./?%&=]*)?$"/>(请选择网址)</p>
    <p class="lucky"><span>幸运颜色：</span><input type="color" name="lovecolor" value="#fed000"/>(请选择你喜欢的颜色)</p>
    <p class="btn">
    <input type="submit" value="提交"/>
    <input type="reset" value="重置"/>
    </p>
    </form>
</div>
</body>
</html>
```

在例 7-21 所示的 HTML 结构代码中，通过定义 class 为 bg 的大盒子进行整体控制。第 10 行代码使用<form>标记对表单进行整体控制，并将其 autocomplete 属性值设置为"off"；第 1～29 行代码使用<p>标记搭建每一行信息模块的整体结构。其中，使用<span>

标记控制左边的 "提示信息"，使用<input/>标记控制右边的表单控件。另外，通过为表单控件设置不同的属性来实现不同的功能。第 30～33 行代码通过<p>标记嵌套两个<input/>标记来搭建 "提交" "重置" 按钮的结构。

运行效果如图 7-49 所示。

图 7-49　HTML 结构页面效果

4. 定义 CSS 样式

搭建完页面的结构后，使用 CSS 对页面的样式进行修饰。本节采用从整体到局部的方式实现图 7-47 所示的效果。

1) 定义基础样式

定义页面的统一样式，CSS 代码如下：

```
body{font-size:12px; font-family:"微软雅黑";}       /*全局控制*/

body,form,input,h1,p{padding:0; margin:0; border:0; }    /*重置浏览器的默认样式*/
```

2) 整体控制界面

观察效果图 7-47 可以看出，界面整体上由一个大盒子控制，使用<div>标记搭建结构，并设置其宽和高的属性。另外，为了使页面更加丰富、美观，可以使用 CSS 为页面添加背景图片，并将平铺方式设置为不平铺方式。此外，由于表单模块需要依据最外层的大盒子进行绝对定位，所以需要将<div>大盒子设置为相对定位。CSS 代码如下：

```
.bg{

    width:1431px;

    height:717px;

    background:url(images/form_bg.jpg) no-repeat;/*添加背景图片*/
```

```
        position:relative;                              /*设置相对定位*/
    }
```

3) 整体控制表单

制作页面结构时，使用<form>标记对表单界面进行整体控制，设置其宽度和高度固定。同时，表单需要依据最外层的大盒子进行绝对定位，并设置其偏移量。另外，为了使边框和内容之间拉开距离，需要设置 30 像素的左内边距。CSS 代码如下：

```
    form{
        width:600px;
        height:400px;
        margin:50px auto;                  /*使表单在浏览器中居中*/
        padding-left:30px;                 /*使边框和内容之间拉开距离*/
        position:absolute;                 /*设置绝对定位*/
        left:43%;
        top:15%;
    }
```

4) 制作标题部分

对于效果图 7-47 中的标题部分，需要使其居中对齐。另外，为了使标题和上下表单内容之间有一定的距离，可以对标题设置合适的外边距。CSS 代码如下：

```
    h2{                                              /*控制标题*/
        text-align:center;
        margin:16px 0;
    }
```

5) 整体控制每行信息

观察效果图 7-47 中的表单部分可以发现，每行信息模块都独占一行，包括提示信息和表单控件两部分。另外，行与行之间拉开一定的距离，需要设置上外边距。CSS 代码如下：

```
    p{margin-top:20px;}
```

6) 控制左边的提示信息

由于表单左侧的提示信息居右对齐，且和右边的表单控件之间存在一定的间距，因此需要设置其对齐方式及合适的右内边距。同时，需要通过将<span>标记转换为行内块级元素并设置其宽度来实现。CSS 代码如下：

```
    p span{
        width:75px;
        display:inline-block;              /*将行内元素转换为行内块级元素*/
        text-align:right;                  /*居右对齐*/
        padding-right:10px;
    }
```

7) 控制右边的表单控件

观察右边的表单控件可以看出，表单右边包括多个不同类型的输入框，需要定义它们的宽和高以及边框样式。另外，为了使输入框与输入内容之间拉开一些距离，需要设置内边距 padding。此外，幸运颜色输入框的宽和高大于其他输入框，需要单独设置其样式。CSS 代码如下：

```
pinput{                        /*设置所有的输入框样式*/
    width:200px;
    height:18px;
    border:1px solid #38a1bf;
    padding:2px;               /*设置输入框与输入内容之间拉开一些距离*/
}
.lucky input{                  /*单独设置幸运颜色输入框的样式*/
    width:100px;
    height:24px;
}
```

8) 控制下方的两个按钮

对于表单下方的提交和重置按钮，需要设置其宽度、高度及背景色。另外，为了设置按钮与上边和左边的元素拉开一定的距离，需要对其设置合适的上、左外边距。同时，按钮边框显示为圆角样式，需要通过 "border-radius" 属性设置其边框效果。此外，需要设置按钮内文字的字体、字号及颜色。CSS 代码如下：

```
.btn input{                    /*设置两个按钮的宽和高、边距及边框样式*/
    width:100px;
    height:30px;
    background:#93b518;
    margin-top:20px;
    margin-left:75px;
    border-radius:3px;         /*设置圆角边框*/
    font-size:18px;
    font-family:"微软雅黑";
    color:#fff;
}
```

至此完成了效果图 7-47 所示的学生信息登记表的 CSS 样式部分。将该样式应用于网页后，效果如图 7-50 所示。

图 7-50　添加 CSS 样式后的页面效果

习　　题

一、选择题

1. 如果要使表单提交信息不以附件的形式发送，只要将表单的"MTME 类型"设置为(　　)。

A. text/plain 　　　　 B. password 　　　　 C. submit 　　　　 D. button

2. 若要获得名为 login 的表单中，名为 txtuser 的文本输入框的值，以下获取方法中，正确的是(　　)。

A. username=login.txtser.value

B. username=document.txtuser.value

C. username=document.login.txtuser

D. username=document.txtuser.value

3. 若要产生一个 4 行 30 列的多行文本域，以下方法中正确的是(　　)。

A. <Input type="text" Rows="4" Cols="30" Name="txtintrol">

B. <TextArea Rows="4" Cols="30" Name="txtintro">

C. <TextArea Rows="4" Cols="30" Name="txtintro"></TextArea>

D. <TextArea Rows="30" Cols="4" Name="txtintro"></TextArea>

4. 用于设置文本框显示宽度的属性是(　　)。

A. Size 　　　　　 B. MaxLength 　　　　 C. Value 　　　　　 D. Length

二、填空题

1. 用来输入密码的表单域是_____。

2. 当表单以电子邮件的形式发送，表单信息不以附件的形式发送时，应将"MIME 类型"设置为_____。

3. 表单对象的名称由＿＿＿＿＿＿＿＿属性设定；提交方法由＿＿＿＿＿＿＿＿属性指定；若要提交大数据量的数据，则应采用＿＿＿＿＿＿＿＿方法；表单提交后的数据处理程序由＿＿＿＿＿＿＿＿属性指定。

4. 表单是 Web＿＿＿＿＿＿＿＿和 Web＿＿＿＿＿＿＿＿之间实现信息交流和传递的桥梁。

5. 表单实际上包含两个重要组成部分：一是描述表单信息的＿＿＿＿＿＿＿＿，二是用于处理表单数据的服务器端＿＿＿＿＿＿＿＿。

三、操作题

编写一个校园网注册页面，包括用户名、电子邮箱、学号，并要求做以下校验设置：

(1) 用户名必须为英文和数字组合，且长度大于 6 位。

(2) 电子邮箱的格式必须正确。

(3) 学号为数字。

第 8 章

HTML5 中的多媒体

教 学 目 标

通过本章的学习，能够了解 HTML5 多媒体文件的特性，熟悉常用的多媒体格式，掌握在页面中嵌入音频和视频文件的方法，并将其综合运用到页面的制作中。

知识目标

(1) 熟悉 HTML5 的多媒体特性。

(2) 了解 HTML5 支持的音频和视频格式。

(3) 掌握 HTML5 中视频相关属性的运用，能够在 HTML5 页面中添加视频文件。

(4) 掌握 HTML5 中音频相关属性的运用，能够在 HTML5 页面中添加音频文件。

(5) 了解 HTML5 中视频和音频的一些常见操作，并能够将其应用到网页制作中。

技能目标

(1) 能结合浏览器的支持情况，选择合适的音频和视频格式。

(2) 能根据网页页面效果，实现 CSS 视频播放样式效果。

任务描述及工作单

在网页设计中，多媒体技术主要是指在网页上运用音频和视频传递信息的一种方式。在网络传输速度越来越快的今天，音频和视频技术已经被广泛地应用在网页设计中，比起静态的图片和文字，音频和视频可以为用户提供更直观、更丰富的信息。本章将对 HTML5 多媒体的特性以及创建音频和视频的方法进行详细讲解。为了加深对网页多媒体标记的理解和运用，本任务设计制作一个音乐播放界面，其效果如图 8-1 所示。

图 8-1　本章最终完成效果图

8.1　HTML5 多媒体的特性

在 HTML5 出现之前并没有将视频和音频嵌入页面的标准方式，多媒体内容在大多数情况下都是通过第三方插件或集成在 Web 浏览器的应用程序中置于页面中的。

通过这样的方式实现的音频和视频功能，不仅需要借助第三方插件，而且实现代码复杂冗长，运用 HTML5 中新增的 video 标签和 audio 标签可以避免这样的问题。

HTML5 和浏览器对视频和音频文件格式都有严格的要求，仅有几种格式能够同时满足 HTML5 和浏览器的需求。因此，要想在网页中嵌入音频和视频文件，首先要选择正确的音频和视频文件格式。

8.2　多媒体的支持条件

8.2.1　视频和音频编解码器

1. 视频编解码器

1) H.264

H.264 是国际标准化组织(ISO)和国际电信联盟(ITU)共同提出的继 MPEG4 之后的新一代数字视频压缩格式，是 ITU-T 以 H.26x 系列为名称命名的视频编解码技术标准之一。

2) Theora

Theora 是免费开放的视频压缩编码技术，支持从 VP3 HD 高清到 MPEG-4/DiVX 的视频格式。

3) VP8

VP8 是第八代 On2 视频，能以更少的数据提供更高质量的视频，而且只需较小的处理能力即可播放视频。

2. 音频编解码器

1) AAC

AAC 是高级音频编码(Advanced Audio Coding)的简称，它是基于 MPEG-2 的音频编码技术，目的是取代 MP3 格式。2000 年 MPEG-4 标准出现后，AAC 重新集成了其特性，加入了 SBR 技术和 PS 技术。

2) MP3

MP3 是 MPEG-1 音频层 3 的简称，它被设计用来大幅度地降低音频数据量。利用该技术，可以将音乐以 1:10 甚至 1:12 的压缩率压缩成容量较小的文件，而音质并不会明显下降。

3) Ogg

Ogg 的全称为 Ogg Vorbis，是一种新的音频压缩格式，类似于 MP3 等现有的音乐格式。Ogg Vorbis 有一个很出众的特点——支持多声道。

8.2.2　多媒体的格式

HTML5 提供的视频和音频嵌入方式简单易用，主要通过 video 和 audio 标签在页面中嵌入视频或音频文件，这就需要正确选择音频与视频格式。

1. 视频格式

在 HTML5 中嵌入的视频格式主要包括 Ogg、MPEG4、WebM 等。

(1) Ogg：指带有 Theora 视频编码和 Vorbis 音频编码的 Ogg 文件。

(2) MPEG4：指带有 H.264 视频编码和 AAC 音频编码的 MPEG4 文件。

(3) WebM：指带有 VP8 视频编码和 Vorbis 音频编码的 WebM 文件。

2. 音频格式

音频格式是指要在计算机内播放或处理的音频文件。在 HTML5 中嵌入的音频格式主要包括 Vorbis、MP3、Wav 等。

(1) Vorbis：是类似于 AAC 的另一种免费、开源的音频编码，是用于替代 MP3 的下一代音频压缩技术。

(2) MP3：是一种音频压缩技术，其全称是动态影像专家压缩标准音频层面 3(Moving Picture Experts Group Audio Layer III)。它被设计用来大幅度降低音频数据量。

(3) Wav：是录音时用的标准的 Windows 文件格式，文件的扩展名为 WAV，数据本身的格式为 PCM 或压缩型，属于无损音乐格式的一种。

8.2.3　支持视频和音频的浏览器

到目前为止，很多浏览器已经实现了对 HTML5 中 video 和 audio 元素的支持。各浏览器的支持情况如表 8-1 所示。

表 8-1　各浏览器对 HTML5 中 video 和 audio 元素的支持情况

浏览器	支持版本
IE	9.0 及以上版本
Firefox	3.5 及以上版本
Opera	10.5 及以上版本
Chrome	3.0 及以上版本
Safari	3.2 及以上版本

8.3　嵌入视频和音频

8.3.1　在 HTML5 中嵌入视频

在 HTML5 中，video 标签用于定义播放视频文件的标准，它支持三种
视频格式，分别为 Ogg、WebM 和 MPEG4，其基本语法格式如下：

```
<video src="视频文件路径" controls="controls"></video>
```

在上面的语法格式中，src 属性用于设置视频文件的路径，controls 属性用于为视频提
供播放控件，这两个属性是 video 元素的基本属性。

【例 8-1】演示嵌入视频的方法。

代码如下：

```
<!doctype html>
<html>
<head>
<meta charset="utf-8">
<title>在 HTML5 中嵌入视频</title>
</head>
<body>
<video src="video/pian.mp4" controls="controls">浏览器不支持 video 标签</video>
</body>
</html>
```

在例 8-1 中，第 8 行代码通过使用 video 标签来嵌入视频。

运行效果如图 8-2 所示。

图 8-2 显示的是视频未播放的状态，界面底部是浏览器添加的视频控件，用于控制视
频播放的状态，当点击"播放"按钮时，即可播放视频，如图 8-3 所示。

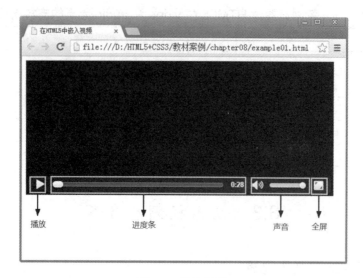

图 8-2　嵌入视频

图 8-3　播放视频

另外，在 video 元素中还可以添加其他属性(见表 8-2)，以进一步优化视频的播放效果。

表 8-2　video 元素的其他属性

属性	值	描　　述
autoplay	autoplay	当页面载入完成后自动播放视频
loop	loop	视频结束时重新开始播放
preload	preload	如果出现该属性，则视频在页面加载时进行加载，并预备播放。如果使用 autoplay，则忽略该属性
poster	url	当视频缓冲不足时，该属性值链接一个图像，并将该图像按照一定的比例显示出来

8.3.2　在 HTML5 中嵌入音频

在 HTML5 中，audio 标签用于定义播放音频文件的标准，它支持三种音频格式，分别为 Vorbis、MP3 和 Wav，其基本格式如下：

```
<audio src="音频文件路径" controls="controls"></audio>
```

在上面的基本格式中，src 属性用于设置音频文件的路径，controls 属性用于为音频提供播放控件，这和 video 元素的属性非常相似。同样地，< audio >和</audio >之间也可以插入文字，用于不支持 audio 元素的浏览器的显示。

【例 8-2】演示嵌入音频的方法。

代码如下：

```
<!doctype html>
<html>
<head>
<meta charset="utf-8">
<title>在 HTML5 中嵌入音频</title>
</head>
<body>
<audio src="music/btswj.mp3" controls="controls">浏览器不支持 audio 标签</audio>
</body>
</html>
```

在例 8-2 中，第 8 行代码的 audio 标签用于嵌入音频。

运行效果如图 8-4 所示。

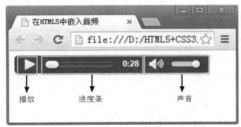

图 8-4　嵌入音频

图 8-4 显示的是音频控件，用于控制音频文件的播放状态，点击"播放"按钮，即可播放音频文件。

在 audio 元素中还可以添加其他属性(见表 8-3)，以进一步优化音频的播放效果。

表 8-3　audio 元素的其他属性

属性	值	描　　述
autoplay	autoplay	当页面载入完成后自动播放音频
loop	loop	当音频结束时重新开始播放
preload	preload	如果出现该属性，则音频在页面加载时进行加载，并预备播放。如果使用 autoplay，则忽略该属性

8.3.3　音频和视频中的 source 元素

虽然 HTML5 支持 Ogg、MPEG4 和 WebM 的视频格式以及 Vorbis、MP3 和 Wav 的音频格式，但各浏览器对这些格式不完全支持，具体如表 8-4 所示。

表 8-4　HTML5 中各浏览器支持的音频和视频格式

格式	浏览器				
	IE9	Firefox4.0	Opera10.6	Chrome6.0	Safari3.0
Ogg		支持	支持	支持	
MPEG4	支持			支持	支持
WebM		支持	支持	支持	
Vorbis		支持	支持	支持	
MP3	支持			支持	支持
Wav		支持	支持		支持

在 HTML5 中，运用 source 元素可以为 video 元素或 audio 元素提供多个备用文件。运用 source 元素添加音频的基本格式如下：

```
...
<audio controls="controls">
    <source src="音频文件地址" type="媒体文件类型/格式">
    <source src="音频文件地址" type="媒体文件类型/格式">
    …
</audio>
...
```

注意

source 元素一般设置以下两个属性：
(1) src：用于指定媒体文件的 URL 地址。
(2) type：指定媒体文件的类型。

8.3.4　调用网页中的多媒体文件

1. 获取音频和视频文件的 URL

打开网页，在搜索工具栏输入搜索关键词"MP3"，会出现下载歌曲的网页，如图 8-5 所示。

选择一首歌曲，单击下载按钮，弹出如图 8-6 所示的歌曲下载界面。

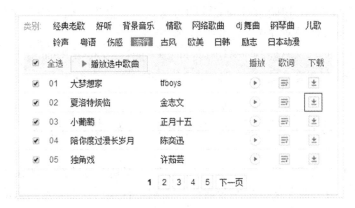

图 8-5　下载歌曲的网页

图 8-6　歌曲下载界面

选择"标准品质"的 MP3 音乐，单击"下载"按钮，弹出如图 8-7 所示的"新建下载任务"对话框。

图 8-7　"新建下载任务"对话框

图 8-7 中，线框标示的部分即为歌曲的 URL 地址，选中并复制 URL 地址。

2. 插入音频文件

把复制的 URL 路径粘贴到音频文件的示例代码中，具体如下：

```
...
<audio
src="http://yinyueshiting.baidu.com/data2/music/247912224/24791165410800064.mp3?xcode=8b646dd1d
51bff5805ffee87c3adb48c"    controls="controls">调用网络音频文件</audio>
```

调用视频文件的方法和调用音频文件的方法类似，也需要获取视频文件的 URL 地址，然后将相关代码插入视频文件中。示例代码如下：

```
<video  src="http://www.w3school.com.cn/i/movie.ogg"    controls="controls">调用网络视频文件
</video>
```

8.4 CSS 控制视频的宽度和高度

在 HTML5 中，经常会采用为 video 元素添加宽和高的方式给视频预留一定的空间，这样浏览器在加载页面时就会预先确定视频的尺寸，为其保留合适的空间，使页面的布局不产生变化。

【例 8-3】运用 width 和 height 属性设置视频文件的宽度和高度。

代码如下：

```
<!doctype html>
<html>
<head>
<meta charset="utf-8">
<title>CSS 控制视频的宽高</title>
<style type="text/css">
*{
    margin:0;
    padding:0;
}
div{
    width:600px;
    height:300px;
    border:1px solid #000;
}
video{
    width:200px;
    height:300px;
    background:#F90;
    float:left;
}
p{
    width:200px;
    height:300px;
    background:#999;
    float:left;
```

```
}
</style>
</head>
<body>
<h2>视频布局样式</h2>
<div>
<p>占位色块</p>
<video src="video/pian.mp4" controls="controls">浏览器不支持 video 标签</video>
<p>占位色块</p>
</div>
</body>
</html>
```

在例 8-3 中，设置大盒子 div 的宽度为 600 px，高度为 300 px，在其内部嵌套一个 video 标签和 2 个 p 标签，设置宽度均为 200 px，高度均为 300 px，并运用浮动属性让它们排列在一排显示。

运行效果如图 8-8 所示。

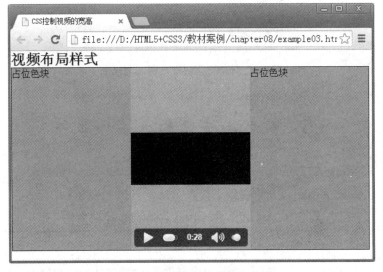

图 8-8　设置视频的宽度和高度

在图 8-8 中，由于定义了视频的宽度和高度，因此浏览器在加载时会为其预留合适的空间，此时视频和段落文本成一行排列在大盒子的内部，页面布局没有变化。

更改例 8-3 中的代码，删除视频的宽度和高度属性，代码如下：

```
video{
    background:#F90;
    float:left;
}
```

保存 HTML 文件，刷新页面，效果如图 8-9 所示。

图 8-9　删除视频的宽度和高度属性

8.5　视频与音频的方法和事件

1. video 和 audio 的方法

HTML5 为 video 和 audio 元素提供了接口方法，具体如表 8-5 所示。

表 8-5　HTML5 中 video 和 audio 接口方法

方　　法	描　　述
load()	加载媒体文件，为播放做准备。通常用于播放前的预加载，也会用于重新加载媒体文件
play()	播放媒体文件。如果视频没有加载，则加载并播放；如果视频是暂停的，则变为播放
pause()	暂停播放媒体文件
canPlayType()	测试浏览器是否支持指定的媒体类型

2. video 和 audio 的事件

HTML5 还为 video 和 audio 元素提供了一系列接口事件，具体如表 8-6 所示。

表 8-6　HTML5 中 video 和 audio 接口事件

事　　件	描　　述
play	当执行方法 play()时触发
playing	当正在播放时触发
pause	当执行了方法 pause()时触发
timeupdate	当播放位置被改变时触发
ended	当播放结束后停止播放时触发
waiting	在等待加载下一帧时触发
ratechange	在当前播放速率改变时触发
volumechange	在音量改变时触发
canplay	以当前播放速率、需要缓冲时触发
canplaythrough	以当前播放速率、不需要缓冲时触发
durationchange	当播放时长改变时触发
loadstart	当浏览器开始在网上寻找数据时触发
progress	当浏览器正在获取媒体文件时触发
suspend	当浏览器暂停获取媒体文件且文件获取并没有正常结束时触发
abort	当中止获取媒体数据时触发。但这种中止不是由错误引起的
error	当获取媒体过程出错时触发
emptied	当所在网络变为初始化状态时触发
stalled	浏览器尝试获取媒体数据失败时触发
loadedmetadata	在加载完媒体元数据时触发
loadeddata	在加载完当前位置的媒体播放数据时触发
seeking	浏览器正在请求数据时触发
seeked	浏览器停止请求数据时触发

8.6　HTML5 音频和视频的发展趋势

1. 流式音频视频

目前的 HTML5 视频范围中还没有比特率切换标准，所以对视频的支持仅限于全部加载完毕再播放的方式。但流媒体格式是比较理想的格式，在将来的设计中需要在这个方面进行规范。

2. 跨资源共享

HTML5 的媒体受到了 HTTP 跨资源共享的限制。HTML5 针对跨资源共享提供了专门的规范，这种规范不仅局限于音频和视频。

3. 字幕支持

如果在 HTML5 中对音频和视频进行编辑，则可能还需要对字幕进行控制。基于流行的字幕格式 SRT 的字幕支持规范仍在编写中。

4. 编解码支持

使用 HTML5 最大的缺点在于缺少通用编解码的支持。随着时间的推移，最终会形成一个通用的、高效的编解码器，未来多媒体的形式也会比现在更加丰富。

8.7　任务案例——制作一个音乐播放界面

1. 分析结构

现在我们来分析一下本章的任务案例，观察效果图 8-10。

图 8-10　音乐播放界面效果图

由效果图 8-10 容易看出，音乐播放界面整体由背景图、左边的唱片以及右边的歌词三部分组成。其中，背景图部分插入视频，可以通过 video 标签定义；唱片部分由两个盒子嵌套组成，可以通过两个 div 进行定义；歌词部分可以通过 h2 和 p 标记定义。效果图 8-10 对应的结构如图 8-11 所示。

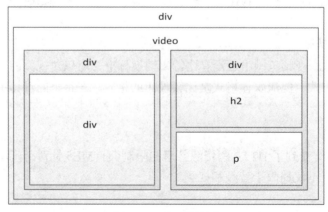

图 8-11　页面结构图

2．分析样式

控制效果图 8-10 的样式分为以下几个部分：

(1) 通过最外层的大盒子对页面进行整体控制，需要对其设置宽度、高度、绝对定位等样式。

(2) 为大盒子添加视频作为页面背景，需要对其设置宽度、高度、绝对定位和外边距，使其始终显示在浏览器的居中位置。

(3) 为控制唱片部分的 div 添加样式，需要对其设置宽和高、圆角边框、内阴影以及背景图片。

(4) 为歌词部分的 h2 和 p 标记添加样式，需要对其设置宽和高、背景以及字体样式。其中，歌曲标题使用特殊字体，因此，需要运用@font-face 属性添加字体样式。

3．制作页面结构

根据上面的分析，使用相应的 HTML 标记来搭建网页结构。

【例 8-4】搭建网页结构。

代码如下：

```
<!doctype html>
<html>
<head>
<meta charset="utf-8">
<title>音乐播放页面</title>
<link rel="stylesheet" href="style08.css" type="text/css" />
</head>
<body>
<div id="box-video">
        <video  src="video/mailang.webm"   autoplay="autoplay"  loop>浏览器不支持 video 标签
</video>
        <div class="cd">
          <div class="center"></div>
        </div>
        <div class="song">
          <h2>包头是我家</h2>
            <p>包头是我家（<br/>人人都爱它<br/>,千娇百媚的草原城<br/>书声唤醒沉睡的
驼铃<br/>祖国一枝花<br/>包头是我家<br/>我家谁不夸<br/>平安和谐的文明城<br/>爱心传佳话……
</p>
            <audio src="music/btswj.mp3" autoplay="autoplay" loop ></audio>
          </div>
      </div>
    </body>
  </html>
```

在例 8-4 中，最外层的 div 用于对音乐播放页面进行整体控制，第 9～14 行代码用于控制页面唱片部分的结构，第 15～21 行代码用于控制页面歌词部分的结构。

4. 定义 CSS 样式

搭建完页面的结构，接下来为页面添加 CSS 样式。本节采用从整体到局部的方式实现图 8-10 所示的效果。

1) 定义基础样式

在定义 CSS 样式时，首先要清除浏览器的默认样式。具体 CSS 代码如下：

```
*{margin:0; padding:0; }
```

2) 整体控制音乐播放界面

通过一个大的 div 对音乐播放界面进行整体控制，需要将其宽度设置为 100%，高度设置为 100%，使其自适应浏览器的大小。具体代码如下：

```
#box-video{
    width:100%;
    height:100%;
    position:absolute;
    overflow:hidden;
    }
```

在上面的代码中，"overflow:hidden;"样式用于隐藏浏览器的滚动条，使视频能够固定在浏览器界面中，不被拖动。

3) 设置视频文件样式

运用 video 标签在页面中嵌入视频。由于视频的宽和高远远超出浏览器的界面大小，因此，在设置时要通过最小宽度和最大宽度将视频大小限制在一定范围内，使其自适应浏览器的大小。具体代码如下：

```
/*插入视频*/
#box-video video{
    min-width:100%;
    min-height:100%;
    max-width:4000%;
    max-height:4000%;
    position:absolute;
    top:50%;
    left:50%;
    margin-left:-1350px;
    margin-top:-540px;
    }
```

在上面的代码中，通过定位和 margin 属性将视频始终定位在浏览器界面的中间位置，这样无论浏览器界面放大或缩小，视频都将在浏览器界面居中显示。

4) 设置唱片部分样式

在唱片部分，可以将两个圆看成嵌套在一起的父子盒子。其中，对于父盒子，需要应用圆角边框样式和阴影样式；对于子盒子，需要设置定位使其始终显示在父盒子的中心位置。具体代码如下：

```
/*唱片部分*/
.cd{
    width:422px;
    height:422px;
    position:absolute;
    top:25%;
    left:10%;
    z-index:2;
    border-radius:50%;
    border:10px solid #FFF;
    box-shadow:5px 5px 15px #000;
    background:url(images/cd_img.jpg) no-repeat;
    }
.center{
    width:100px;
    height:100px;
    background-color:#000;
    border-radius:50%;
    position:absolute;
    top:50%;
    left:50%;
    margin-left:-50px;
    margin-top:-50px;
    z-index:3;
    border:5px solid #FFF;
    background-image:url(images/yinfu.gif);
    background-position: center center;
    background-repeat:no-repeat;
    }
```

在上面的代码中，需要对父盒子应用"z-index:2;"样式，对子盒子应用"z-index:3;"样式，使父盒子显示在 video 元素的上层，子盒子显示在父盒子的上层。

5) 设置歌词部分样式

歌词部分可以看作一个大的 div 内部嵌套一个 h2 标记和一个 p 标记。其中，p 标记的背景是一张渐变图片，应使其沿 x 轴平铺。具体代码如下：

```
/*歌词部分*/
.song{
    position:absolute;
    top:25%;
    left:50%;
}
@font-face{
    font-family:MD;
    src:url(font/MD.ttf);
}
h2{
    font-family:MD;
    font-size:110px;
    color:#913805;
}
p{
    width:556px;
    height:300px;
    font-family:"微软雅黑";
    padding-left:30px;
    line-height:30px;
    background:url(images/bg.png) repeat-x;
    box-sizing:border-box;
}
```

至此完成了效果图 8-10 所示音乐播放界面的 CSS 样式。将该样式应用于网页后，效果如图 8-12 所示。

图 8-12　页面的最终效果图

习　题

一、选择题

1. 在网页中若要播放名为 demo.avi 的动画，以下用法中正确的是(　　)。

A. <Embed src="demo.avi" autostart=true>

B. <Embed src="demo.avi" autoopen=true>

C. <Embed src="demo.avi" autoopen=true></Embed>

D. <Embed src="demo.avi" autostart=true></Embed>

2. 若要循环播放背景音乐 bg.mid，以下用法中正确的是(　　)。

A. <bgsound src="bg.mid" Loop="1">

B. <bgsound src="bg.mid" Loop=True>

C. <sound src="bg.mid" Loop="True">

D. <Embed src="bg.mid" autostart=true></Embed>

3. 以下标记中，用来创建对象的是(　　)。

A. <Object>　　　　B. <Embed>　　　　C. <Form>　　　　D. <Marquee>

4. 以下标记中，可用来产生滚动文字或图形的是(　　)。

A. <Scroll>　　　　B. <Marquee>　　　　C. <TextArea>　　　　D. <IFRAME>

二、填空题

1. 在网页中嵌入多媒体(如电影、声音等)用到的标记是_____。

2. 在页面中添加背景音乐 bg.mid，循环播放 3 次的语句是_____

_____。

3. <img src="ex.GIF" dynsrc="ex.AVI"　loop=3 loopdelay=250>语句的功能是_____

_____。

4. 用来在视频窗口下附加 MS-Windows 的 avi 播放控制条的属性是_____

_____。

三、简答题

1. HTML5 中的多媒体元素有哪些？

2. 如果需要页面中的 video 元素在页面加载完毕后自动播放，应该如何设置？

3. 如何判断当前浏览器是否支持待播放的视频格式？

4. 如何捕捉多媒体元素的事件？

第9章

深入 CSS

通过本章的学习，理解 CSS 高阶选择器的描述方式，掌握利用高阶选择器为目标元素设定样式的方法，学习两种更优的 CSS 布局技术——Grid 和 Flex，能利用这两种布局技术实现经典的页面结构。

知识目标

(1) 掌握 CSS 组合选择器(组合器)的语法描述。
(2) 掌握 CSS 伪类，能够使用 CSS 伪类实现超链接的特效。
(3) 掌握 Flex 和 Grid 布局技术的要点。

技能目标

(1) 能够利用 CSS 高阶选择器定义样式规则。
(2) 能够使用 Flex 和 Grid 技术实现一到两种经典的布局结构。

任务描述及工作单

在第 3 章中，我们对 CSS 的基本概念、选择器、样式属性的定义及早期的 CSS 布局方法等进行了简单的介绍。然而随着 Web 应用技术的发展和互联网的普及，更多需求和想法被提到了台前，CSS 技术规范在版本更迭的过程中也将这些需求和想法添加进来。在实际应用过程中，浏览器存在着极 大的差异化受众群体，市面上的几十种浏览器厂商没有任何一家拥有绝对发言权。W3C 在指定标准的过程中也会受到这个因素的影响，导致某些具有创意的技术思路只能停留在草案阶段。例如，本章将要讲到的 Grid 网格布局技术在 2011 年就被提入草案，直到 2020 年才获得八成以上浏览器的支持。这种情况也困扰着 Web 应用开发者，因为即便严格按照官方标准编码，在开发过程中也需要考虑浏览器的兼容性问题。本章所涉及的 CSS 进阶内容在多数浏览器中都能够兼容(Grid 在 IE 早期版本中可能存在问题)。

本章中第一部分高阶选择器可以协助开发者用更简易的方法实现视图层高复杂度的样式效果。页面布局效果美观与否是影响用户体验的直接因素。本章第二部分 CSS 主流布局技术作为第 6 章的延伸，也是前端工程实际生产过程中的核心内容。学习完本章后，读者应能以工作任务的形式，从 Flex 和 Grid 布局技术中任选一种，以此为基础设计并完成某学院网站的整体页面搭建。

9.1　CSS 高阶选择器

CSS 选择器的核心作用是选择某个或某类目标元素，便于根据设计对该元素进行样式化处理。第 3 章中介绍的几种 CSS 基础选择器类型其使用方法较为简单。随着 UI 设计的样式规则的丰富化，对于前端工程师来说，如何能更加便捷地选择元素并进行样式添加和修改，便成为首先需要解决的问题。

譬如，在做表格的样式规则中，经常会遇到奇数(或偶数)行高亮的样式问题，按照以往的处理方法，就需要为每个奇数行(或偶数行)标签手工打上类名，这样做增加了 HTML 代码的复杂度和维护难度。但 CSS 伪类选择器的加入极大地降低了这类问题的难度。

9.1.1　组合器

组合器(Combinator)也称组合选择器。在规定的语法规则下，CSS 组合器通过描述某些元素之间的相互关系进行元素的选择。一般来说，一个 CSS 组合器内部可能会包含一个或多个其他基础选择器，在这个基础上利用 CSS 组合器规则可以将这些基础选择器"组合"在一起。通过优化元素之间的关联性，在不用重构 HTML 代码的前提下，CSS 组合器就可以实现目标元素的精确匹配。

W3C 制定的 CSS Selector Level 3[①]标准中规定了三大类组合器，共涵盖四种方法：后代组合器、子代组合器、一般兄弟组合器和相邻兄弟组合器。在正式学习组合器之前，首先需要掌握 HTML 文档内各元素的关系组成。如果对 DOM 节点树的相关知识有一定了解的话，则学习起来会相对轻松一些。

【例 9-1】基础页面框架。

代码如下：

```
<!DOCTYPE html>
<html lang="en">
  <head>
    <meta charset="UTF-8">
    <meta name="viewport" content="width=device-width, initial-scale=1.0">
    <title>Example-9-1</title>
  </head>
  <body>
```

① CSS Selector Level 3 标准的参考网址为 https://www.w3.org/TR/2018/REC-selectors-3-20181106/#combinators。

```
            <div class="container">
              <header>
                <nav>
                  <ul>
                    <li>首页</li>
                    <li>学院概况</li>
                    …
                  </ul>
                </nav>
              </header>
              <main>
                …
              </main>
              …
            </div>
          </body>
        </html>
```

　　上面的代码是一个 HTML 基本页面框架代码，如果将该代码以文档树的形式进行绘制，我们就可以得到如图 9-1 所示的结构化内容。

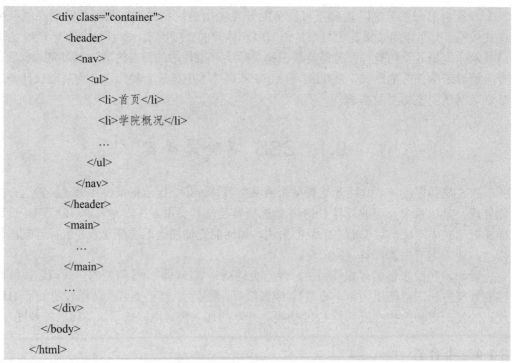

图 9-1　文档结构图例

　　通过仔细观察图 9-1，我们可以从中推断出以下几种文档树节点之间的相互关系：

　　(1) HTML 标签为根元素。

　　(2) 某元素以下的所有元素均为该元素的后代元素。例如，类为 container 的 DIV 标签下包含的 HEADER、LI、DIV::news 等均为它的后代元素，无等级差异。

　　(3) 某元素下直属后代的元素为子代元素。例如，BODY 标签下类为 container 的 DIV 标签是其子代元素，而后代中的 FOOTER 标签不能称为其子代元素，只能称为其后代元素。

(4) 具有相同的父级元素，且水平方向同级的元素互为兄弟元素。例如，类为 container 的 DIV 标签下的所有后代元素均互为兄弟元素。

(5) 具有相同的父级元素，水平方向同级且相邻的元素互为相邻兄弟元素。例如，MAIN 标签下类为 jumbo 的 DIV 标签和类为 news 的 DIV 标签互为相邻兄弟元素。

通过以上 HTML 文档结构分析可知，这种元素间的相互关系在定义网页样式的过程中完全可以用作 CSS 选择器。这也正符合 W3C 定义 CSS 组合器标准的初衷，即 CSS 组合器是一种使用元素间相互关系描述进行选择的方法。

1. 后代组合器

后代组合器(Descendant Combinator)是 CSS 选择器中最常用的一类，通过指定的祖先元素选择器和某个后代元素选择器来选定一个或多个后代目标，它的语法结构如下：

```
祖先元素选择器 目标后代元素选择器 {
    /* CSS 样式*/
}
```

其中，祖先元素选择器和后代元素选择器之间以一个空格间隔开，这两个选择器一般是基础类型选择器中的一种。下面以例 9-1 的代码结构为例，选定 HEADER 标签下的所有导航标题项，并将其字体颜色设置为棕色。

【例 9-2】后代组合器。

```
ul li {
    /* 定义导航标题项样式规则 */
    color: brown;
}
```

最终页面效果如图 9-2 所示。

- 首页
- 学院概况
- 机构设置
- 信息公开
- 规章制度
- 合作交流
- 专题网站
- 校友之窗
- 联系我们
- English

图 9-2　通过后代组合器进行样式设定

例 9-2 中，我们利用基础类型选择器之一——标签选择器，通过将元素间的相互关系组合起来构成后代组合器，批量选定了 UL 元素下所有的列表项 LI，并进行了样式设定，这种组合器方法避免了为每个 LI 标签增加类属性的麻烦。

后代选择器具有一定的结构上的灵活性。例 9-2 中的后代选择器也可写成：

```
nav ul li {
    /* 定义导航标题项样式规则 */
    color: brown;
}
```

```
    }
```

通过追加祖先选择器的方法，可以更加精确地选择我们想要的目标元素，这样可以避免额外选择了文档中具有相同名称的非目标元素。

如果在文档的某个节点分支中选择目标元素时其名称不存在冲突，具有唯一性，则我们也可以写成：

```
nav li {
    /* 定义导航标题项样式规则 */
    color: brown;

}
```

以上这几种写法对于本示例均可行。

> **注意**
>
> 构建后代组合器时，祖先选择器的部分可以根据需要进行"上升"，但上升到哪个祖先元素，需要考虑该祖先元素下是否存在重复的选择器名称，如果存在重复，则会将我们不想选定的非目标元素一并选进来。

2. 子代组合器

根据前面学习的元素间关系描述，子代组合器(Child Combinator)是有着直接从属关系的元素间的选择器进行的一种组合，即仅实现具有父子关系的元素之间的组合选择。该组合器的语法结构如下：

```
父元素选择器> 子元素选择器 {
    /* CSS 样式 */

}
```

父元素与子元素选择器之间以大于号">"进行连接。这种选择器的作用在于：不会将继承关系中更深的后代匹配到，实现了精确匹配。下面将例 9-1 中的 HTML 页面代码内容稍作扩充。

【例 9-3】 子代组合器——HTML 页面。

代码如下：

```
<!DOCTYPE html>
<html lang="en">
  <head>
    <meta charset="UTF-8">
    <meta name="viewport" content="width=device-width，initial-scale=1.0">
    <title>Example-9-1</title>
    <link rel="stylesheet" href="style.css">
  </head>
  <body>
    <div class="container">
      <header>
```

```
            <nav>
              <ul>
                <li><a href="">首页</a></li>
                <li><a href="">学院概况</a></li>
                  …
              </ul>
            </nav>
          </header>
          <main>
            <div class="jumbo">
            </div>
            <div class="news">
              <a href="">校园新闻</a>
              <div class="news-list">
                <ul>
                  <li><a href="">展文明之姿，建文明校园——包头职业技术学院喜获内蒙古自治
区</a></li>
                    …
                </ul>
              </div>
            </div>
          </main>
          <footer>
          </footer>
        </div>
      </body>
    </html>
```

　　这个案例在类名为 news 的 DIV 元素中增加了一些新的内容，用于展示校园新闻。现在我们想给"校园新闻"这个链接的字体样式设置为黑色、加粗且无下划线。如果用后代组合器，可能会将该部分下的所有链接的样式都进行修改。为避免这种情况，可以使用子代组合器。

　　【例 9-4】子代组合器——CSS 代码。

　　代码如下：

```
.news > a {
    color: black;
    font-weight: bold;
    text-decoration: none;
}
```

通过父代选择器".new"结合子代选择器"a"，使用大于号">"连接两者，共同构成子代组合器，不会对其他 HTML 文档内容构成干扰。最终效果如图 9-3 所示。

- 首页
- 学院概况
- 机构设置
- 信息公开
- 规章制度
- 合作交流
- 专题网站
- 校友之窗
- 联系我们
- English

校园新闻

- 展文明之姿，建文明校园——包头职业技术学院喜获内蒙古自治区
- 党建引领、凝聚力量、精雕细琢、打造金课
- 经济贸易管理系开展"厉行勤俭节约，杜绝餐饮浪费"系列主题活动
- 数控技术系举行2020级新生开学典礼
- 践行师德师风建设，重温《新时代高校教师职业行为十项准则》

图 9-3　通过子代组合器进行样式设定

> **多学一招**
>
> 前面所学的两种组合器在实际项目中往往会组合使用，以达到精确选择的效果。譬如，在例 9-4 中，如果想选择"校园新闻"栏目中的无序列表项，则我们可以结合后代组合器语法共同构成.news ul > li。

3. 兄弟组合器

兄弟组合器(Sibling Combinator)用于组合那些在 HTML 节点树结构中具有相同父级节点元素且处于同级的节点元素选择器。根据兄弟元素之间的关系，兄弟组合器一般可以分为以下两类。

1) 相邻兄弟组合器

W3C 将相邻兄弟组合器(Adjacent Sibling Combinator)定义为下一兄组合器，即在节点关系上处于同级且位置相邻的兄弟节点元素。语法上一般使用加号"+"将两个兄弟节点元素选择器组合起来，结构如下：

```
兄弟节点元素选择器+相邻兄弟节点元素选择器 {
    /* CSS 样式 */
}
```

该组合器常用来处理那些与标题相邻的段落元素。譬如，标题后的首段文字一般用特定样式来展示概述内容，因此会增加一些与后续段落不同的样式。

【例 9-5】相邻兄弟组合器——HTML 页面。

代码如下：

```html
<!DOCTYPE html>
<html lang="en">
  <head>
    <meta charset="UTF-8">
    <meta name="viewport" content="width=device-width，initial-scale=1.0">
    <title>Example-9-1</title>
    <link rel="stylesheet" href="style.css">
```

```
        </head>
        <body>
          <div class="container">
            <header>
              <nav>
                <ul>
                  <li><a href="">首页</a></li>
                  <li><a href="">学院概况</a></li>
                  …
                </ul>
              </nav>
            </header>
            <main>
              <article>
                <h1>学院概况</h1>
                <p>
                    包头职业技术学院坐落于享有"塞外明珠""草原钢城"美誉的全国首批文明城市
——包头，是国家示范性高等职业院校、国家优质专科高等职业院校。现有全日制在校生 8999 人，
近五年一次就业率均在 95%以上。
                </p>
                …
              </article>
            </main>
            …
          </div>
        </body>
      </html>
```

下面通过相邻兄弟组合器为标题的后续段落增加特定的 CSS 样式。

【例 9-6】相邻兄弟组合器——CSS 代码。

代码如下：

```
h1 + p {
    font-weight: bold;
    background-color: #333;
    color: #fff;
    padding: .5em;
}
```

可以看到，通过加号"+"连接相邻兄弟节点元素选择器 h1 和 p，并进行相应的样式
定义，这并未影响到后续整体的段落样式。最终效果如图 9-4 所示。

- 首页
- 学院概况
- 机构设置
- 信息公开
- 规章制度
- 合作交流
- 专题网站
- 校友之窗
- 联系我们
- English

学院概况

包头职业技术学院坐落于享有"塞外明珠""草原钢城"美誉的全国首批文明城市——包头，是国家示范性高等职业院校、国家优质专科高等职业院校。现有全日制在校生8999人，近五年一次就业率均在95%以上。

学院前身是创建于1956年的国家级重点中等专业学校——包头机械工业学校。1994年，成为全国10所初中后五年制高等职业教育试点学校之一。1998年成为全国最早独立设置的14所公办职业技术院校之一，并更名为包头职业技术学院。1999年，学院由中央部属院校改变为中央部委与地方共建院校，2006年划归包头市管理。2009年包头市职工大学整建制并入。

图 9-4　相邻兄弟组合器

2) 一般兄弟组合器

在相同父级元素节点下，有时可能需要选定若干个并非有相邻关系的兄弟元素进行处理，这种情况就需要更灵活的组合方式，而一般兄弟组合器 (General Sibling Combinator)更适用于这种场景。该组合器的语法结构如下：

```
兄弟选择器 ~ 后续兄弟选择器 {
    /* CSS 样式 */
}
```

兄弟节点元素选择器之间通过波浪线"～"进行组合，这种方式可以避免选择名称相同但非目标的元素。

【例 9-7】一般兄弟组合器——HTML 页面。

代码如下：

```
<!DOCTYPE html>
<html lang="en">
  <head>
    <meta charset="UTF-8">
    <meta name="viewport" content="width=device-width，initial-scale=1.0">
    <title>Example-9-1</title>
    <link rel="stylesheet" href="style.css">
  </head>
  <body>
    <div class="container">
      <header>
        <nav>
          <ul>
            <li><a href="">首页</a></li>
            <li><a href="">学院概况</a></li>
            …
```

```
            </ul>
          </nav>
        </header>
        <main>
          <article>
            <h1>学院概况</h1>
            <img src="./schoolimg.jpg" alt="" srcset="">
            <p>
                包头职业技术学院……
            </p>
            <div>
              <p>
              …
              </p>
            </div>
            …

          </article>
        </main>
        <footer>
        </footer>
      </div>
    </body>
  </html>
```

下面利用一般兄弟组合器精确选定我们需要的段落部分，并进行样式设定。

【例 9-8】一般兄弟组合器——CSS 代码。

代码如下：

```
h1 ~ p {
    font-weight: bold;
    background-color: #333;
    color: #fff;
    padding: .5em;
}
```

通过波浪线 "～" 选定与 h1 标签同级的 p 元素，并进行样式设定，最终展示效果如图 9-5 所示。

图 9-5　一般兄弟组合器

9.1.2　伪选择器

在 HTML 文档树中，除了以页面的实际元素作为选择器外，有时这些元素或内容还存在某种特定的状态，或者用基础选择器无法进行确切的描述，为了解决这类问题，CSS 设定特殊的语法规则，并预置了一部分专有关键词。截至 CSS3 标准，W3C 规定了两种伪选择器：伪类和伪元素。

1. 伪类

伪类(Pseudo-class)是为了便于选择那些在 HTML 文档树之外，无法进行准确描述的元素或内容。伪类一般以冒号 ":" 开始，后面跟随伪类名，语法结构如下：

```
selector:pseudo-class {
    property: value;
}
```

目前，CSS 规则允许在任何基础选择器中的任意位置上使用伪类且伪类名不区分大小写。根据适用性和使用频率，下面对几种常用的伪类选择器进行详细讲解。

1) 动态伪类

动态伪类属于 CSS 中最为典型的伪类选择器。有时 HTML 文档树中节点元素的状态无法通过标签名称、属性或内容导出(譬如，链接在点击前和点击后属于两种状态，鼠标放置于图片之上和离开图片也属于两种状态)，那么动态伪类就可以基于这种状态的动态变化构造选择器，并进行目标元素选择和样式设定。

根据目前使用较为频繁的页面元素的动态触发行为，动态伪类细分为以下两种：

(1) 链接伪类。大家在浏览网页时时常会遇到链接，通过点击链接进行页面之间的跳转，但我们经常会发现，访问后和访问前的链接样式会发生改变，一般默认(根据浏览器的不同)访问后的链接会呈现不同的颜色。为此，CSS 选择器提供了两种伪类——:link 和:visited。

① :link 伪类：应用于未访问过的链接。

② :visited 伪类：应用于已被用户访问过的链接。

下面以例 9-4 为基础，综合以上两种链接伪类进行代码编写，HTML 页面的内容部分不再重复展示。

【例 9-9】链接伪类——CSS 代码。

```
a {
    text-decoration: none;
}
a:link {
    color: pink;
}
a:visited {
    color:  purple;
}
```

例 9-9 中所有链接在未点击时默认呈现为粉色(根据浏览器存在差异)，点击链接后显示为紫色，调试后展示如图 9-6 所示。

图 9-6　链接伪类

出于保护隐私等原因(见:visited 选择器隐私限制①)，当前各类主流浏览器严格限制了:visited 伪类的样式属性及其使用方式，允许使用的 CSS 属性有 color、background-color、border-color、border-bottom-color、border-left-color、border-right-color、border-top-color、column-rule-color 和 outline-color，将基本范围限定为各类颜色属性。

> 注意
>
> :link 伪类和:visited 伪类是互斥的，可以分开设置，但不能通过组合器组合使用。例如，a:link:visited 便是无效的选择器。

(2) 用户行为伪类。用户在浏览网页时经常会与站点产生交互行为，浏览器默认会根据用户行为修改响应的渲染模式。针对这类情形，CSS 选择器为这些触发特定行为的元素选择提供了三种伪类：

———————————

① W3C 关于:visited 选择器隐私限制的解释见 https://developer.mozilla.org/en-US/docs/Web/CSS/ Privacy_and_the_:visited_selector。

① :hover 伪类。当用户的指针设备(如鼠标)虚指一个元素时，即虚拟指针悬停于某元素之上，但并未实际触发或点击该元素时，可以通过该伪类对这个元素进行选择，并进行样式设定。

> 注意
>
> • 不同的浏览器上:hover 伪类的触发效果不同，某些不支持媒体交互的浏览器可能不会有触发该伪类的效果。
>
> • 触摸屏上该伪类可能存在不能触发的问题,有的屏幕可能在触摸保持一段时间后才会触发,因此,在移动端尽量避免开发那些通过悬停才能进行内容展示的网页。

② :active 伪类。该伪类用于匹配那些已经被用户激活的元素内容，它可以让页面被浏览器检测且激活时给出反馈。当用鼠标进行交互时，它代表着用户鼠标的按键按下和释放按键之间的时间。:active 伪类一般用于链接<a>和按钮<button>元素中。

③ :focus 伪类。

该伪类用于选择那些获取焦点的元素，一般指用户点击、触摸或按下键盘中的"Tab"键而进行选择触发的行为。:focus 伪类常用于输出框<input>或文本框<textarea>。

下面以例 9-4 为基础，通过 CSS 代码展示以上几种伪类的使用方法，HTML 页面的内容部分不再重复展示。

【例 9-10】用户行为伪类——CSS 代码。

```
ul li {
    list-style: none;
}
a {
    text-decoration: none;
}
a:hover {
    color: rgb(201，74，201);
    font-weight: bold;
}
a:focus {
    outline: none;
    border: 2px dotted rgb(255，153，0);
}
a:active {
    color: rgb(124，36，124);
    box-shadow: lightgray 1px 2px 1px;
}
```

展示效果如图 9-7 所示。

悬停效果

首页
学院概况
机构设置
信息公开
规章制度
合作交流
专题网站
校友之窗
联系我们
English

校园新闻

展文明之爱，建文明校园——包头职业技术学院喜获内蒙古自治区
党建引领、汇聚力量、精耕细作、打造企业
经济贸易管理系开展"厉行勤俭节约，杜绝餐饮浪费"系列主题活动
数控技术系举行2020级新生开学典礼
践行师德师风建设，重温《新时代高校教师职业行为十项准则》

图 9-7　行为伪类

　　在调试过程中可以发现，在计算机中使用鼠标点击链接时:focus 伪类和:active 伪类设
定的样式效果会同时触发，但如果使用"Tab"按键在链接间切换，则仅触发:focus 伪类效
果，因此，一般为了避免这两个伪类样式产生冲突，在某些页面文档的说明中会明确限制
其使用范围。

> **注意**
>
> 为保证样式能正确生效，避免前后被覆盖，本节中介绍的几种动态伪类需依照 LVHA 排序规则进行定
> 义，即:link —— :visited —— :hover —— :active，而:focus 伪类原则上一般被置于:active 伪类之前或之后。

2) 结构伪类

　　文档树中某些信息无法通过基础选择器或组合器进行选定，而结构伪类
的引入就是为了通过设定额外信息选项进行元素或内容的匹配。

　　(1) 相关伪类名及描述。CSS 提供了多种伪类选择器用于文档结构内容的
选取，其伪类名及描述如表 9-1 所示。

表 9-1　伪类名及描述

伪类名	描　　　述
:root	某个元素所在文档的根元素，在 HTML4 中代表<html>元素
:first-child	代表在兄弟元素列表中的第一个元素。例如，div > p:first-child 表示在 div 元素下所有兄弟关系 p 元素的第一个 p 元素
:last-child	代表在兄弟元素列表中的最后一个元素，例如，ul >li:last-child，表示在 ul 元素下所有兄弟关系 li 元素的最后一个 li 元素
:only-child	表示某个没有兄弟关系的元素
:nth-child()	利用表达式查找元素位置的方式进行选择。例如，对于取值为任意正整数或 0 的 n，有表达式 a_n+b，即:nth-child(a_n+b)，那么该伪类选择的元素之前存在 a_n+b-1 个兄弟元素。该伪类先找到当前元素的所有兄弟元素，然后按照自前向后的顺序从 1 开始排序，选择结果为表达式所匹配的元素集合
:nth-last-child()	与:nth-child()伪类类似，但是排序方式为从后向前计数。例如，:nth-last- child(a_n+b) 表示当前元素之后有 a_n+b-1 个兄弟元素

伪类名	描　　述
:first-of-type	代表兄弟元素表中第一个出现该种元素类型的元素
:last-of-type	代表兄弟元素表中最后一个出现该种元素类型的元素
:only-of-type	代表兄弟元素表中任意一个元素，该元素没有同类型的其他兄弟元素
:nth-of-type()	利用表达式查找具有相同类型的元素节点。例如，对于取值为任意正整数或 0 的 n，有表达式 a_n+b，即:nth-of-type(a_n+b)，那么该伪类选择的元素之前存在 a_n+b-1 个兄弟元素。该伪类的语法结构与:nth-child(a_n+b)的相似，均为自前向后进行匹配
:nth-last-of-type()	与:nth-last-child()和:nth-of-type()类似，用于向后查找并选择同类型兄弟元素
:empty	表示没有子元素的元素内容

(2) 特殊值关键词。:nth-child()、:nth-last-child()、:nth-of-type()和:nth-last-of-type()具有相似的计算表达式，表达式 2n+1 和 2n+0 分别表示求奇数项和偶数项。针对这两个特殊值，CSS 提供了两个特殊值关键词：① odd：等同于 2n+1，表示奇数项。② even：等同于 2n+0，表示偶数项。

(3) 代码示例。利用 CSS 提供的结构伪类选择器，我们可以很轻松地实现某些特殊样式的设定，下面的示例将使用特殊值关键词为一个表格实现奇偶行间隔条纹的样式。

【例 9-11】结构伪类——HTML 代码。

代码如下：

```
<!DOCTYPE html>
<html lang="en">
  <head>
    <meta charset="UTF-8">
    <meta name="viewport" content="width=device-width，initial-scale=1.0">
    <title>Example-9-11</title>
    <link rel="stylesheet" href="style.css">
  </head>
  <body>
    <div class="container">
      <header>
        <h1>条纹表格</h1>
      </header>
      <main>
        <article>
          <table>
            <thead>
              <tr>
                <th>Index</th>
                <th>Name</th>
```

```
                <th>Description</th>
              </tr>
            </thead>
            <tbody>
              <tr>
              <td>Text Sample</td>
              <td>Text Sample</td>
              <td>Text Sample</td>
              </tr>
              …
            </tbody>
          </table>
        </article>
      </main>
      <footer>
      </footer>
    </div>
  </body>
</html>
```

HTML 页面通过 table、thead、tbody、tr、td 等关键元素标签，实现了简单表格的创建。

【例 9-12】结构伪类——CSS 代码。

代码如下：

```
body {
    font-family: Arial，Helvetica，sans-serif;
}
.container {
    width: 100%;
    margin: 2em 2em;
}
header {
    margin: 2em auto;
    width: 100%;
    text-align: center;
}
main,
main article,
table {
    margin: 2.5em auto;
}
```

```
table，th，td {
    border-collapse: collapse;
}
thead > tr {
    background-color: darkgray;
    color: white;
}
th，td {
    padding: 1.5em 2em;
    text-align: center;
}
tbody > tr:nth-child(odd) {
    border-top: 1px solid lightgrey;
    background-color: darkcyan;
    color: white;
}
th:nth-child(even),
td:nth-child(even) {
    border-left: 1px solid lightgrey;
    border-right: 1px solid lightgrey;
}
```

　　最后两组 CSS 选择器部分的样式利用了:nth-child()伪类，并分别使用奇数和偶数项参数进行目标元素的选择，最终实现效果如图 9-8 所示。

条纹表格

Index	Name	Description
Text Sample	Text Sample	Text Sample
Text Sample	Text Sample	Text Sample
Text Sample	Text Sample	Text Sample
Text Sample	Text Sample	Text Sample
Text Sample	Text Sample	Text Sample
Text Sample	Text Sample	Text Sample
Text Sample	Text Sample	Text Sample

图 9-8　结构伪类——效果图

2. 伪元素

CSS 提供的伪元素(Pseudo-element)可以让我们脱离特定的文档语言范畴，在这之上定义一种新的抽象元素，并进行选择和样式设置。例如，文档语言不会为某个元素内容的第一个字母或第一行提供访问机制。有了伪元素的方法，就可以让程序员引用那些以往不能调用的信息，而且伪元素也提供了可以引用源文档中不存在的内容的方法。

CSS 标准下的伪元素以双冒号 "::" 开始，后面跟随伪元素名称。引入双冒号作为伪元素的标识，主要目的是与伪类的单冒号进行区分，其具体语法结构如下：

```
selector::pseudo-elements {
    /*
    CSS 样式
    */

}
```

例如，伪元素选择器可以选取页面内每一个段落 P 标签下的第一行内容进行样式定义。

```
/* 每个 p 元素的第一行 */
p::first-line {
    color: darkorange;
    text-transform: uppercase;

}
```

截至目前，CSS 提供了 12 种伪元素，其中，有四种可供正常使用，其余还处于实验阶段，各大浏览器厂商对其的支持度较低，不利于兼容性测试。下面我们来学习这四种伪元素的使用方法。

1) ::first-line 首行伪元素

在块级元素中，::first-line 伪元素可以选取该元素的第一行内容用于样式定义，第一行内容的长度并非固定的，它取决于文字大小、元素宽度、屏幕宽度等。需要注意的是，该伪元素只能应用于 display 值为 inline-block、table-cell 或者 table-caption 等块级元素中，在其他类型元素中无效。

首行伪元素中，并非所有样式属性都能产生作用，CSS 规定其允许的属性范围如下：

(1) 所有字体(font)相关属性。

(2) 所有背景(background)相关属性。

(3) 颜色(color)相关属性。

(4) word-spacing 、 letter-spacing 、 text-decoration 、 text-transform 、 line-height 、text-shadow、text-decoration、text-decoration-color、text-decoration-line、text-decoration-style 和 vertical-align 等。

2) ::first-letter 首字母伪元素

首字母伪元素可以选取某个块级元素内容的首个字母进行样式设置,一般用于首字母大写或首字下沉等文字特定样式的定义。注意,在选定的块级元素中,文字内容之前不能存在图片和表格等其他内容,否则不能正常选定。

与::first-line 伪元素相似,CSS 规定::first-letter 伪元素允许的属性如下:

(1) 所有字体(font)相关属性。

(2) 所有背景(background)相关属性。

(3) 所有外边距(margin)相关属性。

(4) 所有内边距(padding)相关属性。

(5) 所有边框(border)相关属性。

(6) 颜色(color)相关属性。

(7) word-spacing 、 letter-spacing 、 text-decoration 、 text-transform 、 line-height 、text-shadow、text-decoration、text-decoration-color、text-decoration-line、text-decoration-style 和 vertical-align 等。

3) ::before 和::after 伪元素

这两种伪元素可以用来在元素内容之前或之后创建其他内容,并将这部分内容作为元素的实际内容来选定。一般情况下,它们会配合 content 属性为内容元素定义或追加新的内容。

下面根据本节所学的四个伪元素的知识点,做一个学校简介的文档页面。

【例 9-13】伪元素——HTML 代码。

代码如下:

```
<!DOCTYPE html>
<html lang="en">
  <head>
    <meta charset="UTF-8">
    <meta name="viewport" content="width=device-width, initial-scale=1.0">
    <title>Example-9-13</title>
    <link rel="stylesheet" href="style.css">
  </head>
  <body>
    <div class="container">
      <header>
      </header>
      <main>
        <div class="top">
```

```
                <a href="">学院概况</a>
                <div class="crumbs">
                    <span>当前位置</span>
                    <span>首页</span>
                    <span>学院简介</span>
                </div>
            </div>
            <article>
                <p>
                    包头职业技术学院……
                </p>
                <p>
                    学院前身是创建于……
                </p>
            </article>
        </main>
        <footer>
        </footer>
    </div>
    </body>
</html>
```

【例 9-14】伪元素——CSS 代码。
代码如下：

```
body {
    font-family: Arial, Helvetica, sans-serif;
}
a {
    text-decoration: none;
}
.container {
    margin: 2em 2em;
}
main,
main article {
    margin: 2.5em auto;
}
.top {
    margin: 2em auto;
```

```
    }
    .top > .crumbs {
        display: inline-block;
        float: right;
    }
    .crumbs span:first-child::after {
        content: ': ';
    }
    .crumbs span:last-child::before {
        content: ' > ';
    }
    article > p:first-child::first-letter {
        font-size: 3em;
        font-weight: bolder;
    }
    article > p:last-child::first-line {
        color: white;
        background-color: darkorange;
        line-height: 2em;
    }
```

页面完成后，整体展示效果如图 9-9 所示。

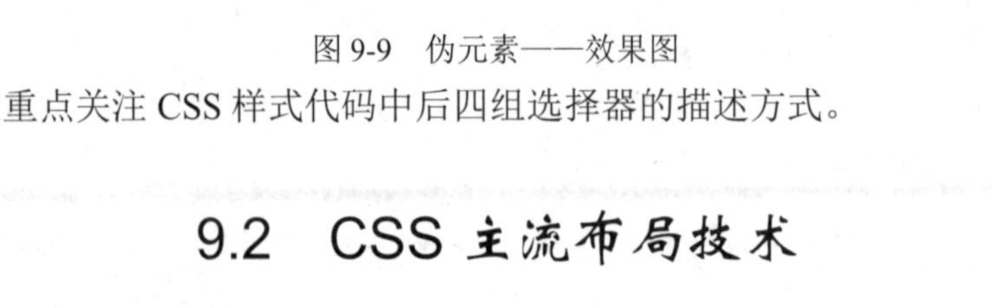

学院概况　　　　　　　　　　　　　　　　　　　　　　　　　　当前位置：首页 > 学院简介

包头职业技术学院坐落于享有"塞外明珠""草原钢城"美誉的全国首批文明城市——包头，是国家示范性高等职业院
校、国家优质专科高等职业院校。现有全日制在校生8999人，近五年一次就业率均在95%以上。

学院前身是创建于1956年的国家级重点中等专业学校——包头机械工业学校，1994年，成为全国10所初中后五年制高等
职业教育试点学校之一。1998年成为全国最早独立设置的14所公办职业技术院校之一，并更名为包头职业技术学院。
1999年，学院由中央部属院校改变为中央部委与地方共建院校，2006年划归包头市管理。2009年包头市职工大学整制
并入。

图 9-9　伪元素——效果图

注意：应重点关注 CSS 样式代码中后四组选择器的描述方式。

9.2　CSS 主流布局技术

在前面的章节中我们介绍过，早期的 HTML 页面采用了浮动、定位和表格等方式进行
布局，当然，这些方式在今天仍然应用广泛。CSS 的盒模型概念的引入，使得 HTML 页面
的排版和布局方式更加多样化。

目前，主流应用的布局方式有网格、弹性盒、多列和响应式布局等，这些布局方式各
有特色。尤其今天随着移动互联网逐渐走向舞台中心，Web 应用开发者开始尝试优化自己

的网页布局形式。传统单一的布局方式已经不能适用于现如今多尺寸屏幕和平台的要求，因此，在一个 Web 应用中可能会同时存在多种布局方式互相配合使用的情况。例如，目前主流 UI 框架 Bootstrap 便采用了"弹性盒+媒体查询"的组合方式实现了格栅化响应式布局。而随着各浏览器厂商陆续提出对网格布局的支持，这种基于二维页面的布局方式也逐渐走向应用领域。目前，一些早期采用弹性盒布局的框架(如 Angular Material)也开始推出自己的网格布局组件。

9.2.1 CSS 弹性盒布局(Flex)

在很长一段时间(CSS2.1 时代)内，CSS 中能够通过浏览器兼容性测试的布局方式有表格(table)、浮动(floating)和定位(position)。这几种方式在当时大多数情况下都可行，但对于某些特定样式(如元素垂直居中对齐)难以实现。

Flex 布局的引入给内容越来越复杂的页面提供了灵活性更高的布局方式，根据 W3C 于 2012 年发布的弹性盒布局指导[①]可以看出，这种布局与以往的块级布局相比具有以下优势：

(1) 可以在任何内容流的方向(向左、向右、向下，甚至向上)排版。

(2) 可以在样式层调换、重排显示顺序(例如，视觉顺序可以独立于源码和语音顺序)。

(3) 可以线性地沿着主轴或交叉轴排版。

(4) 可以根据可用空间弹性设置内容的尺寸。

(5) 可以根据盒子所属的容器或盒子之间的关系进行对齐。

(6) 可以在保持交叉轴尺寸不变的情况下动态折叠或展开。

1. 弹性布局的基本概念和相关术语

传统的块级和行内布局计算偏向于块或行的内容流方向。与之不同的是，弹性布局偏向于弹性流方向。弹性盒容器模型如图 9-10 所示。

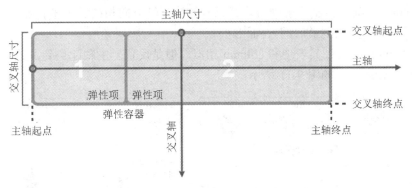

图 9-10　弹性盒容器模型

图 9-10 中包含以下几个关键的基本概念：

(1) 弹性容器(flex container)和弹性项(flex item)。一般具有 display:flex 或 display:inline-flex 样式规则的元素称为弹性容器。弹性容器下的子元素称为弹性项，这些弹性项

---

① CSS 伸缩盒布局指导参见 https://www.w3.org/TR/css-flexbox-1/。

可以使用弹性布局模型进行排版。

(2) 主轴(main axis)和交叉轴(cross axis)。主轴指沿着弹性元素放置方向延伸的轴，如横向的行或纵向的列。与主轴垂直交叉的轴称为交叉轴。

(3) 主轴起点(main start)和主轴终点(main end)。弹性容器中的弹性项从主轴起点开始，沿着主轴方向延伸排版至主轴终点。

(4) 交叉轴起点(cross start)和交叉轴终点(cross end)。弹性项的行内容在容器中从交叉轴起点开始，沿着交叉轴方向延伸排版至交叉轴终点填充。

2. 弹性容器的相关属性

根据前面介绍的概念可以知道，弹性布局中弹性容器与弹性项分别管理，因此，从父层(容器)到子层(子容器或项)应分开设置各自的样式规则。一般我们会根据文档树，依照从上到下的顺序进行属性设置。弹性容器共包含 7 个相关属性，下面对各个属性及其有效值进行讲解。

1) display 属性

display 属性为元素的 CSS 通用属性，并非专用属性，但它的两个值 display:flex 和 display: inline-flex 用于将 HTML 盒子设置为弹性盒，即弹性容器。该属性的取值如下：

(1) flex：表示块级弹性盒模型。

(2) inline-flex：表示行级弹性盒模型。

2) flex-direction 属性

flex-direction 属性用于设置弹性容器的主轴方向，从而决定了弹性容器中各个弹性项该如何放置。该属性取值如下：

(1) row：默认值，flex 容器的主轴被定义为与文本方向相同，主轴起点至主轴终点与内容的方向一致。

(2) row-reverse：其表现和 row 相似，但是反置了主轴起点到主轴终点的方向。

(3) column：flex 容器的主轴与块级元素的排列轴方向相同，主轴起点至主轴终点的指向与书写模式下开始到最后的方向相同。

(4) column-reverse：其表现和 column 相似，但是反置了主轴起点到主轴终点的方向。

弹性项的排版方向如图 9-11 所示。

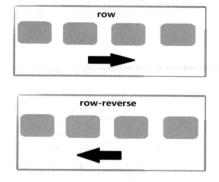
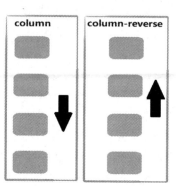

图 9-11　弹性项的排版方向(默认文字方向从左到右)

3) flex-wrap 属性

flex-wrap 属性用于控制弹性容器内的弹性项以单行还是多行进行堆叠，同时也决定了交叉轴的方向。该属性的取值如下：

(1) nowrap：默认值，flex 容器内的元素被堆叠在同一行内，不进行换行，这可能会导致内容溢出容器。

(2) wrap：flex 容器内的元素被拆分为多行。

(3) wrap-reverse：与 wrap 相似，但交叉轴方向与其相反。

弹性项的换行如图 9-12 所示。

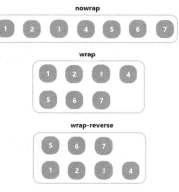

图 9-12　弹性项的换行

4) flex-flow 属性

flex-flow 属性是 flex-direction 属性和 flex-wrap 属性的简写。例如：

```
.container {
  display: flex;
  flex-direction: row;
  flex-wrap: wrap;
}
```

可以简写为

```
.container {
  display: flex;
  flex-flow: row wrap;
}
```

5) justify-content 属性

justify-content 属性用于控制弹性容器中各弹性项所在行沿主轴方向的排版，及各弹性项周围的空间配置。该属性的取值如下：

(1) flex-start：自行首开始排列，每行第一项与行首对齐，所有后续的弹性项与前一个对齐。

(2) flex-end：从行尾开始排列，每行最后一个弹性项与行尾对齐，其他项将与后一个对齐。

(3) center：弹性项向每行中点排列，每行第一项到行首的距离将与每行最后一项到行尾的距离相同。

(4) space-between：在每行上均匀分配弹性项，相邻项之间的距离相同，每行第一项与行首对齐，每行最后一项与行尾对齐。

(5) space-around：在每行上均匀分配弹性项，相邻项之间的距离相同，每行第一项到行首的距离和每行最后一项到行尾的距离将是相邻项之间距离的一半。

弹性容器中各弹性项所在行沿主轴方向的排版如图 9-13 所示。

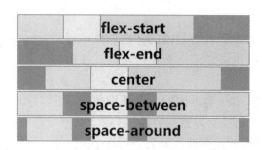

图 9-13　弹性容器中各弹性项所在行沿主轴方向的排版

6) align-items 属性

align-items 与 justify-content 属性类似，但 align-items 属性用于控制各弹性项所在行沿交叉轴方向的排版。该属性的取值如下：

(1) flex-start：弹性项向交叉轴起点位置对齐。

(2) flex-end：弹性项向交叉轴终点位置对齐。

(3) center：弹性项在交叉轴方向上居中对齐。如果弹性项在交叉轴方向上的高度高于其所属容器，那么在交叉轴两个方向上溢出的距离相同。

(4) stretch：弹性项在交叉轴方向上被拉伸到与其所属容器相同的高度或宽度。

(5) baseline：所有弹性项向其弹性容器的基准线对齐。交叉轴起点到弹性项基准线距离最大的项将作为容器的标准基准线位置。

弹性项所在行沿交叉轴方向的排版如图 9-14 所示。

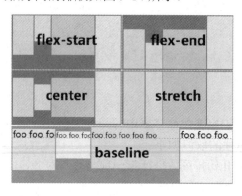

图 9-14　弹性项所在行沿交叉轴方向的排版

7) align-content 属性

当弹性容器的交叉轴方向上存在余量空间时，可以使用 align-content 属性设置各弹性项在主轴方向上的对齐方式，这种方法就好比在多个轴方向上设置 justify-content 属性。该属性的取值如下：

(1) flex-start：所有行从弹性容器的交叉轴起点开始填充。第一行弹性项的交叉轴起点边缘和弹性容器的交叉轴起点边缘对齐，接下来的每一行弹性项紧跟前一行。

(2) flex-end：从弹性容器行尾开始排列。每行最后一个弹性项与行尾对齐，其他项将与后一个对齐。

(3) center：所有弹性项所在行均向容器的中心填充。每行互相靠拢，相对于弹性容器居中对齐。容器的交叉轴起点边缘到第一行弹性项的距离，等于容器的交叉轴终点边缘到最后一行弹性项的距离。

(4) space-between：所有弹性项所在行在弹性容器中平均分布，相邻两行间距相等。容器的交叉轴起点边缘和终点边缘分别与第一行和最后一行的边缘对齐。

(5) space-around：所有弹性项所在行在容器中平均分布，相邻两行间距相等。弹性容器的交叉轴起点边缘和终点边缘到第一行和最后一行的距离是相邻两行间距的一半。

(6) stretch：拉伸各行弹性项，将弹性容器的余量空间填满，即将弹性容器的剩余空间平均地分配给每一行弹性项。

弹性项在主轴方向的对齐方式如图 9-15 所示。

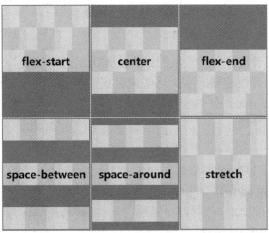

图 9-15　弹性项在主轴方向的对齐方式

注意

该属性对单行弹性盒子模型无效。弹性容器的换行属性设置为 flex-wrap: nowrap。

3. 弹性项的相关属性

对于弹性容器下的各个弹性项，CSS 提供了以下 6 种属性用于进行规则设置。需要注意的是，这类属性在非弹性项上定义是无效的。

1) order 属性

在弹性布局方式中，order 属性用于控制弹性项在弹性容器中的排列顺序，所有项按照该属性值增序排列(最小值为 0)。如果某两个弹性项的 order 属性值相同，则按照它们在源码中出现的顺序进行布局。其有效值为正整数或 0。

注意

(1) order 属性仅对元素的视觉顺序产生作用，并不会影响到弹性项的逻辑或标签顺序。

(2) order 属性不可以用于非视觉媒体，如 speech。

2) flex-grow 属性

flex-grow 属性用于设置弹性增长因子，默认值为 0。如果弹性容器中还有剩余空间，则通过设置该属性为各个弹性项分配余量。比如，某个弹性容器中有弹性项 A、B 和 C，如果其中 B 的增长因子设置为 2，其他值则自动默认设置为 1，那么 B 的空间(宽度或高度)将是 A 和 C 的两倍；如果 A、B 和 C 增长因子都是 1，那么空间将等量分配；如果保持默认值 0 不变，则不分配余量空间。增长因子的影响如图 9-16 所示。

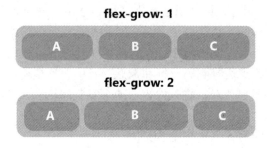

图 9-16 增长因子的影响

3) flex-shrink 属性

flex-shrink 属性用于设置各弹性项的弹性收缩因子，默认值为 1。如果所有弹性项的尺寸合计大于其所属的弹性容器，那么这些项将根据该因子的设定值进行收缩。实际使用中，该属性主要用于控制(防止)弹性容器中的弹性项溢出，一般会配合 flex-grow 和 flex-basis 共同使用。

4) flex-basis 属性

flex-basis 属性用来设置弹性项在主轴方向上的初始尺寸，默认值为 auto。flex-basis 属性类似于元素的 width 或 height 属性，但优先级要更高。其有效值包括：

(1) auto：根据空间情况自动分配尺寸值，但一般指代弹性项在主轴方向的尺寸值，即弹性项的 width 或 height 属性值。

(2) 0 及以上含单位的尺寸数值：根据需要设置的固定值，尺寸的单位为 CSS 的通用单位。

(3) 内置固定值：包含 fill、max-content、min-content 和 fit-content，但目前仅有 Firefox 浏览器支持，兼容性较低，一般不建议使用。

(4) content：根据弹性项的内容自动分配其尺寸。

注意

　flex-grow、flex-shrink、flex-basis 三个属性的有效值均为大于等于 0 的数字值或 auto，若其值为负数则无效。

5) flex 属性

flex 属性用来设置弹性项的增长或收缩因子，以适应其所在容器的空间。该属性是 flex-grow、flex-shrink、flex-basis 三个属性的简写形式，其语法如下：

```
flex: none | [ <'flex-grow'> <'flex-shrink'>? || <'flex-basis'> ]
```

flex 属性的初始值为 flex: 0 1 auto，将各个值对应到每个属性组件，即 flex-grow: 0、flex-shrink: 1、flex-basis: auto。该属性值可以有以下几种情形：

(1) 一个值：若为无单位值则视为 flex-grow 值；若为有单位值，则视为 flex-basis 值，或 none、auto、initial 之一。

(2) 两个值：第一个值必须为无单位数值，第二个值可以是无单位的 flex-shrink 值，或有单位的 flex-basis 值。

(3) 三个值：完整的三段子属性值。

　　弹性盒布局中，一般推荐使用 flex 属性对各个弹性项进行设定，很少会分开使用其他三个独立属性进行设置。

6) align-self 属性

align-item 属性为弹性容器层属性，而 align-self 属性则是在各个弹性项层中重写(覆写)其所在容器的 align-item 方法，用于控制当前弹性项沿交叉轴方向的排版位置。该属性的取值如表 9-2 所示。

表 9-2　align-self 属性的取值

值	描　　述
auto	根据父级容器的 align-item 值计算
flex-start	对齐到交叉轴起点
flex-end	对齐到交叉轴终点
center	对齐到交叉轴中心点，如果该弹性项尺寸大于所在容器尺寸，则在两个方向溢出
baseline	向容器基准线对齐
stretch	如果该弹性项尺寸在交叉轴方向小于所在容器尺寸，那么在交叉轴方向等量拉伸，即两端对齐

对于该属性的使用，有以下几点特定规则：

(1) align-self 属性对块级盒子或表格的单元格无效。

(2) 如果弹性项的交叉轴方向的外边距为 auto，则该属性无效。

(3) 如果 align-self 属性值为 auto，则根据父级(所在弹性容器层)的 align-item 值计算。

4. 综合示例

经典的 CSS 布局结构如图 9-17 所示。

图 9-17 展示了几种经典的 CSS 布局结构。采用传统的布局手段在这类布局中调试盒子的对齐方式非常棘手，而引入 Flex 布局方式可能只需要几行 CSS 代码就能轻松实现。在本综合示例中，我们将建立一个学校简介页面，通过使用弹性盒实现布局。

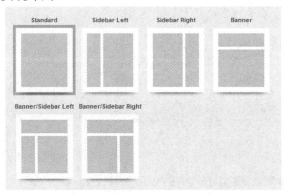

图 9-17　经典的 CSS 布局结构

【例 9-15】 Flex 弹性盒布局——HTML 代码。

代码如下：

```
<!DOCTYPE html>
<html lang="en">
  <head>
    <meta charset="UTF-8">
    <meta name="viewport" content="width=device-width, initial-scale=1.0">
    <title>Example-9-15</title>
    <link rel="stylesheet" href="style.css">
  </head>
  <body>
    <div class="container">
      <header>
        <div class="logo">
          <img src="./MainLogo.jpg" alt="" srcset="">
        </div>
        <nav>
          <ul>
            <li><a href="">首页</a></li>
            <li><a href="">学院概况</a></li>
            ......
          </ul>
        </nav>
      </header>
      <main>
        <section class="content">
          <header>
            <h1>学院概况</h1>
          </header>
          <article>

            <img src="./schoolimg.jpg" alt="" srcset="">
            <p>
              包头职业技术学院坐落于......
            </p>
            <div>
              <p>
                学院前身是创建于 1956 年......
              </p>
```

```
        </div>
        <p>
            学院于 2004 年……
        </p>
        </article>
    </section>
    <aside>
    <ul>
    <p>栏目导航</p>
    <hr>
    <li><a href="">校园新闻</a></li>
    <li><a href="">通知公告</a></li>
    </ul>
    <ul>
    <p>联系我们</p>
    <hr>
    <li><strong>包头职业技术学院</strong></li>
    <li>地址：内蒙古包头市青山区建华路 15 号</li>
    <li>电话：0472-3320012</li>
    </ul>
    </aside>
    </main>
    ……
    </div>
    </body>
</html>
```

结合本节所学的 Flex 弹性盒布局的相关知识，从父层(弹性容器)开始向子层(弹性项)依次设定 CSS 样式。

【例 9-16】Flex 弹性盒布局——CSS 代码。

代码如下：

```
body {
    font-family: Arial, Helvetica, sans-serif;
    margin: 0;
}
a {
    text-decoration: none;
}
.container {
```

```
        width: 100%;

        display: flex;

        flex-wrap: wrap;

        justify-content: center;

    }
    header,

    main,

    footer {

        width: inherit;

        margin: 0;

    }
    nav {

        background-color: rgb(20, 102, 171);

        color: white;

    }
    .logo,

    nav > ul {

        display: flex;

        justify-content: center;

        flex-wrap: wrap;

        margin-top: 0;

    }
    nav > ul > li {

        display: inline;

        list-style: none;

        padding: .65em .5em;

    }
    nav > ul > li:nth-child(even)::before {

        content: ' | ';

        margin: 0 .5em;

    }
    nav > ul > li:nth-child(even):not(:last-child)::after {

        content: ' | ';

        margin: 0 .5em;

    }
    nav > ul > li > a {

        color: white;

    }
    main {
```

```
    display: flex;

    flex-wrap: nowrap;

    justify-content: center;

    padding: .25em 1em;

}

main > section {

    flex: 2;

}

main > aside {

    flex: 1;

}

aside > ul {

    margin-bottom: .5em;

}

aside > ul > li {

    list-style: none;

    padding: .5em 0;

}

aside > ul > li > a {

    color: rgb(20, 102, 171);

}

aside > ul > p {

    font-size: 1.5em;

    font-weight: lighter;

}

aside  hr {

    border: none;

    border-top: 1px solid rgb(218, 218, 218);

}

main > section > header,

main > section > article {

    margin: 0 1em;

    padding: 0 1em;

}
```

页面最终展示效果如图 9-18 所示。

图 9-18　综合示例效果图

9.2.2　CSS 网格布局(Grid)

CSS 网格布局是以二维坐标系为基础，对 HTML 页面进行格栅化布局的系统，即将页面视图视为一个个网格，把内容按照行列的格式排版并通过对网格进行组合来实现布局。网格的概念很早就被提出，也有一部分开发者通过早期版本(2011 年)实现了网格布局，但因为兼容性问题迟迟不能走向主流技术舞台。随着 W3C 对 Grid 布局技术的修订和语法的简化，目前最新版本指导建议 Grid Layout Module Level1[①]标准于 2020 年 8 月发布，网格布局逐渐获得大多数浏览器的支持(目前支持率为 80%以上，如图 9-19 所示)。现如今的网格布局技术凭借着布局的易实现性，已经成为继 Flex 之后最强大、最便捷的布局工具，也将成为未来 Web 应用开发的前端主流。

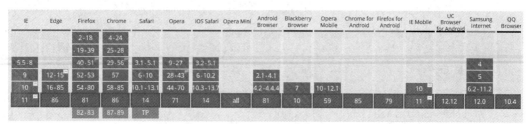

图 9-19　目前各浏览器对网格布局的支持情况

Grid 与 Flex 布局在核心概念上具有一定的相似性，早期 Grid 语法不够完善，也有部分开发者通过 Flex 语法实现网格布局。但 Flex 是一种基于主轴线的一维系统，其交叉轴线仅用于内容的容量扩充。而 Grid 布局是一种基于行和列的二维坐标布局系统，通过线交叉形成行列搭建网格，可以在页面上任意位置放置元素，而不用过多地考虑元素的边距问题。网格布局的特性如下：

(1) 可设置固定的或弹性的轨道尺寸。

---

① 参考链接 https://www.w3.org/TR/css-grid-1/。

(2) 网格项放置方式明确。

(3) 根据内容需求弹性扩容。

(4) 具有良好的对齐控制方式。

(5) 网格项可重叠放置。

下面将对 Grid 网格布局的相关概念和使用方法进行讲解。

1. 网格布局的基本概念和相关术语

网格和弹性的基本概念相似，都是基于容器–项模型的布局结构，网格系统中最底层的容器称为网格容器，该容器下的所有子元素称为网格项。网格系统通过在容器一级定义 display: grid 或 display: inline-grid 进行声明，一旦确定网格容器，该容器下所有直属的子代元素自动转变为网格项。网格系统中有以下几个相关术语：

1) 网格线(Line)、网格行(Row)与网格列(Column)

网格线是网格容器中的横向和纵向的线，这些线将网格进行分割，横向线可以为容器划分出网格行(Row)，纵向线可以为容器划分出网格列(Column)。这些线在划分时产生索引号(或者开发者自定义名称)，网格项可以通过这些线来决定它在网格容器中放置的位置。

网格线的自动索引号从 1 开始计算，如果有 n 行，那么就有 n+1 条网格线。图 9-20 中有 3 行、3 列，于是有 4 条横纵线。

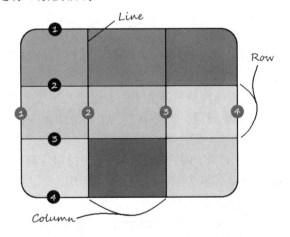

图 9-20　网格线与网格行列的对应关系

2) 网格轨道(Track)、网格间距(Gutter)和网格单元(Cell)

网格轨道一般是指任意两条相邻网格线之间的空间。当我们在定义网格容器时，可以为行或列之间设定一定的间隔距离(类似于盒子外边距)，两个相邻的网格轨道之间的距离称为网格间距。行与列交叉的区域就是网格单元，它是网格系统中最小的单位，类似于表格(Table)的单元格，可以被网格项所使用。

3) 网格区域(Area)

有时我们会根据实际需求，让网格项跨多个网格单元进行布局，这些相邻的多个网格单元就组成了网格区域，布置在同一个网格区域的网格项不会相互影响。网格系统的相关概念如图 9-21 所示。

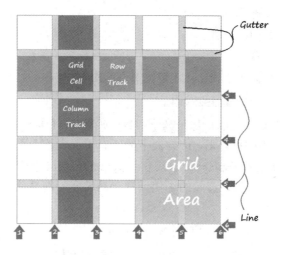

图 9-21　网格系统的相关概念

2. 网格容器的相关属性

Grid 网格布局也需要对容器层和子项层分层设置属性，与 Flex 布局类似，一般原则是从外层到内层逐层设定。下面介绍 Grid 容器的相关属性及方法。

1) display 属性

display 为 CSS 通用属性，在网格布局系统中，为了实现网格容器，第一步需要在容器层设置该属性的值。该属性的取值及意义如下：

(1) grid：使某个元素转变为网格容器盒子，该盒子为块级元素。

(2) inline-grid：使某个元素转变为网格容器盒子，该盒子为行级元素。

网格容器一旦设定，在容器中将为其内容建立一个网格格式化上下文，这点与块级格式化上下文相似。因此，在网格布局中有几点事项需要特别注意：

(1) 网格项的 float 和 clear 属性失效。

(2) 网格项的 vertical-align 属性失效。

(3) 网格容器不支持::first-line 和::first-letter 伪元素选择器。

2) 显式网格

当一个网格系统创建成功后，可以通过 grid-template-rows、grid-template-columns 与 grid-template-areas 三个属性共同定义网格容器的显式网格。然而在某些特殊情况下(譬如，某个网格项的内容过多导致显式网格放不下)，会导致最终的网格效果略有增大。这时网格系统将自动创建隐式网格。当然这些轨道的属性也可以人为定义。

(1) 显式轨道的定义。

grid-template-rows 与 grid-template-columns 属性用于显式地指定网格轨道的尺寸，这两者分别代表行与列的轨道，其具有相同的语法结构和取值。

```
selector {
```

```
    display: grid;
    grid-template-rows: none | <track-list> | <auto-track-list>;
}


selector {
    display: grid;
    grid-template-columns: none | <track-list> | <auto-track-list>;
}
```

这两个属性的取值说明如下：

none：表示不显式地创建网格。

\<track-list\> | \<auto-track-list\>：轨道尺寸列表，该列表序列中的每一项代表各个轨道的尺寸大小。

下面的例子假设为容器定义一个 3×3 的行列轨道，每个轨道尺寸为 200 px，且每个网格项有不同的背景颜色。

【例 9-17】Grid 网格布局——HTML 代码。

代码如下：

```
<!DOCTYPE html>
<html lang="en">
<head>
    <meta charset="UTF-8">
    <meta name="viewport" content="width=device-width, initial-scale=1.0">
    <title>Example-9-17</title>
    <link rel="stylesheet" href="style.css">
</head>
<body>
    <div class="container">
        <div id="item-1"></div>
        <div id="item-2"></div>
        ……
        <div id="item-9"></div>
    </div>
</body>
</html>
```

【例 9-18】Grid 网格布局——CSS 代码。

代码如下：

```css
.container {
    display: grid;
    grid-template-rows: 200px 200px 200px;
    grid-template-columns: 200px 200px 200px;
}
#item-1 {
    background-color: aliceblue;
}
#item-2 {
    background-color: antiquewhite;
}
#item-3 {
    background-color: aqua;
}
#item-4 {
    background-color: aquamarine;
}
#item-5 {
    background-color: azure;
}
#item-6 {
    background-color: beige;
}
#item-7 {
    background-color: bisque;
}
#item-8 {
    background-color: black;
}
#item-9 {
    background-color: blueviolet;
}
```

页面最终效果展示如图 9-22 所示。

例 9-18 中，<track-list>和<auto-track-list>值采用了像素单位(px)，一般在实际应用中还可以采用百分比、弹性值单位(fr)或内置固定值关键词，同时也可以使用关联函数repeat()、minmax()或 fit-content()进行更为灵活的尺寸值区

图 9-22　3×3 网格布局

域设置，详细信息可以参考 W3C 官网上关于这部分内容的指南①。

(2) 显式网格的命名区域的定义。

除了上面提供的两种网格项设置方式外，还可以通过 grid-template-area 属性以命名的方式直接划定各个项的区域，命名后的区域便可以在每个项中进行调用。其语法结构如下：

```
selector {
    display: grid;
    grid-template-areas: none | <string>+;
}
```

关于该属性的使用方法，我们将在本节后续的综合示例中进行演示。

(3) 显式网格的简写。

CSS 为显式网格定义提供了简写属性 grid-template，其语法规则如下：

```
selector {
    display: grid;
    grid-template: none | [ <'grid-template-rows'> / <'grid-template-columns'> ] | [ <line-names>?
<string><track-size>? <line-names>? ]+ [ / <explicit-track-list> ]?;
}
```

该属性提供了三种有效值：

① none：代表非显式网格轨道。

② [<'grid-template-rows'> / <'grid-template-columns'>]：以斜线"/"进行分隔，指定网格的 grid-template-rows 与 grid-template-columns 属性。譬如，例 9-18 中设置的 3 × 3 网格可以写成：

```
.container {
    display: grid;
    grid-template: 200px 200px 200px / 200px 200px 200px;
}
```

③ [<line-names>? <string><track-size>? <line-names>?]+ [/ <explicit-track-list>]?：同时设置 grid-template-rows、grid-template-columns 与 grid-template-area 三个属性值。假定我们以 a～i 九个字母代表例 9-18 中的九个网格项，则语法如下：

```
.container {
    display: grid;
    grid-template: "a b c" 200px
                   "d e f" 200px
                   "g h i" 200px / 200px 200px 200px
}
```

① 轨道尺寸定义参见 https://www.w3.org/TR/css-grid-1/#track-sizes。

3) 隐式网格

前面我们说过，定义的显式网格如果其内容超出边界，则网格系统会通过自动增加隐式网格行的方式生成隐式网格。CSS 提供的 grid-auto-rows 和 grid-auto-columns 属性可以设置隐式网格的尺寸，这两者的语法结构及有效值与 grid-template-rows、grid-template-columns 属性完全相同，这里不再做过多说明。

> **提示**
>
> 网格容器并非必须指定这两个属性。如果不指定，则网格系统将按照内容的实际尺寸扩展隐式网格。

4) 自动排版

有些时候网格项没有显式地指定其所在位置，grid-auto-flow 属性则可以根据自动排版算法让网格项自动排版。对该属性的设置会影响算法的工作方式。其语法结构如下：

```
selector {
    display: grid;
    grid-auto-flow: [ row | column ] || dense;
}
```

该属性的取值说明如下：

(1) row：默认值，逐行排版网格项。

(2) column：逐列排版网格项。

(3) dense：密集排版算法。如果设定了该值，如 grid-auto-flow: row dense，则以行为密集单位进行排版，详见图 9-23。

grid-auto-flow: row

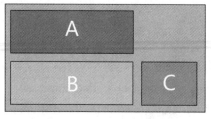

grid-auto-flow: row dense

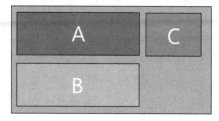

图 9-23　密集排版算法

5) 网格间距

在一般盒模型状态下，我们通常会使用 margin 或 padding 指定盒子周围的空间尺寸，而在 Grid 网格布局系统中同样提供了调整网格周围间距的方法——gap 属性。该属性具有两个子属性 row-gap 和 column-gap，分别用于调整行和列间距。其语法结构如下：

```
selector {
    display: grid;
row-gap: normal | <length-percentage>;
column-gap: normal | <length-percentage>;
gap: <'row-gap'> <'column-gap'>?;
    }
```

该属性的取值说明如下：

(1) normal：在多列容器中表示使用"1em"单位的间距，其他上下文中表示使用"0 px"单位的间距。

(2) <length-percentage>：以百分比单位指定行列间距的具体数值。

下面以例 9-18 为基础，对间距属性为 3×3 的网格布局的行和列分别增加"20 px"(HTML 代码部分与之前相同，部分盒子背景色 CSS 代码不再展示)。

【例 9-19】网格间距——CSS 代码。

```
.container {
    display: grid;
    grid-template: 200px 200px 200px / 200px 200px 200px;
    gap: 20px 20px;
    }
```

图 9-24　网格间距设置

页面最终效果如图 9-24 所示。

6) grid 属性

grid 属性是 Grid 网格中一组布局相关属性的简写，这种简写可以对显式或隐式网格的行列排版属性进行设置，行列间距属性不在其中。具体语法结构如下：

```
selector {
    display: grid;
    grid: <'grid-template-rows'> / [ auto-flow && dense? ] <'grid-auto-columns'>? | [ auto-flow && dense? ] <'grid-auto-rows'>? / <'grid-template-columns'>;
    }
```

原则上，在开发过程中不推荐这种书写方式，建议使用各自的独立属性名。例如，下面这段代码，如果没有经过长期训练，一般的开发人员很难看出各部分属性是如何设置的，不利于后续的调试和维护。

```
.container {
    display: grid;
```

```
    grid: [line1] minmax(20em, max-content) / auto-flow dense 40%;
  }
```

7) 其他相关属性

除了以上几种属性外，还可以采用 CSS 中规定的部分对齐属性对网格整体或部分内容进行设定。

(1) 网格项整体对齐。网格项在容器中的对齐方式可以使用 justify-content、align-content 与 place-content 属性进行设置。其中，place-content 属性是前两种属性的简写形式。place-content 属性对网格的影响如图 9-25 所示。

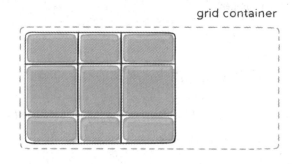

图 9-25　网格项整体对齐

(2) 各个网格项包含的内容对齐。各个网格项中的内容可以通过 justify-items、align-items 与 place-items 属性对齐。其中，place-items 属性是前两种属性的简写形式。place-items 属性对网格内容的影响如图 9-26 所示。

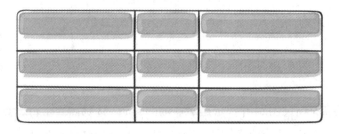

图 9-26　网格项内容对齐

关于网格布局中元素的对齐，可参考 W3C 官方关于 CSS Box Alignment Module Level 3[①]的指导意见。

3. 网格项的相关属性

网格项与 Flex 布局类似，Grid 网格容器下的子层——网格项也需要进行样式设置，但与其不同的是，网格项的设定具有一定的独立性，每项在页面中展示的位置取决于各项自行选定的单元格或区域。目前主要有两种布局方法——基于网格线和基于网格区域。

---

① CSS 盒子对齐模型指南，参见 https://www.w3.org/TR/css-align-3/。

1) 基于网格线进行排版

网格项在容器中排版的第一种方式可以称为基于网格线的排版。前面我们说过，当网格容器创建成功后，网格是基于横向与纵向的网格线划分形成轨道的，每条线都有自己的索引号。因此，这四个属性也成为基于线的网格排版属性，即利用线的索引号进行样式设置。网格项利用这类属性可以在网格容器中随意放置、扩展，甚至可以不考虑 HTML 源代码中的标签顺序进行摆放。这种方式带来了极大的自由度，使得开发者有能力针对不同终端设备进行个性化的页面裁剪(当然，可能需要结合媒体查询共同使用)。

(1) grid-row-start 与 grid-row-end、grid-column-start 与 grid-column-end 属性。

线方式排版有四个基础属性，它们与容器层的 grid-template-rows 和 grid-template-columns 属性相关。表 9-3 描述了这四个属性各自的意义。

表 9-3　线方式排版的属性及描述

属性名	描　　述
grid-row-start	指定网格项的起始行线索引号(即网格项的上边框所在线号)
grid-row-end	指定网格项的结束行线索引号(即网格项的下边框所在线号)
grid-column-start	指定网格项的起始列线索引号(即网格项的左边框所在线号)
grid-column-end	指定网格项的结束列线索引号(即网格项的右边框所在线号)

下面以例 9-18 为基础，结合浏览器开发者工具，通过这四个属性来调整网格项的排版方式(HTML 部分代码相同，不再展示)。

【例 9-20】基于网格线排版——CSS 代码。

代码如下：

```
body {
    color: white;
    font-size: 6em;
    font-family: Cambria, Cochin, Georgia, Times, 'Times New Roman', serif;
    padding: .5em;
}
.container {
    display: grid;
    grid-template: repeat(3, 200px) / repeat(3, 200px);
    grid-auto-rows: 200px;
    justify-content: center;
}
div[id] {
    display: grid;
    justify-content: center;
    align-content: center;
```

```
    }
    #item-1 {
      background-color: aliceblue;
      grid-row-start: 1;
      grid-row-end: 3;
    }
    #item-2 {
      background-color: antiquewhite;
    }
    #item-3 {
      background-color: aqua;
    }
    #item-4 {
      background-color: aquamarine;
      grid-column-start: 2;
      grid-column-end: 4;
    }
    #item-5 {
      background-color: azure;
    }
    #item-6 {
      background-color: beige;
    }
    #item-7 {
      background-color: bisque;
    }
    #item-8 {
      background-color: black;
      grid-row-start: 3;
      grid-row-end: 5;
      grid-column-start: 1;
      grid-column-end: 3;
    }
    #item-9 {
      background-color: blueviolet;
    }
```

　　通过编写 CSS 代码，我们调整了部分项的排版顺序和网格单元的占用方式，页面最终效果如图 9-27 所示。

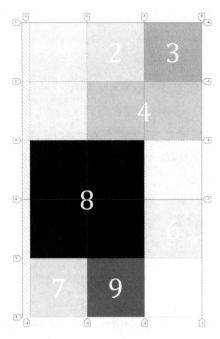

图 9-27　基于网格线进行排版

这四个属性除了可以用网格线的索引号放置(填充)网格项之外，还有以下几种有效值：

① auto：自动排版，对于网格项无实质影响。

② span+整数：即跨行或跨列，如 grid-row-start: span 2;表示当前项的上边框跨两行。

③ 命名的网格区域或网格线。例如，grid-template-columns: [col1] 100px [col2] 1fr [col3] 1fr [cols-end];，这段代码中定义了四条线名(方括号中的"col1"到"cols-end")标识了默认列索引号，那么，我们就可以通过这些网格线名称进行排版。假定我们为一个网格定义了名称"foo"，那么结合关键词"-start"或"-end"就可以进行调用。例如：

```
grid-column-start: foo-start;
grid-column-end: foo-end;
```

(2) grid-row 与 grid-column 属性。

grid-row 属性是 grid-row-start 和 grid-row-end 两个属性的合并简写形式，grid-column 属性是 grid-column-start 和 grid-column-end 属性的合并简写形式，两者分别表示在表格项的行线和列线上放置填充位置。这两个缩写的属性具有相同的有效值，一般语法结构如下：

```
grid-column: <grid-line> [ / <grid-line> ]?;
grid-row: <grid-line> [ / <grid-line> ]?;
```

这两个属性可以有单段值或两段值。单段值表示将当前网格项边框线(基准线)对齐到给定的行或列线索引号。例如，grid-column: 3;表示将当前网格项的左边框对齐到 3 号列线。两段值表示当前网格项所跨的行或列线从几号跨到几号，两段值间需要用斜线"/"间隔开。例如，grid-row: 3 / 5;表示当前网格项的行线从 3 号跨到 5 号。

　　除上述使用方法外，grid-row 与 grid-column 属性同样可以接受 auto 值、span 参数或命名域名进行值的定义。例如：

```
grid-row: span 3 / 6;
grid-column: 5 foo span / 2 span;
```

2) 基于网格区域进行排版

　　向网格容器中填充或放置网格项的第二种方式是基于网格区域进行排版。通过 grid-area 属性对各个网格项进行设置，该属性一般需要配合网格容器层的 grid-template-area 属性或 grid-template 属性共同使用。当各项以命名区域排版时，脱离 HTML 文档源代码的顺序规则，随意排布网格项的位置，下面以例 9-18 为例进行演示。

【例 9-21】基于网格区域排版——CSS 代码。

代码如下：

```
body {
    color: white;
    font-size: 6em;
    font-family: Cambria, Cochin, Georgia, Times, 'Times New Roman', serif;
    padding: .5em;
}
.container {
    display: grid;
    grid-template: "a b c" 200px
            "d e f" 200px
            "g h i" 200px
            / 200px 200px 200px;
    justify-content: center;
}
#item-1 {
    background-color: aliceblue;
    grid-area: e;
}
#item-2 {
    background-color: antiquewhite;
    grid-area: a;
}
#item-3 {
    background-color: aqua;
    grid-area: c;
}
#item-4 {
```

```
    background-color: aquamarine;
    grid-area: i;
}
#item-5 {
    background-color: azure;
    grid-area: d;
}
#item-6 {
    background-color: beige;
    grid-area: b;
}
#item-7 {
    background-color: bisque;
    grid-area: g;
}
#item-8 {
    background-color: black;
    grid-area: f;
}
#item-9 {
    background-color: blueviolet;
}
```

通过 CSS 的 grid-area 属性为每个网格项随机设置填充的区域，形成一种"乱序"的效果，如图 9-28 所示。

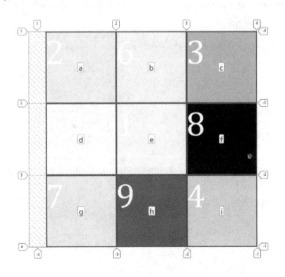

图 9-28　基于网格区域排版

如果在容器层未显式命名网格区域,则该属性也可以作为 grid-row-start、grid-row-end、grid-column-start 和 grid-column-end 四个属性的合并简写形式。例如,grid-area: 1fr / auto / 2fr / auto;,值分为四段,每段依序对应行起始、行结束、列起始和列结束。该属性还有其他有效值,详细内容可查阅官方文档[①]。

3) 特殊的对齐方式

在某些特定的排版需求(如嵌套网格布局下),可能需要让网格项的内容元素有一些特殊的对齐方式,一般 HTML 的 HEAD 标签内容需要居中对齐,那么针对这些网格项的单独对齐样式需求,可以使用 justify-self、align-self 和 place-self 属性。

在网格项中使用 justify-self 属性与网格容器上使用 justify-items 属性的效果相同,align-self 与 align-items 的效果相同,只是它们作用的范围不一样,一个作用于父级容器层,另一个是作用于子级网格项层。

place-self 属性是 justify-self 和 align-self 属性的简化缩写形式,其使用方法等同于 place-items。

4. 综合示例

我们在日常浏览网页的时候经常能遇到照片墙的结构。例如,用百度搜索图片时,整体页面呈现的就是这种效果。下面我们将利用 Grid 网格布局技术实现一个简单的照片墙页面。

【例 9-22】基于 Grid 布局的照片墙——HTML 代码。

代码如下:

```html
<!DOCTYPE html>
<html lang="en">
<head>
  <meta charset="UTF-8">
  <meta name="viewport" content="width=device-width, initial-scale=1.0">
  <title>Example-9-22</title>
  <link rel="stylesheet" href="style.css">
</head>
<body>
  <div class="container">
    <img src="./images/OP-1.jpg" alt="">
    <img src="./images/OP-2.jpg" alt="">
    ……
    <img src="./images/OP-9.jpg" alt="">
  </div>
</body>
</html>
```

---

① 关于 grid-area 属性值使用,可参见 https://www.w3.org/TR/css-grid-1/#placement-shorthands。

【例 9-23】基于 Grid 布局的照片墙——CSS 代码。

代码如下：

```
body {
    padding: .5em;
}
.container {
    background-color: gray;
    display: grid;
    grid-template: repeat(3, 1fr) / repeat(3, 1fr);
    grid-auto-rows: 200px;
    gap: .25em .25em;
    justify-items: center;
    align-items: center;
    padding: .25em;
}
img {
    width: 100%;
}
```

可以看到，通过 Grid 网格进行布局只需要很少的代码就能实现。这点足以证明这项技术与其他布局方式相比有着很大的优势。基于 Grid 布局的照片墙效果图如图 9-29 所示。

图 9-29　基于 Grid 布局的照片墙效果图

9.3　任务案例——搭建校园首页

作为本书中的最后一个任务案例,需要结合本章和前面章节所介绍的 HTML 及 CSS 知识点,系统性地完成从设计、分析构思、代码实现到最终调试的全方位训练,建议读者在搭建 HTML 文档时尽量采用 HTML5 语义化标签。校园首页效果图如图 9-30 所示。

图 9-30　校园首页效果图

1. 页面结构分析与设计

该校园首页结构采用了经典的页面布局，因其可分割成三层，即头部、主体、脚部，故被广大开发者形象地称为"三明治"布局。下面我们对每一层进行深入分析。

1) 头部(HEADER)

头部看似是一体，但其实还分为两个块级元素，包括顶部的 Logo 和导航(NAV)。其中，导航包含了 10 个子栏目，可以通过无序列表实现。

2) 主体(MAIN)

主体部分根据内容需要，从上至下一共切割成了 5 个块级单位：第一个是巨幕，用于展示主体热点图片；第二个是校园新闻栏目，其切分为左右两个单位，分别放置轮播图和新闻列表；第三个是通知公告栏目，同样切分为左右两个单位，分别填充了通知公告列表和快链接图片列表；第四个是快速通道，以行内块级元素或行内无序列表的形式填充图片链接；最后一部分是快速通道，用于跳转校外链接。

3) 脚部(FOOTER)

根据设计方案，脚部放置的是网站版权信息和联系方式等内容，有两种实现方法。第一种可以做链接图片，即通过制图软件预制，然后利用链接挂载；第二种可以通过 CSS 配合 HTML 块级和行级标签进行编码来实现。这两种方式的实现难度相近。

2. 标签与样式分析

Web 前端工程师一般采用从外向内、从整体向细节的原则，对页面逐层进行结构分析，在分析的同时生成文档树。下面就以生成树的方式进行解读。校园首页文档树设计如图 9-31 所示。

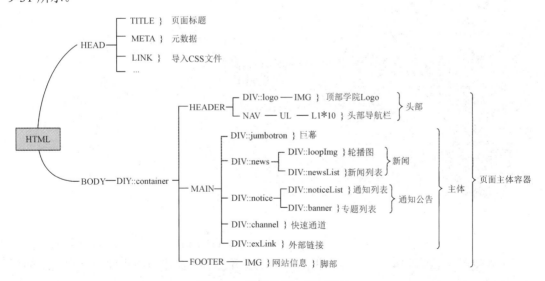

图 9-31　校园首页文档树设计

图 9-31 中，标签以全部大写的形式标记，块级元素类名(或 ID)以小写字母形式标记。图中省略了部分过于细节的内容。结合我们分析的页面结构文档树，首先需要确定页面采用哪种布局方案，本任务可以从 Flex 弹性盒或 Grid 网格布局中任选一种。当完成页面布

局后，就需要从外层到内层逐个标记标签样式信息。一般样式信息的编入顺序是：

(1) 容器盒子自身的对齐方式及宽度、高度占比。

(2) 容器盒子内容的对齐方式。

(3) 盒模型相关属性：一般包括内边距(margin)、边框(border)、外边距(padding)等属性及其子属性。

(4) 背景相关属性：background-*属性。

(5) 文本内容相关属性：text-*、line-height、color 等。

(6) 字体相关属性：font、font-*等。

3. 代码实现和调试

页面代码的实现一般按照先 HTML、再 CSS 的顺序进行。第一步，根据设计好的文档树，由外到内对逐个标签完成代码编写。第二步，开始编辑 CSS 内容，即先将页面整体布局的样式规则写入，再写入细节样式代码(如字体、颜色等)。通常前端工程师在实现设计样式时会边调试边写 CSS 样式代码，因此，就需要会使用浏览器的开发者工具进行代码查看。如图 9-32 所示，可以在开发者工具中查看页面的弹性盒模型的样式。

图 9-32　Flex 弹性盒模型样式的查看

倘若使用 Grid 网格布局设计，也同样可以在开发者工具中查看页面弹性盒模型的样式，如图 9-33 所示。

采用上述方法可以很快完成任务，具体的代码这里不再展示。如果对于编写代码毫无头绪，可以参考例 9-15。

图 9-33　Grid 网格布局样式查看

习　　题

一、选择题

1. 对于 CSS 组合器，下列说法正确的是(　　)。

A. 子代组合器可以匹配到所有的后代元素

B. CSS 组合器在不用重构 HTML 代码的前提下，就可以实现目标元素的精确匹配

C. 一般兄弟组合器使用加号 "+" 进行组合

D. 后代选择器的祖先可以无限 "上升"

2. 下列伪类选择器编码的顺序，正确的是(　　)。

A. :visited —:link—:hover— :active

B. :link — :visited— :active — :hover

C. :link—:visited — :hover— :active

D. :visited—:hover—:active— :link

3. 以下伪选择器中，属于伪元素选择器的是(　　)。

A. :active　　　　　　　　　　　　B. ::before

C. :target　　　　　　　　　　　　D. :last-child

4. 关于 Flex 弹性盒布局的说法中，正确的是(　　)。

A. 弹性项通常会沿着交叉轴方向进行排布

B. 当弹性容器的 flex-wrap 属性设置为 wrap 时表示容器内的元素堆叠在同一行

C. 我们可以通过在弹性容器层设置 flex-grow 属性为每个弹性项设置增长因子

D. 将弹性容器的 justify-content 属性设置为 center 时，容器内元素可以沿主轴方向居中对齐

5. 下列关于 Grid 网格布局的概念中，错误的是(　　)。

A. 网格容器属性设置中，可以定义显式或隐式网格

B. 网格线的索引号从 0 开始进行递增

C. 当网格容器定义成功后，我们可以基于网格线或网格区域对内容项进行排版

D. row-gap 与 column-gap 属性一般用于定义网格间距

二、填空题

1. 组合器(Combinator)又称组合选择器，共包含四种方法：_____、_____、_____和_____。

2. 结构伪类中:nth-child()、:nth-last-child()、:nth-of-type()、:nth-last-of-type()可以注入_____和_____两个特殊值关键词，分别用于代表奇数项和偶数项。

3. 伪元素以双冒号"::"作为标识，目前 CSS 官方指导意见中规定了 12 种伪元素，其中_____、_____、和_____可以正常使用，其余伪元素仍在实验阶段。

4. Flex 弹性盒布局中，如果想更改主轴的方向，需要通过_____进行设置。

5. 基于网格线排版的 Grid 网格布局中，一般使用_____、_____、_____和_____属性，通过调用网格线索引号进行排版。

三、操作题

遵循构思、设计、结构分析、编码和调试的工程顺序，实现一个个人博客主页。布局结构要求：从 Flex 弹性盒和 Grid 网格布局中任选一种方式，实现 CSS 经典布局中的"圣杯"式页面结构，如图 9-34 所示。

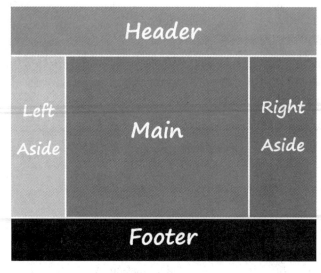

图 9-34　布局结构

第 10 章

Web 应用技术学习路线指引

通过本章的学习，了解 CSS 原生动画的实现方式，能够设计简单的 CSS 动画效果，掌握使用 CSS3 的特定属性实现响应式自适应布局，理解 HTML5 新增 API 的调用方法，可以通过简单的 JavaScript 脚本实现 HTMLCanvas 画布，了解下一阶段的学习路线，并对 Web 应用开发未来的学习路线有一定认识。

知识目标

(1) 掌握 CSS3 实现原生动画的两种方法。
(2) 理解 CSS3 响应式布局的一般方法。
(3) 理解 HTML5 新增 API 的调用手段。
(4) 了解 Web 应用开发学习路线。

技能目标

(1) 能够利用 CSS3 的特性实现简单的原生动画。
(2) 能够使用@media 实现简单的响应式自适应布局。

10.1　HTML5 与 CSS3 的更多特性

本书因篇幅等因素的限制，无法对 HTML5 和 CSS3 的全部特性进行详尽讲解，但针对目前实际项目中使用频繁的高级特性会进行简要介绍，且考虑到读者未来可能会有深入学习这些内容的想法，在介绍部分特性后会提供一些简单的案例供大家参考和学习。

10.1.1　关于 HTML5

在 HTML4 时代，W3C 曾计划放弃对 HTML 标准继续修订，转而将精力集中于 XML

和 XHTML 上。在 2004 年的 W3C 研讨会上，部分成员提出重启 HTML 标准的订立，但没有获批。在 Apple、Mozilla 和 Opera 等浏览器厂商的助推下，它们自发成立的 WHATWG 社区负责继续维护新标准的开发。2006 年 W3C 同意加入 HTML5.0 标准的制定，2007 年草案标准的意见正式被采纳，W3C 设立了专门的工作组负责草案标准的制定。比较戏剧化的是，两个组织在 2012 年因意见不同而分道扬镳，W3C 新成立了一个编辑组，负责 HTML5.0 标准的制定和下一个版本的起草。

2014 年 W3C 官方正式推出 HTML5.0 标准指导，而该版本也仅代表了 HTML5 的其中一个标准，另外一个版本则是由那些以众多浏览器厂商为代表的 WHATWG 社区负责维护的标准指导。其实采用这两个版本中的哪一个，对于开发者来说并不困难，因为当年来自 Mozilla 的软件工程师说过：“当 W3C 和 WHATWG 规范出现差异时，我们会倾向于遵从 WHATWG 标准。”2019 年两个组织正式签署了谅解与合作协议，至此，HTML5 的标准终于走向了统一。

HTML5.0 制定于 HTML4.0.1 标准的基础之上，延续了前一代版本的语言核心部分，通过对原有标签的修订和新元素的引入，为 HTML 文档强化了语义，目的在于增强人类和机器的可阅读性。与此同时，HTML5.0 通过添加一些新的媒体元素，弥补了以往 HTML 页面只能使用浏览器插件播放音频和视频的缺陷。至此，Flash 走向了历史舞台。在原有的 DOM API(Application Programming Interface，应用程序接口)规范之外，HTML5 继续扩充了更多的 API，例如：

(1) HTML5 针对<canvas>元素的文本 API。

(2) History API。

(3) 全屏 API。

(4) 鼠标指针锁定 API。

(5) 地理位置 API。

(6) 拖放和触控事件。

上述这些 API 并不是全部 API，各浏览器厂商对于自家浏览器还有某些特定的 API。Web 应用开发的初学者很容易对这部分内容产生困惑：这些特性是如何实现的？我该如何使用这些 API？简单来说，本书前面章节介绍的内容仅是 HTML5 这个标准集合中所包含的一部分，即仅通过 HTML 和 CSS 就能实现的页面(称为静态页面)，而上面这些 API 特性则需要在另外一种编程语言——JavaScript 编写的脚本的配合下，调用 HTML5 规范的接口并通过一定的业务逻辑共同实现。对于初学者来说，如果没有 JavaScript 语言基础，则将无法使用这些 API。

10.1.2　关于 CSS3

CSS3 的标准是在 CSS2.1 标准的基础上发展起来的，2001 年完成草案的初期制定。CSS3 并不是指代一个单一规范，而是一个包含了盒模型、列表、链接、语言、背景、边框、文字、布局和选择器等多个模块的规范集合，每个模块由各自的工作小组负责维护。这种分模块维护和推进的做法，在一定程度上避免了类似于 HTML5 标准制定过程中因某个方面存在争议而无法正常推进草案通过的情况发生。站在浏览器厂商的角度来说，各家可以根据自身产品的需要，按照不同模块的特性给予支持。但这导致不同厂商在新特性尚处于 W3C 草案阶段，各浏览器为提供新特性而出现了 CSS3 私有属性，因此，开发者在做兼容性样式时需要特别注意这一点。例如，多列布局 W3C 目前尚未正式推出指导意见，因此会出现如下代码：

```
.card-columns {
    -Webkit-column-count: 3;
    -moz-column-count: 3;
    column-count: 3;
    -Webkit-column-gap: 1.25rem;
    -moz-column-gap: 1.25rem;
    column-gap: 1.25rem;
}
```

通常根据浏览器的厂牌或内核划定私有属性的前缀。例如，上面的分列属性 column-count 是目前草案规范的属性名称，而之前的部分就是私有属性的前缀。一般私有属性有以下几种：

(1) -Webkit：以 Webkit 引擎为内核的浏览器(如 Google 的 Chrome 浏览器和 Apple 的 Safari 浏览器)的私有属性。

(2) -moz：以 Mozilla 基金会下的 Gecko 引擎为内核的浏览器(如 Firefox 浏览器)的私有属性。

(3) -o：Opera 浏览器的私有属性。

(4) -ms：Internet Explorer 浏览器(即 IE 浏览器)的私有属性。

当某个属性成为 W3C 正式推行的标准后，去掉这个属性，可以减轻响应代码的体量。例如，上面的代码如果以多列布局模块正式发布，则去掉私有属性后代码只有 2 行。

1. CSS3 动画

早期开发者如果想在 HTML 页面中加入动画，则需要借助 Flash 来实现，这对开发者提出了更多的技能要求。当 2012 年有人提出想在 HTML 页面中实现原生动画时，W3C 果断把这个概念结合 HTML5 提到了工作草案(Working Draft)中，紧接着 2013 年又引入了过渡(transitions)的概念。经过多年研讨，最新一版工作草案于 2018 年 11 月推出，这是目前各家浏览器所采用的实验阶段样式。当然，编辑草案(正式公开的工作草案前一阶段的草案)仍在不断更新，截止到本书出版时，最新的两种 CSS3 动画模块的编辑草案于 2020 年 9 月之后推出。图 10-1 和图 10-2 展示了全球各浏览器厂商对 CSS 动画属性的支持情况。

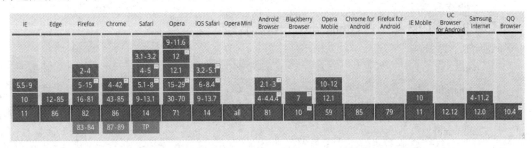

图 10-1　浏览器对 CSS animation 属性的支持度

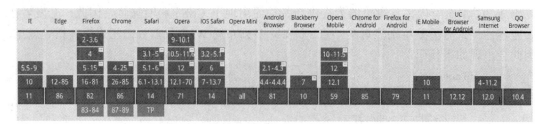

IE	Edge	Firefox	Chrome	Safari	Opera	iOS Safari	Opera Mini	Android Browser	Blackberry Browser	Opera Mobile	Chrome for Android	Firefox for Android	IE Mobile	UC Browser for Android	Samsung Internet	QQ Browser
		2-3.6			9-10.1											
		4		3.1-5	10.5-11.6	3.2-5.1				10-11.5						
5.5-9		5-15	4-25	5.1-6	12	6		2.1-4.3		12						
10	12-85	16-81	26-85	6.1-13.1	12.1-70	7-13.7		4.4-4.4.4	7	12.1			10		4-11.2	
11	86	82	86	14	71	14	all	81	10	59	85	79	11	12.12	12.0	10.4
		83-84	87-89	TP												

图 10-2　浏览器对 CSS transitions 属性的支持度

CSS3 定义动画的两种方式有些不同：animation 属性设定的动画与我们日常所见的动画原理相同，即逐帧动画，需要结合关键词@keyframes 来设定动画的关键帧，从而形成往复循环的动画；而 transitions 属性设定的动画属于让元素从某种状态逐渐"过渡"到另一种状态的动画，通过设定播放时长和过渡时间函数等属性形成动态效果。

下面例 10-1 和例 10-2 中，按钮的渐变色通过线性渐变函数 linear-gradient 为元素设定渐变背景图来实现，利用@keyframes 配合背景图片的位移产生动态效果，关键帧中定义了5 个帧的状态，按钮最终通过 animation 属性实现线性的流水动画。

【例 10-1】CSS 动画之 animation——HTML 代码。

代码如下：

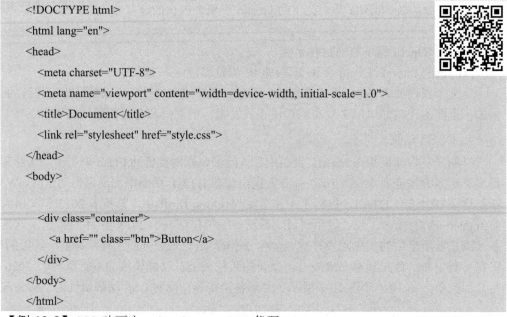

```
<!DOCTYPE html>
<html lang="en">
<head>
    <meta charset="UTF-8">
    <meta name="viewport" content="width=device-width, initial-scale=1.0">
    <title>Document</title>
    <link rel="stylesheet" href="style.css">
</head>
<body>

    <div class="container">
        <a href="" class="btn">Button</a>
    </div>
</body>
</html>
```

【例 10-2】CSS 动画之 animation——CSS 代码。

代码如下：

```
body {
    margin: 0;
}
.container {
    padding: 2.5em;
}
```

```css
.btn {
    text-align: center;
    font-family: Impact, Haettenschweiler, 'Arial Narrow Bold', sans-serif;
    display: block;
    width: inherit;
    margin: .5em auto;
    padding: 1em 1.5em;
    text-decoration: none;
    color: white;
    background: linear-gradient(-45deg, green, blue, indigo, violet, green);
    background-size: 400%;
    border-radius: 1em;
}
.btn:hover {
    animation: waterfall 6s linear infinite;
}
@keyframes waterfall {
    0% {
        background-position: 0%;
    }
    25% {
        background-position: 50%;
    }
    50% {
        background-position: 150%;
    }
    75% {
        background-position: 300%;
    }
    100% {
        background-position: 400%;
    }
}
```

可以通过以上案例的实现代码在页面中查看动画效果，静态展示图如图 10-3 所示。

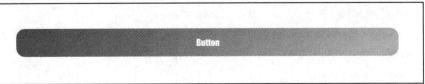

图 10-3　animation 动画效果的静态展示图

　　下面通过修改卡片触发前后的文本阴影与盒子阴影效果，同时绑定 transitions 属性，生成过渡效果。

　　【例 10-3】CSS 动画之 transitions——HTML 代码。

　　代码如下：

```html
<!DOCTYPE html>
<html lang="en">
<head>
  <meta charset="UTF-8">
  <meta name="viewport" content="width=device-width, initial-scale=1.0">
  <title>Document</title>
  <link rel="stylesheet" href="style.css">
</head>
<body>
  <div class="container">
    <div class="card">
      <p>START</p>
    </div>
  </div>
</body>
</html>
```

　　【例 10-4】CSS 动画之 transitions——CSS 代码。

　　代码如下：

```css
body {
  margin: 0;
  font-family: Verdana, Geneva, Tahoma, sans-serif;
}
.container {
  padding: 2.5em;
}
.card {
  width: 4em;
  height: 4em;
  margin: 1em;
  padding: 1em;
  color: white;
  background-color: darkorange;
  display: flex;
  justify-content: center;
  align-content: center;
```

```
        box-shadow: 0 0 15px 10px transparent, 0 0 30px 20px transparent;

        text-shadow: 0 0 black;

        text-decoration: underline;

        transition: box-shadow 2s, text-shadow 2s;

    }

    .card > p {

        font-weight: bold;

        font-size: larger;

    }

    .card:hover {

        box-shadow: 0 0 30px 20px slategray, 0 0 0 slategray;

        text-shadow: 15px 15px 10px rgb(43, 42, 42);

    }
```

可以通过上述案例的实现代码在页面中查看动画效果,静态展示图如图 10-4 所示。

图 10-4　transitions 动画效果的静态展示图

2. CSS3 响应式布局——媒体查询

在移动互联网应用普及之初,许多门户网站除了开发一套桌面浏览器端的页面之外,为了让大众在移动端(手机、平板等设备)可以随时随地浏览其网站内容,需要根据原页面内容再开发一套移动页面,这就导致了工程量的增加。随后开发者除了提出响应式布局 Flex 和 Grid 技术方案外,还提出了自适应的概念。自适应即在原有一套代码的基础上,通过查询用户媒介设备的特征和参数(如屏幕尺寸),网页自行适应预置的布局样式代码。这种技术方案便是媒体查询。

现在 CSS 的媒体查询已成为响应式布局的关键组成部分,也是各个主流技术巨头门户网站所采用的核心方案。例如,我们之前说过的 Bootstrap 框架便采用了 Flex+媒体查询的技术策略进行响应式布局。利用媒体查询,我们不仅可以实现布局样式的自适应,也可以实现诸如字体大小、行高、图片尺寸等样式的自动调整。图 10-5 为目前主流浏览器对媒体查询的兼容情况。

图 10-5　目前主流浏览器对媒体查询的兼容情况

1) 基本概念

媒体查询使用特殊关键字@media 进行相关属性的设置。媒体查询的一般语法结构如下：

```
@media media-type and (media-feature-rule) {
    /* CSS 样式规则 */
}
```

其中，media-type 表示媒体类型。media-type 有以下几个选项：

(1) all：匹配全部类型设备。

(2) print：匹配打印机或打印预览模式。

(3) screen：匹配除 print 设备外的所有其他设备(如手机、电视、电脑屏幕等)。

例如：

```
@media print {
    body {
        font-size: 12pt;
    }
}
```

上面的代码通过媒体查询，可以将打印状态下 body 内的所有字体尺寸设定为 12 pt。

当选定媒体类型后，我们还可以设置媒体特征规则(media-feature-rule)，以限定媒体特征。目前，官方指导意见将媒体特征划分为如表 10-1 所示的几类。

表 10-1　媒体特征的分类

类　别	特征规则
视窗/页面典型媒体特征	包含视窗的 width、height、aspect-ratio 和 orientation 等特征
显示质量媒体特征	包含 resolution、scan、grid 等特征
颜色媒体特征	包含 color、color-index 和 dynamic-range 等特征
交互媒体特征	包含 pointer、hover 等特征
视频前缀特征	包含 video-color-gamut 和 video-dynamic-range 等特征
脚本语言媒体特征	支持 scripting 特征
用户偏好媒体特征	包含 prefers-reduced-motion、prefers-reduced-transparency 和 prefers-contrast 等特征
自定义查询	基于脚本进行自定义查询

例如：

```
@media screen and (max-width: 480px) {
    body {
        color: blue;
    }
}
```

我们可以通过这段代码选定屏幕的最大尺寸为 480 px 的设备，在该种设备下设置页面 body 下的所有文字颜色为蓝色。

2) 通过混合逻辑运算进行查询

媒体查询语法中还可以通过混合逻辑运算进行复杂的查询，一般包括以下 3 种方式：

(1) 逻辑"与"。我们可以用"and"将多个类型的媒体组合起来。例如：

```
@media screen and (min-width: 480px) and (orientation: landscape) {
    body {
        color: blue;
    }
}
```

(2) 逻辑"或"。如果有一组不同的媒体查询类型，其中任意一个类型都符合查询要求，那么可以使用逗号"，"分隔这些查询类型。例如：

```
@media screen and (min-width: 480px), screen and (orientation: landscape) {
    body {
        color: blue;
    }
}
```

(3) 逻辑"非"。媒体查询中可以使用"not"对查询结果进行反转，即求非值。逻辑"非"用于对所有匹配内容之外的媒体类型进行设置。例如：

```
@media not all and (orientation: landscape) {
    body {
        color: blue;
    }
}
```

3) 选择断点

在移动设备终端的响应式布局应用早期，开发者会根据设备厂商公布的设备参数进行特定的样式设计，一般将设备屏幕的宽度参数作为新样式的起点，即断点。例如，某款设备的屏幕宽度为 375 px，那么我们就可以通过媒体查询进行如下设置：

```
@media screen and (max-width: 375px) {
    /*该屏幕下对应的 CSS 样式*/
}
```

但是随着市场上移动终端品牌的增多，各品牌为了实现差异化竞争，设计了各种型号的终端设备，这就让开发者无从下手。为了解决开发者不可能详尽记录每个设备型号的问题，各个浏览器厂商在自家的浏览器开发者工具中内置了响应式设计模式，在导入主流设备型号后可以很方便地框定一个大致的断点范围进行设计。图 10-6 所示为响应式设计模式工具。

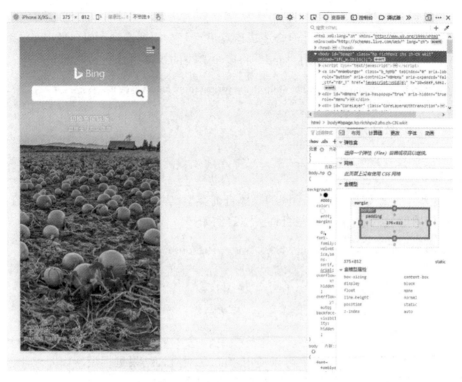

图 10-6　响应式设计模式工具

4) 应用实践

　　下面在例 9-15 的基础上，通过响应式布局的媒体查询属性，结合浏览器的响应式设计工具，为学校页面增加更多的"弹性"。原页面在大尺寸移动设备上的显示状态如图 10-7 所示。

图 10-7　原页面在大尺寸移动设备上的显示状态

　　该页面在 iPad 类型设备下的显示状态还算正常，但如果切换到更小的移动设备上，则其显示状态如图 10-8 所示。

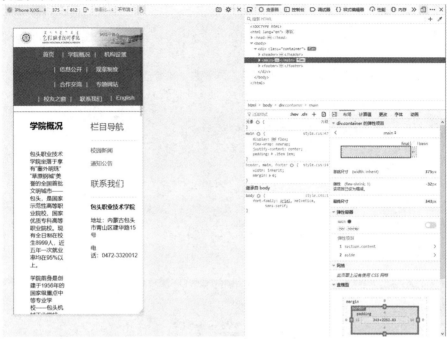

图 10-8　原页面在小尺寸移动设备上的显示状态

　　当切换到 iPhone X 设备时，原本定义好的页面样式发生了形变，这种页面状态无法满足使用者的正常浏览需求。下面通过增加部分代码来保证在保持基本样式的前提下页面结构能自适应地进行改变(原 HTML 代码未作修改)。

　　【例 10-5】响应式布局——媒体查询。

　　代码如下：

```
body {
    font-family: Arial, Helvetica, sans-serif;
    margin: 0;
}
a {
    text-decoration: none;
}
.container {
    width: 100%;
    display: flex;
    flex-wrap: wrap;
    justify-content: center;
}
header,
main,
```

```css
footer {
    width: inherit;
    margin: 0;
}
nav {
    background-color: rgb(20, 102, 171);
    color: white;
}
.logo,
nav > ul {
    display: flex;
    justify-content: center;
    flex-wrap: wrap;
    margin-top: 0;
}
nav > ul > li {
    display: inline;
    list-style: none;
    padding: .65em .5em;
}
nav > ul > li:nth-child(even)::before {
    content: '|';
    margin: 0 .5em;
}
nav > ul > li:nth-child(even):not(:last-child)::after {
    content: '|';
    margin: 0 .5em;
}
nav > ul > li > a {
    color: white;
}
main {
    display: flex;
    flex-wrap: nowrap;
    justify-content: center;
    padding: .25em 1em;
}
main > section {
    flex: 2;
```

```
}
main > aside {
    flex: 1;
}
aside > ul {
    margin-bottom: .5em;
}
aside > ul > li {
    list-style: none;
    padding: .5em 0;
}
aside > ul > li > a {
    color: rgb(20, 102, 171);
}
aside > ul > p {
    font-size: 1.5em;
    font-weight: lighter;
}
aside  hr {
    border: none;
    border-top: 1px solid rgb(218, 218, 218);
}
main > section > header,
main > section > article {
    margin: 0 1em;
    padding: 0 1em;
}
@media screen and (max-width: 480px) {
    main {
        flex-wrap: wrap;
    }
    main > section {
        flex: auto;
    }
    main > aside {
        flex: auto;
    }
}
```

　　我们通过 CSS 增加了@media screen and (max-width: 480px)这一媒体查询语句,为 480 px 以下尺寸设备修改了 Flex 结构。采用响应式布局后的效果如图 10-9 所示。

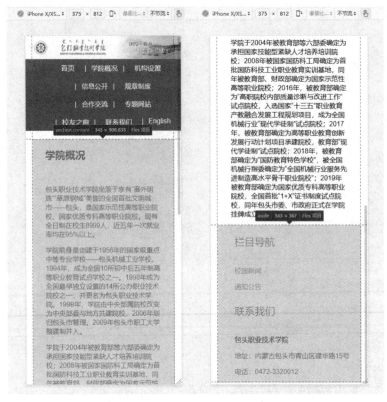

图 10-9　采用响应式布局后的效果图

　　从图 10-9 中可以看到,校园页面根据尺寸自动调整为对应的弹性盒设置方案。当然,如果能配合脚本,则页面中的导航部分也可以缩放为一个图标来显示。通过媒体查询,可以实现仅用一套 HTML 和 CSS 代码便能够在多平台展示信息的需求。

10.2　前端工程进一步学习指南

　　当 1995 年网景公司在自家浏览器上实现了第一代脚本语言的时候,就已经为现如今的互联网 Web 应用前端工程的三驾马车(HTML、CSS 和 JavaScript)奠定了总体格局,HTML 实现页面文档内容,CSS 格式化文档内容、美化页面,JavaScript 操作文档对象、处理交互事件和处理业务逻辑,三者分工明确。其中,JavaScript 在前端中总能以出其不意的功能实现精彩丰富的内容展现,在没有 CSS3 动画的年代,页面的动态特效主要是通过脚本实现的。当 1998 年微软开始尝试应用 AJAX(异步 JavaScript 和 XML 技术)之后,Web 应用借助着这种异步数据传输的技术,将早期的服务端模板解析页面逐步抛弃。软件公司从早期的不分离开发,过渡到前端和后端半分离,最后实现前端和后端完全分离的工程化过程,这也是当前 Web 软件工程的重要手段和方法。

　　随着 JavaScript 的模块化开发,开发者开始逐步尝试将一些特定功能的 JavaScript 代码封装起来形成统一的库，并释放出接口以备不时之需。2006 年 John Resig 在借鉴 Prototype 库的基础上推出了 jQuery1.0 版本库，其通过精简的链式调用语法和功能丰富的接口，迅速在程序员间流传开来。到今天为止，jQuery1.0 版本库仍是众多开发者使用频率非常高的库。

但长时间以来，JavaScript 仅局限于前端页面的动态效果和数据交互，似乎脱离了浏览器的 JavaScript 根本无任何用处。直到 2009 年年初，当中国人都沉浸在新年的喜悦中时，一颗重磅炸弹落在了技术圈，Google 公司的一名程序员 Ryan Dahl 在个人博客上宣布其准备基于 Chrome 浏览器的 V8 引擎开发一套能运行在服务器上的轻量级库，同年便在 GitHub 上开源了该库，这便是程序员们耳熟能详的 NodeJS。NodeJS 借助 JavaScript 基于事件驱动的语言特性，采用一系列"非阻塞"的库支持事件轮询，让 JavaScript 摆脱了浏览器的束缚，走向了更广阔的技术领域。也就是从这个节点开始，JavaScript 开始走出了客户端和服务端脚本化两条技术路线。

当然，前端工程技术领域的新概念也不断推陈出新，经常上网的同学应该清楚，网页上的链接点击后会自动跳转到一个新的页面，每个页面的内容各不相同。传统的数据交互逻辑是当用户通过浏览器向服务器请求数据时，服务器首先在数据库中查询相应数据，然后将数据内容渲染在 HTML 页面中，最后返回给用户的浏览器进行展示。也就是说，页面内容是通过服务器端进行渲染的。每个渲染的页面都需要开发人员逐页写好模板，对于相对复杂的网站(如门户网站)，可能整个工程需要实现几十张甚至上百张页面模板。服务器在处理内容数据的同时，还负责用户交互逻辑和页面渲染的工作，所以流量大的网站需要不断扩充服务器规模。

"富客户端"的概念在这个时间节点呼之欲出，其核心是将交互逻辑和视图渲染的工作从服务器移至客户端，减轻服务器的负荷，并大幅提升用户交互体验。2009 年 Misko Hevery 和几个志同道合的伙伴共同推出了 AngularJS 框架，它便是基于这个理念在客户端实现的 MVC(Model、View、Controller)架构前端框架，与此同时 SPA(Single Page Application，单页面应用)也伴随着富客户端的概念正式被开发者广泛应用。

自 2000 年至今，伴随着互联网的高速化和多端化发展，新技术、新概念、新框架层出不穷、瞬息万变。有的开发者刚刚掌握了某条技术路线，甚至可能还没在应用领域发挥其作用，该技术就已经被更新技术所取代。这种发展环境下，许多准备入门的初学者会迷失学习方向，希望本节提供的学习指南可以为大家找到方向。如果你已经完成了前面几章的学习，下一阶段建议学习如下内容。

1. JavaScript

JavaScript 的 Logo 如图 10-10 所示。

图 10-10　JavaScript 的 Logo

JavaScript 的官方名称是 ECMAScript。作为前端工程(当然现在不止前端)的三驾马车之一的语言，除 UI 设计师外，前端从业者必须掌握该语言的使用。初学者可以先从 JavaScript 的语言核心入手，配合案例逐步分阶段学习。掌握语言核心后，开始了解 HTML DOMAPI(HTML 文档对象模型)，学习如何使用脚本操作页面元素，如何对页面的事件进行处理并作出响应。之前我们提到过 HTML5 的某些特性需要在 JavaScript 的加持下才能实现，最典型的示例就是 HTML5 新增的绘图标签——<canvas>。下面我们将通过一个简单的示例来演示它的 API 调用方法。

【例 10-6】Canvas 绘图——HTML 代码。

代码如下：

```html
<!DOCTYPE html>
<html lang="en">
<head>
  <meta charset="UTF-8">
  <meta name="viewport" content="width=device-width, initial-scale=1.0">
  <title>Document</title>
</head>
<body onload="draw()">

  <canvas id="canvas"></canvas>

  <script src="script.js"></script>
</body>
</html>
```

【例 10-7】Canvas 绘图——JS 代码。

代码如下：

```javascript
function draw() {
    /** @type {HTMLCanvasElement} */
    let canvas = document.getElementById("canvas");
    if (!canvas.getContext) return;
    let ctx = canvas.getContext('2d');

    ctx.beginPath();
    ctx.moveTo(75, 40);
    ctx.bezierCurveTo(75, 37, 70, 25, 50, 25);
    ctx.bezierCurveTo(20, 25, 20, 62.5, 20, 62.5);
    ctx.bezierCurveTo(20, 80, 40, 102, 75, 120);
    ctx.bezierCurveTo(110, 102, 130, 80, 130, 62.5);
    ctx.bezierCurveTo(130, 62.5, 130, 25, 100, 25);
    ctx.bezierCurveTo(85, 25, 75, 37, 75, 40);
```

```
    ctx.fillStyle = 'rgb(218, 68, 57)';

    ctx.fill();

}
```

最终实现效果如图 10-11 所示。

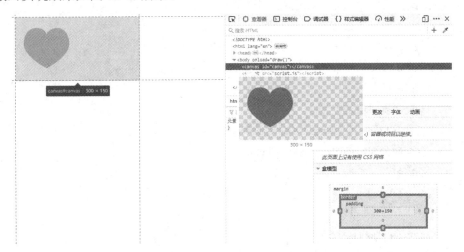

图 10-11　canvas 绘图

从例 10-6 和 10-7 的代码可以看出，HTML5 的 canvas 绘图 API 是通过 JavaScript 调用来实现的，而 HTML 文档中关于画布的代码只有一行，而且颜色填充无须 CSS 辅助。

2. jQuery

jQuery 的 Logo 如图 10-12 所示。

图 10-12　jQuery 的 Logo

当然，在现在 SPA 框架盛行的时代，有部分前端从业者可能并不喜欢学习该类库，但是作为曾经统治用户浏览器十余年之久的霸主，截至 2019 年底 jQuery 在 NPM 包下载量的年度统计中仍排名第二。jQuery 问世时便打着"小体积，高性能"的旗号，因此，推荐有一定 JavaScript 基础的同学尝试学习 jQuery。当你在页面中调用该类库后，你会发现实现某些效果的脚本代码会"轻快"不少。下面将展示一个通过 jQuery 实现的简单日程管理小程序。

【例 10-8】jQuery 应用——HTML 代码。

代码如下：

```
<!DOCTYPE html>

<html lang="en">

<head>
```

```html
    <meta charset="UTF-8">
    <meta name="viewport" content="width=device-width, initial-scale=1.0">
    <title>Document</title>
    <link rel="stylesheet" href="style.css">
  </head>
  <body>
    <div class="container">
      <ul id="list">
      </ul>
      <div class="group">
        <input type="text" name="new" id="new">
        <button id="add">增加日程</button>
      </div>
    </div>


    <script src="jquery-3.5.1.js"></script>
    <script src="script.js"></script>
  </body>
</html>
```

【例 10-9】jQuery 应用——CSS 代码。

代码如下：

```css
body {
    margin: 0;
    font-family: 'Gill Sans', 'Gill Sans MT', Calibri, 'Trebuchet MS', sans-serif;
}
.container {
    padding: 2.5em;
}
ul {
    padding: 0;
}
ul > li {
    list-style: none;
    font-weight: bold;
    color: white;
    text-align: center;
    padding: .5em;
}
```

```
ul > li:nth-child(odd) {
  background-color: lightcoral;
}
ul > li:nth-child(even) {
  background-color: lightblue;
}
.group {
  display: flex;
  justify-content: center;
}
```

【例 10-10】jQuery 应用——JS 代码。

代码如下：

```
$(document).ready(function() {
  const schedules = ['睡觉', '吃早餐', '晨读'];

  $.each(schedules, function(i, n) {
    $('#list').append('<li>' + n + '</li>');
  });

  $('#add').on('click', function() {
    let val = $('#new').val();
    if (!val) {
      alert('无有效输入值！');
    } else {
      $('#list').append('<li>' + val + '</li>');
      $('#new').val('');
    }
  })
})
```

　　最终的静态页面图如图 10-13 所示。感兴趣的同学可以自己实现该案例后体验实际使用效果。需要注意的是，自己实现的脚本应当放在 jQuery 库之后调用。

图 10-13　jQuery 示例

3. 前端三大主流框架

前端三大主流框架如图 10-14 所示。

图 10-14　前端三大主流框架

前端框架是近年来迭代速度最快的技术内容，推陈出新的框架多，退出舞台的框架同样也很多。2010 年基于 MVC 架构推出的 Backbone.js 框架风靡一时，但到目前应用市场上已经基本找不到它的身影。而它的前辈 AngularJS 被 Google 收购后，一直保持强有力的下载量。ReactJS 框架是最为流行的前端框架，最早在 Facebook 内部项目中使用，后来为了打入市场于 2013 年正式开源，增长势头一路赶超它的前辈框架，到目前为止它的全球下载量最高。VueJS 框架是华人尤雨溪在 Google 实习时，通过接触 Angular 项目后发现这个前辈框架"过重"，于是开发的轻量级、高易用性的前端框架，它目前保持着较高的增长速度，在华人社区有很高的声誉，尤其在国内的技术圈中有极高的普及使用率。

以上介绍的几种框架不仅是当前前端工程领域推崇的主流技术，也是各家公司在实际项目中所采用的核心技术流。通过观察和比对目前 IT 公司招聘前端工程师的条件可以发现，技术要求中基本都会将三大框架之一作为考核标准。因此，建议在掌握 JavaScript 语言后，在这三个框架中选择其中一个进行深入学习，在了解框架的使用方法后，还需进一步了解其实现原理和机制。

4. 服务端 JavaScript

NodeJS 运行环境如图 10-15 所示。

图 10-15　NodeJS 运行环境

服务端脚本绕不开的话题就是 NodeJS。通过前面的介绍可以发现，20 多年的 Web 应用从开始的三驾马车并驾齐驱逐渐将重心偏向了 JavaScript，而 HTML 页面因 SPA 概念的引入，也一步步变为了 Web 应用的"容器"，HTML 文档树的构建、页面内容的填充和样式规则的引用全部依赖 JavaScript 进行动态渲染。近年来这种趋势没有放缓，甚至有加速的趋势。同时，JavaScript 凭借着 NodeJS 在服务器端也开始开疆拓土，在 NodeJS 运行环境的支持下，涌现了大量的服务器框架，其中最经典的当属 Expressjs。当前，Expressjs 通过与其他 JS 相关框架组合，已经能够形成一套完整全栈式 Web 应用解决方案。例如，MEAN(MongoDB，Expressjs，AngularJS 和 NodeJS)套件一次性解决了服务器运行时 Web 服务器开发、NoSQL 数据库和前端框架的整站建设难题，而且只有一种通用语言，即 JavaScript(当然还包含少量的 HTML 和 CSS 代码)。

5. 其他需要储备的知识和工具

(1) AJAX 与 JSON。前面我们说过，异步数据传输技术在不用刷新网页的情况下可以实现动态向服务器请求数据，因此，AJAX 是前端与后端工程分离的纽带，而 JSON 便是这根纽带上传输的格式化数据类型。

(2) Git 版本管理工具。Git 版本管理工具是软件开发的必要工具，能够对软件及其分支版本进行管理。

(3) NPM。NodeJS 之所以吸引人，就在于它有海量的模组包供用户使用，而 NPM 可以负责这些包的托管、下载、依赖支持等管理工作。

(4) Webpack。Webpack 已经成为所有现代 JavaScript 工具链的核心组件，而且也是最常用的应用构建工具。

10.3　Web 应用的未来发展趋势

移动互联网技术的更迭瞬息万变，当前正处于三大主流前端框架竞争的白热化阶段，随着大前端概念(即所有与用户进行直接交互的界面)的提出，前端的战场开始出现了跨平台(跨端)转移。主流的前端框架在 NodeJS 的支持下，通过 HTML、CSS 和 JavaScript 就可以快速创建移动端或桌面端的应用程序，这对各端的原生 App 开发者产生了强力冲击。较小的体量和较短的开发周期，以及其足以媲美原生应用的性能，让许多原来以开发平台原生应用为技术主线的公司只能迅速切换技术路线，如改版后的 Facebook 移动端、新版淘宝 App、网易云音乐和桌面级应用程序 Visual Studio Code 等。下面将结合 2020 年的主流观点和技术方向对未来 Web 应用进行发展展望，希望能够帮助各位读者及时追赶技术潮流，打磨自身的同时不会掉队。

1. TypeScript

TypeScript 是 JS 的超集，见图 10-16。

图 10-16　TypeScript 与 TS

JavaScript 属于轻量级脚本语言，但随着工程量的日渐提升，几十万行的脚本代码似乎还是不能填饱 Web 应用的胃口，随之而来的性能瓶颈开始凸显，JavaScript 似乎并不能适应大体量级软件工程。2012 年微软正式推出了开源编程语言，即 TypeScript，它是

JavaScript 的一个超集，本质上是向 JavaScript 语言中添加了可选的静态类型和基于类的面向对象编程方法，同时扩展了 JavaScript 的语法，所以任何现有的 JavaScript 脚本程序可以不加改变地在 TypeScript 环境下工作。最为重要的一点是，TypeScript 为大型应用的开发而设计，经编译后产生 JavaScript 代码以确保它的兼容性。

对截止到 2020 年的下载量数据进行观测可知，TypeScript 已经开始尝试颠覆 JavaScript 构建的 Web 世界，许多开发者在个人项目和工作中对它的喜爱程度超过了普通的 JavaScript，目前与 Python 并列第二，成为了最受开发者欢迎的语言。而且 TypeScript 与所有主流代码编辑器的集成度较高，如 VSCode 能为 Web 开发人员提供更好的开发体验。因此，在可以预见的未来，TypeScript 将会继续发力，逐渐取代 JavaScript 在大型前端项目中的地位。

2. 渐进式 Web 应用

Google 公司 2015 年开始着手推广渐进式 Web 应用(Progressive Web App，PWA)这个新理念，旨在增强 Web 体验。根据 Google 的官方解释：渐进式 Web 应用会在桌面和移动设备上提供可安装的、仿应用的体验，可直接通过 Web 进行构建和交付。它们是快速、可靠的 Web 应用。最重要的是，它们适用于任何浏览器的 Web 应用。一般情况下，如果用户想要使用某个互联网公司的产品，如淘宝、QQ、微信等，很多人的第一反应是前往应用商店下载对应的 App。事实上，Web 技术发展到今天，很多互联网产品的最终呈现形式可能会是一种介于两者之间的形态——既提供近乎原生应用的使用体验，又无须进行下载安装。

目前，PWA 在应用领域已经出现了许多产品。例如，微信小程序就是一种基于 PWA 理念的 Web 应用。2018—2019 年是中国市场小程序类应用爆发式增长的阶段，这期间除了微信小程序之外，各家互联网公司都在自家产品链中提出了小程序方案，如饿了么小程序、今日头条小程序、支付宝小程序等。预计未来 PWA 领域技术路线将成为众多开发者争相角逐的方向。

3. WebAssembly(WASM)

WebAssembly(WASM)是一种基于堆栈虚拟机的二进制指令编码格式。WASM 设计之初的目标是实现代码的可移植性，即将 C/C+/RUST 等高级语言编写的程序编译成 JavaScript 代码，使这些客户端或服务器应用程序能够在 Web 上部署，并可以在当前的主流浏览器中以接近原生程序的性能运行。自 2017 年发布以来，WASM 就引起了广泛的关注。目前，主流浏览器也陆续开始支持 WASM。主流浏览器对 WASM 的支持情况如图 10-17 所示。

IE	Edge	Firefox	Chrome	Safari	Opera	iOS Safari	Opera Mini	Android Browser	Opera Mobile	Chrome for Android	Firefox for Android	UC Browser for Android	Samsung Internet	QQ Browser	Baidu Browser	KaiOS Browser
		2-46														
	12-14	47-51	4-50		10-37											
	15	52	51-56	3.1-10.1	38-43	3.2-10.3							4-6.4			
6-10	16-85	53-81	57-85	11-13.1	44-70	11-13.7		2.1-4.4.4	12-12.1				7.2-11.2			
11	86	82	86	14	71	14	all	81	59	85	79	12.12	12.0	10.4	7.12	2.5
		83-84	87-89	TP												

图 10-17　主流浏览器对 WASM 的支持情况

注意，WASM 是一种新的字节码格式，而不是一种编程语言，它需要我们将高级编程语言编译出字节码放到 WASM 虚拟机中运行编译后，与 JavaScript 进行协同工作。各家浏览器厂商需要做的就是根据 WASM 规范在产品中内嵌该编码虚拟机。有了 WASM 虚拟机的加持，在不远的将来我们可以在浏览器上运行任何桌面级应用程序。

2018 年 Google I/O 谷歌年度开发者大会上推出了 AutoCad Web 版应用[①]。AutoCAD 原本是桌面级应用软件。它是由美国欧特克有限公司(Autodesk)出品的一款自动计算机辅助设计软件，可以用于绘制二维制图和进行三维设计。使用它时，无须懂得编程即可自动制图，因此，它在全球被广泛应用于土木建筑、装饰装潢、工业制图、工程制图、电子工业、服装加工等领域。AutoCAD 是由大量 C++ 代码编写的软件，经历了多次技术变革，最终通过 WASM 从桌面端进入使用者的浏览器，感兴趣的读者可以登录官方网站[②]体验。

以上几种前端工程技术是当前被众多开发者广泛讨论的热点内容，也是大家一致看好的技术流，当然这不是全部内容。互联网自诞生之日起一步步走到今天，业务核心从沉重服务器端搬到了移动互联网端，每一个阶段涌现的新技术或新理念都出人意料，因此，下个阶段我们的互联网生活将走向何方还无法预知，当前的热点也可能只是短期的。

习　题

操作题

回到第 9 章的操作题——"圣杯"式布局的个人博客综合实操，尝试为代码增加一些内容，利用媒体查询实现响应式布局。

---

① 原报道地址为 https://blogs.autodesk.com/autocad/autocad-web-app-google-io-2018/。
② AutoCAD 官网地址为 https://web.autocad.com/login。

参 考 文 献

[1]　叶青，孙亚南，孙泽军. 网页开发手记：HTMiyCSS/JavaScript 实战详解[M]. 北京：电子工业出版社，2011.

[2]　李刚. 疯狂 HTML5/CSS3/JavaScript 讲义[M]. 北京：电子工业出版社，2012.

[3]　陈婉凌. HTML5+CSS3+jQuery Mobile 轻松构造 App 与移动网站[M]. 北京：清华大学出版社，2015.

[4]　刘欢. HTML5 基础知识、核心技术与前沿案例[M]. 北京：人民邮电出版社，2016.

[5]　李晓斌. 移动互联网之路：HTML5+CSS3+jQuery Mobile App 与移动网站设计从入门到精通[M]. 北京：清华大学出版社，2016.

[6]　传智播客高教产品研发部. HTML5+CSS3 网站设计基础教程[M]. 北京：人民邮电出版社，2016.